Hand- und tastaturschriftliche Notizen

Elisa Frederike Stephan

Hand- und tastaturschriftliche Notizen

Unterschiede im Schreibprozess und im Gedächtnisbehalt Jugendlicher

Springer

Elisa Frederike Stephan
Institut für deutsche Sprache und
Linguistik
Humboldt-Universität zu Berlin
Berlin, Deutschland

Dissertation Humboldt-Universität zu Berlin, 2025

ISBN 978-3-658-53316-8 ISBN 978-3-658-53317-5 (eBook)
https://doi.org/10.1007/978-3-658-53317-5

Die Deutsche Nationalbibliothek verzeichnet diese Publikation in der Deutschen Nationalbibliografie; detaillierte bibliografische Daten sind im Internet über https://portal.dnb.de abrufbar.

Planung/Lektorat: Marija Mann
Springer ist ein Imprint der eingetragenen Gesellschaft Springer Fachmedien Wiesbaden GmbH und ist ein Teil von Springer Nature.
Die Anschrift der Gesellschaft ist: Abraham-Lincoln-Str. 46, 65189 Wiesbaden, Germany

Danksagung Dass diese Arbeit geschrieben werden konnte, verdanke ich der unermüdlichen Unterstützung zahlreicher Menschen. Ganz besonders bedanke ich mich bei den Schülerinnen und Schülern, die an der empirischen Untersuchung teilgenommen haben und natürlich bei der Schulleitung und den involvierten Lehrkräften, die mir bei der Organisation der Durchführung der Studie eine große Hilfe waren, die Schulcomputer zur Verfügung stellten und mir das Vertrauen entgegenbrachten, die Studie während der Corona-Krise an ihrer Schule durchzuführen. Ich danke auch den schulischen Mitarbeitern im Bereich Technik, ohne deren Hilfe die datenschutzkonforme Installation der *Keylogging*-Software auf den Schulcomputern nicht möglich gewesen wäre.

Meiner Doktormutter, Frau Prof. Dr. Beate Lütke, danke ich sehr dafür, dass sie mich über all die Jahre bei der Themenfindung, der Planung und Auswertung der Untersuchung, der Anschaffung der erforderlichen technischen Ausstattung und vor allem mit ihrem umfassenden, wohlwollenden und ehrlichen Rat unterstützt hat.

Ich möchte mich auch sehr herzlich bei Herrn Prof. Dr. Markus Kiefer bedanken, der mir bei der Planung und Auswertung der empirischen Untersuchung vor allem in psychologischen und statistischen Fragen mit wertvollen Hinweisen zur Seite stand.

Bei der Planung der Erhebung mit digitalen Stiften wurde ich zudem von Prof. Dr. Rui Alves und Teresa Jacques beraten. Sie halfen mir durch die Bereitstellung einer von Prof. Alves und Kollegen entwickelten Software und durch ihre ausführliche Beratung zum Umgang damit sehr weiter.

Ebenso danke ich Frau Dr. Milena Kühnast, Herrn Dr. Felix Golcher, den Doktorandinnen und Doktoranden der Promotionskolloquien der Fachdidaktik Deutsch und der Psycholinguistik und meinen Eltern für ihre Ratschläge zu meinem Forschungsvorhaben und die Zeit, die sie sich für Gespräche genommen haben.

Dank des großzügigen Elsa-Neumann-Stipendiums des Landes Berlin (NaFöG) wurde mir die Freiheit ermöglicht, neben der Erziehung unserer noch kleinen Kinder meinem Forschungsvorhaben nachzugehen.

Mein Mann Artur war mir die wichtigste Stütze, denn er hat mich in zahlreichen Gesprächen darin bestärkt, an dem Projekt zu arbeiten und mir viel Zeit zum Arbeiten und Schreiben eingeräumt, indem er liebevoll auf unsere drei kleinen Söhne geachtet hat.

Interessenkonflikt Der/die Autor*in hat keine relevanten Interessenskonflikte im Zusammenhang mit dieser Publikation.

Zusammenfassung

Die Erforschung der Auswirkungen hand- und tastaturgeschriebener Notizen auf den Gedächtnisbehalt lieferte bislang sehr unterschiedliche Ergebnisse. Neben methodischen Unterschieden in Studien fällt auf, dass es in bisherigen Schreibprozessmodellen keine Modellierung der Informationsverarbeitung beim Notieren gibt, die als theoretische Grundlage dienen kann. Aus diesem Grund wurde in dieser Arbeit in Anlehnung an schreibwissenschaftliche Modellierungen, gedächtnispsychologische Theorien und Annahmen der *Embodied Cognition* ein Modell epistemischen Schreibens entwickelt, das schreibmodusspezifische Lernunterschiede auf den Kreislauf von Wahrnehmung, Kognition und Handlung und die daraus resultierende Verarbeitungstiefe zurückführt.

Obwohl Schülerinnen und Schüler im Unterricht häufig Mitschriften zum Zwecke des Lernens anfertigen, wurden schreibmodusspezifische Unterschiede des Gedächtnisbehalts bei Kindern und Jugendlichen bislang kaum untersucht. In einer empirischen Untersuchung im Rahmen dieses Promotionsprojektes wurden daher 14- bis 17-jährige Schülerinnen und Schüler ($n = 45$) einbezogen. Die experimentelle Untersuchung im Within-Subjects-Design prüft Unterschiede des hand- und tastaturschriftlichen Notierens in drei Bereichen: Beleuchtet werden erstens Unterschiede im hand- und tastaturschriftlichen Notierprozess, zweitens Unterschiede im Gedächtnisbehalt nach einer Woche und drittens Auswirkungen verschiedener anderer Variablen auf die Testleistung.

Neben der Punktzahl im Test wurden zahlreiche Variablen des Notierprozesses erhoben, wie die Wörtlichkeit (*verbal overlap*), Pausen und Bursts, die Transkriptionsflüssigkeit in beiden Schreibmodalitäten, die Zahl notierter Wörter und Informationen und die durchschnittliche Wortzahl pro Information (*note-taking efficiency*). Im Gegensatz zu bisherigen Studien wird die Testleistung nicht nur differenziert nach verschiedenen Informationsarten verglichen (fakten- vs. konzeptbezogen), sondern auch bezüglich verschiedener Arten des Informationsabrufs (Wiedererkennung vs. Abruf). Eine multiple lineare Regressionsanalyse stellt zentrale Einflussfaktoren auf den Gedächtnisbehalt heraus.

Die Ergebnisse dieser Arbeit spiegeln teilweise große Unterschiede beim hand- versus tastaturschriftlichen Notieren wider. Unabhängig von der Art der Information wurden nach handschriftlichen Notizen signifikant mehr Punkte im Test erzielt, allerdings nur beim Informationsabruf und nicht bei der Wiedererkennung. Neben dem Alter und dem Geschlecht können die Zahl notierter Informationen und der Schreibmodus die Testleistung vorhersagen. Auch die Transkriptionsflüssigkeit hat einen erheblichen Einfluss auf den Gedächtnisbehalt. Daher ist es denkbar, dass eine geringe Automatisierung des Tastaturschreibens zu den beobachteten Nachteilen im Lernprozess geführt hat. Implikationen für die Anfertigung von Notizen und den Einsatz von Hand- und Tastaturschreiben im Unterricht werden diskutiert.

Schlüsselwörter: Hand- und Tastaturschreiben · Digitalisierung im Unterricht · Schreibflüssigkeit · Gedächtnis · *embodied cognition* · Notizen · epistemischer Schreibprozess · Informationsverarbeitung · Pause-Burst-Analyse · *verbal overlap* · *recognition* und *recall*

Inhaltsverzeichnis

Abkürzungsverzeichnis

Abkürzung	**Bedeutung**
ASC	action-sentence compatibility effect
b	Regressionskoeffizient
β	Beta-Gewichte/ standardisierte Regressionskoeffizienten
cpm	characters per minute/ Zeichen pro Minute
d	Cohen's d
EEG/ERP	event-related potential
F	F-Verteilung
fMRI	funktionelle Magnetresonanztomographie
H_0	Nullhypothese
H.M.	Henry G. Molaison
HRAH	heuristische und rhetorische Anforderungen und Herausforderungen
lpm	letters per minute/ Buchstaben pro Minute
LRS	Lese-Rechtschreibschwäche
M	Mittelwert
MC	Multiple Choice-Fragen
MTL	mediobasaler Temporallappen
N	Stichprobengröße
NHST	Nullhypothesensignifikanztest
OSC	orientation dependent spatial compatibility effect
p	(korrigierter) p-Wert, Irrtumswahrscheinlichkeit
ρ	Spearman-Korrelationskoeffizient
PDP	Parallel Distributed Processing

r	Pearson-Korrelationskoeffizient
R^2	multipler Determinationskoeffizient
RLP	Rahmenlehrplan
SD	Standardabweichung
t	standardisierter Wert der t-Verteilung
TEC	Event Coding-Theorie
TMS	transkranielle Magnetstimulation
wpm	words per minute/ Wörter pro Minute
χ^2	Chi-Quadrat-Verteilung
z	standardisierter Test-Statistik-Wert des Wilcoxon-Tests

Abbildungsverzeichnis

Tabellenverzeichnis

1 Einleitung

Der Wandel, den die Digitalisierung mit sich bringt, schlägt sich in fast allen Bereichen des gesellschaftlichen Lebens nieder. Wir alle kennen vermutlich jene ‚Geisterzugfahrten', während derer sich jeder Fahrgast mit dem Smartphone beschäftigt und kaum ein Gespräch oder ein Blickkontakt zustande kommt. Viele Menschen besitzen eine virtuelle Identität, ein Profil bei Instagram, X oder Facebook. Wenn wir die Antwort auf eine Frage nicht kennen, konsultieren wir meist erst einmal Google oder die KI. Viele Lehrkräfte berichten von Kindern und Jugendlichen, die in den Pausen am Smartphone sitzen, anstatt miteinander zu spielen oder sich zu unterhalten. Nachmittags wird dann einzeln oder gemeinsam ‚gezockt', gechattet, Youtube geschaut oder Netflix eingeschaltet – und bei den Erwachsenen sieht es häufig nicht anders aus. Wir kommunizieren zunehmend über das Internet, arbeiten im Home Office am Computer und viele Studierende schreiben während der Vorlesung am Laptop oder Tablet mit.

Auch diese Arbeit wurde am Computer verfasst, denn es stimmt ja: Die Digitalisierung bringt viele Annehmlichkeiten mit sich. Digitales Schreiben ist schnell, spart Papier, vereinfacht die Vervielfältigung, die Schrift ist gut lesbar und man kann ganze Passagen löschen oder verschieben. Daher ist es nicht weiter verwunderlich, dass das digitale Schreiben das Handschreiben im Alltag vieler Menschen zunehmend ablöst.

Kindergartenkinder machen ihre ersten Begegnungen mit der Schriftsprache oft schon auf analogen oder digitalen Tastaturen und wachsen mit spielerischen

E. F. Stephan, *Hand- und tastaturschriftliche Notizen*,
https://doi.org/10.1007/978-3-658-53317-5_1

Lernsoftwares für Tablets und Computer auf (Couse & Chen, 2010[1]). An deutschen Schulen hingegen scheint das Handschreiben meist noch zu dominieren. So gaben die meisten der von Eickelmann und Gerick (2020)[2] befragten Achtklässlerinnen und Achtklässler an, im Unterricht so gut wie nie digitale Medien zu nutzen. Allerdings weisen die Autorinnen darauf hin, dass die Digitalisierung durch die Schulschließungen während der Corona-Krise einen kräftigen Schub bekommen hat.

Bildungspolitisch wird schon länger gefordert, die Schulen mit (mehr) digitalen Geräten auszustatten. Und tatsächlich gibt es an einigen Schulen Laptopklassen, in denen jedes Kind im Unterricht standardmäßig an einem Tablet oder Laptop schreibt (Schaumburg, 2015[3]). Für das digitale Schreiben liegt zudem bereits eine Vielzahl didaktischer Konzepte vor, die den Einsatz digitaler Schreibformate im Unterricht empfehlen (vgl. z. B. Wampfler, 2020[4]). Manche Beiträge gehen sogar so weit, die Ablösung des schulischen Handschreibens durch digitales Schreiben auf Tastatur und Tablet zu fordern, weil das Handschreiben im privaten und beruflichen Alltag eine immer kleinere Rolle spiele und die Schule die Kinder lieber auf die Herausforderungen des digitalen Zeitalters vorbereiten solle (vgl. Kepser, 2015[5]; Genlott & Gronlund, 2016[6]).

Doch obwohl die Forderung nach Digitalisierung der Schulen schon seit langer Zeit im Raum steht, bereits größere Umwälzungen der Unterrichtskultur zur Folge hatte (vgl. für einen Überblick Schaumburg, 2015, oder Clarke & Svanaes, 2015[7])

---

[1] Couse, L. J. & Chen, D. W. (2010). A tablet computer for young children? Exploring its viability for early childhood education. *Journal of Research on Technology in Education, 43*, 75–98. https://doi.org/10.1080/15391523.2010.10782562.

[2] Eickelmann, B. und Gerick, J. (2020). Lernen mit digitalen Medien. Zielsetzungen in Zeiten von Corona und unter besonderer Berücksichtigung von sozialen Ungleichheiten. In: D. Fickermann & B. Edelstein (Hrsg.), *"Langsam vermisse ich die Schule ...". Schule während und nach der Corona-Pandemie* (S. 153–162). Waxmann.

[3] Schaumburg, H. (2015). Besser lernen in Laptop-Klassen? In: G. Roth (Hrsg.), *Zukunft des Lernens. Neurobiologie und Neue Medien* (S. 83–92). Schöningh. https://doi.org/10.30965/9783657779857_009.

[4] Wampfler, Philippe (2020). *Digitales Schreiben. Blogs und Co. Im Unterricht*. Reclam Bildung und Unterricht.

[5] Kepser, M. (2015). Für das Leben, nicht für die Schule sollen sie schreiben! *Didaktik Deutsch 20(39)*, 19–22.

[6] Genlott, A. A. & Gronlund, A. (2016). Closing the gaps – Improving literacy and mathematics by ict-enhanced collaboration. *Computers & Education, 99*, 68–80. https://doi.org/10.1016/j.compedu.2016.04.004.

[7] Clarke, B. & Svanaes, S. (2015). Updated Review of the Global Use of Mobile Technology in Education, Techknowledge for Schools. *Family Kids & Youth, 2015.*

und eine Vielfalt von didaktischen Konzepten zum Einsatz digitalen Schreibens hervorgebracht hat, wird die Rolle des Schreibmediums erstaunlicherweise erst seit wenigen Jahren intensiver wissenschaftlich diskutiert und erforscht.

Seit der Veröffentlichung der Studienergebnisse von Mueller und Oppenheimer im Jahr 2014[8], die eine höhere Gedächtnisleistung nach handgeschriebenen als nach getippten Notizen nahelegen, nahm die Diskussion an Fahrt auf. Die Annahme, dass der jeweilige Schreibmodus unterschiedliche Textprodukte und Lernerfolge nach sich ziehen könnte, basiert auf offensichtlichen Unterschieden in der graphomotorischen Realisierung (vgl. Mangen & Velay, 2010[9]). Beim Handschreiben muss jeder Buchstabe in einer komplexen Bewegung nachgezeichnet werden. Dies erfordert die Entwicklung feinmotorischer Fähigkeiten, und die Automatisierung und Entwicklung einer persönlichen Handschrift dauert Jahre. Demgegenüber ist das Tippen auf der Tastatur weniger aufwendig, weil jeder Buchstabe durch das Drücken der entsprechenden Taste realisiert wird. Dadurch kann auf der Tastatur in der Regel deutlich schneller geschrieben werden als mit der Hand und es entstehen meist auch längere Texte (vgl. Feng et al., 2019[10]). Wegen der geringeren motorischen Komplexität könnte das Tippen für die Textqualität und auch für Lernprozesse vorteilhaft sein. Besonders bei schwächeren Schreibenden nimmt das weniger komplexe Tippen möglicherweise nicht so viel Arbeitsgedächtniskapazität in Anspruch wie das Handschreiben, sodass mehr Kapazität und Aufmerksamkeit für sprachliche und inhaltliche Aspekte zur Verfügung stehen könnte (vgl. Calhoun, 1985[11]; Castles et al., 2013[12]).

Andererseits argumentieren beispielsweise Vertreterinnen und Vertreter der *Embodied Cognition*, dass durch das motorisch komplexere Handschreiben mehr sensomotorische Informationen zum Aufgeschriebenen aufgenommen werden

[8] Mueller, P. A. & Oppenheimer, D. M. (2014). The Pen Is Mightier Than the Keyboard: Advantages of Longhand Over Laptop Note Taking. *Psychological Science 25(6)*, 1159–1168. https://doi.org/10.1177/0956797614524581.

[9] Mangen, A. & Velay, J.-L. (2010). Digitizing literacy. Reflections on the haptics of writing. In: M. H. Zadeh (Hrsg.), *Advances in haptics* (S. 385–402). InTech. https://doi.org/10.5772/8710.

[10] Feng, L., Lindner, A., Ji, X. R. & Joshi, R. M. (2019). The roles of handwriting and keyboarding in writing. A meta-analytic review. *Reading and Writing, 32(1)*, 33–63. https://doi.org/10.1007/s11145-017-9749-x.

[11] Calhoun, M. L. (1985). Typing contrasted with handwriting in language arts instruction for moderately mentally-retarded students. *Education and Training in Mental Retardation and Developmental Disabilities*, *20*, 48–52.

[12] Castles, A., McLean, G. M. T., Bavin, E., Bretherton, L., Carlin, J., Prior, M., Ukoumunne, O., Wake, M. & Reilly, S. (2013). Computer use and letter knowledge in pre-school children. A population-based study. *Journal of Paediatrics and Child Health, 49*, 193–198.

(vgl. Mangen & Velay, 2010). Weil die Kognition aus Sicht der *Embodied Cognition* stark von der Wahrnehmung körperlicher Handlungen beeinflusst wird, könnten die Informationen durch das reichere sensomotorische Feedback besser erinnert werden, wenn sie mit der Hand geschrieben werden. Die Ergebnisse von Mueller und Oppenheimer (2014) stützen diese Sichtweise, konnten in weiteren Untersuchungen jedoch nicht immer bestätigt werden (z. B. Morehead et al., 2019[13]; Bui et al., 2013[14]; Urry et al., 2021[15]). Daher besteht noch immer kein Konsens darüber, ob getippte Notizen wirklich nachteilig für Lernprozesse sind.

Die Unterschiedlichkeit der Ergebnisse ist möglicherweise auch eine Folge des Nichtvorhandenseins theoretischer Modellierungen des Notierprozesses sowie der damit einhergehenden methodischen Heterogenität. In der vorliegenden Arbeit wird ein Lernmodell vorgestellt, das die beteiligten Komponenten und Prozesse beim Lernen durch Aufschreiben herausstellt. Das interdisziplinäre *Modell epistemischen Schreibens* vereint Aspekte gängiger Schreibprozessmodelle und Prozesse der Informationsverarbeitung im Sinne der *Embodied Cognition* und soll es vereinfachen, mögliche Ursachen für Unterschiede im hand- und tastaturschriftlichen Notierprozess zu lokalisieren und die Konsequenzen für Wahrnehmung und Kognition nachzuvollziehen.

In der Sekundarschule sind Notizen ein elementarer Bestandteil des Unterrichts. Die Schülerinnen und Schüler fertigen sich im Unterricht Notizen zu Vorträgen, Dokumentationen und Texten an, welche zwei Funktionen haben können: Einerseits können Lerninhalte vor Prüfungen noch einmal konsultiert werden, sodass Notizen als externes Gedächtnis dienen (*external storage*, vgl. Kiewra et al., 1991[16]). Andererseits können die notierten Inhalte gleich besser behalten und verstanden werden, weil das Aufschreiben eine Enkodierhilfe für das Gedächtnis darstellt (*encoding function*, vgl. ebd.). Durch die Enkodierfunktion ist die Anfertigung von Notizen eine Form epistemischen Schreibens, bei

[13] Morehead, K., Dunlosky, J. & Rawson, K. A. (2019). How much mightier is the pen than the keyboard for note-taking? A replication and extension of Mueller and Oppenheimer (2014). *Educational Psychology Review, 31(3)*, 753–780. https://doi.org/10.1007/s10648-019-09468-2.

[14] Bui, D. C., Myerson, J., & Hale, S. (2013). Note-taking with computers. Exploring alternative strategies for improved recall. *Journal of Educational Psychology, 105(2)*, 299–309. https://doi.org/10.1037/a0030 367.

[15] Urry, H. L. et al. (2021). Don't Ditch the Laptop Just Yet. A Direct Replication of Mueller and Oppenheimer's (2014) Study 1 Plus Mini Meta-Analyses Across Similar Studies. *Psychological Science, 32(3)*, 326–339. https://doi.org/10.1177/0956797620965541

[16] Kiewra, K. A., DuBois, N. F., Christian, D., McShane, A., Meyerhoffer, M. & Roskelley, D. (1991). Note-taking functions and techniques. *Journal of Educational Psychology, 83(2)*, 240–245. https://doi.org/10.1037/0022-0663.83.2.240.

welchem durch das Schreiben Denk- und Lernprozesse angeregt werden (vgl. Ortner, 2000[17]). In Berlin und Brandenburg werden Notizen sowohl im überfachlichen Rahmenlehrplan als auch im Rahmenlehrplan für das Fach Deutsch immer wieder als grundlegende Form der Informationsverarbeitung genannt. Die Schülerinnen und Schüler sollen Informationen aus Vorträgen, Texten und Medien ermitteln und wiedergeben lernen, indem sie unter anderem „Stichpunkte zur Unterstützung des Hörverständnisses notieren" (RLP, 2015a, S. 6[18]). Und auch im Fach Deutsch werden Notizen und Stichwörter im Rahmenlehrplan an mehreren Stellen als elementare Schreibform genannt[19].

Trotz der zentralen Bedeutung des Notierens im schulischen Deutsch- und Fachunterricht gibt es bislang kaum Untersuchungen zum hand- versus tastaturschriftlichen Notieren und den jeweiligen Konsequenzen für die Gedächtnisleistung bei Kindern und Jugendlichen. Das ist auch deshalb erstaunlich, weil Kinder und Jugendliche heutzutage im Umgang mit digitalen Geräten von klein auf anders sozialisiert sind als die erwachsenen Studierenden, welche bislang meist an den Studien teilnahmen. Außerdem kann sich der Notier- und Abrufprozess bei Kindern und Jugendlichen durch eine andere Entwicklungsstufe der Schreibkompetenz und der kognitiven Reifung durchaus von Erwachsenen unterscheiden. Beispielsweise deutet eine Studie von Marquardt et al. (2016)[20] an, dass es heutzutage vielen Schülerinnen und Schülern große Probleme bereitet, längere Zeit lesbar mit der Hand zu schreiben, was Marquardt et al. auf den häufigen Gebrauch digitaler Medien zurückführen.

Daher wurde im Zuge dieser Arbeit eine Untersuchung zum Gedächtnisbehalt nach hand- versus tastaturgeschriebenen Notizen bei 14- bis 17-Jährigen

---

[17] Ortner, H. (2000). *Schreiben und Denken.* Niemeyer.

[18] RLP. Berliner Senatsverwaltung für Bildung, Jugend und Familie & Ministerium für Bildung, Jugend und Sport des Landes Brandenburg (2015a). Rahmenlehrplan für die Jahrgangsstufen 1–10. Teil B. Fachübergreifende Kompetenzentwicklung. https://bildungsserver.berlin-brandenburg.de/unterricht/rahmenlehrplaene/implementierung-des-neuen-rahmenlehrplans-fuer-die-jahrgangsstufen-1-10/amtliche-fassung (Zugriff am 01.08.2024).

[19] RLP. Berliner Senatsverwaltung für Bildung, Jugend und Familie & Ministerium für Bildung, Jugend und Sport des Landes Brandenburg (2015b). *Rahmenlehrplan für die Jahrgangsstufen 1–10. Teil C. Fach Deutsch.* https://bildungsserver.berlin-brandenburg.de/unterricht/rahmenlehrplaene/implementierung-des-neuen-rahmenlehrplans-fuer-die-jahrgangsstufen-1-10/amtliche-fassung (Zugriff am 01.08.2024), hier S. 19, 35, 38, 42.

[20] Marquardt, C., Diaz Meyer, M., Schneider, M. & Hilgemann, R. (2016).
Learning handwriting at school – A teachers' survey on actual problems and future options,
Trends in Neuroscience and Education, 5 (3), 82–89. https://doi.org/10.1016/j.tine.2016.07.001.

($n = 45$) in einem Within-Subjects-Design durchgeführt. Der Fokus lag dabei auf drei Forschungsfragen:

Erstens wurde das hand- und tastaturschriftliche Notieren verglichen, indem verschiedene Variablen des Schreibprozesses erhoben wurden. Die Zahl aufgeschriebener Wörter und Informationen, die *note-taking efficiency* (Wortzahl pro Information), die Wörtlichkeit (*verbal overlap*), die Transkriptionsflüssigkeit sowie erstmals auch die Pause-Burst-Struktur[21] wurden bei jeder Teilnehmerin und jedem Teilnehmer in beiden Schreibmodalitäten ermittelt.

Zweitens wurde der schreibmodusspezifische Gedächtnisbehalt verglichen, wobei die Art der Information (fakten- vs. konzeptuell-anwendungsbezogen) und die Art des Informationsabrufs (*recognition* vs. *recall*) im Vortrag und im Gedächtnistest systematisch variiert wurden. Dazu wurden im Gedächtnistest, der nach sieben Tagen durchgeführt wurde, sowohl offene Fragen als auch Multiple Choice-Fragen (MC) gestellt, die entweder fakten- oder konzeptuell-anwendungsbezogene Informationen erfragten. Bisherige Untersuchungen berichten zwar von schreibmodusspezifischen Unterschieden beim Abruf verschiedener Informationsarten, kamen jedoch teilweise zu gegensätzlichen Befunden (Mueller & Oppernheimer, 2014; Morehead et al., 2019). Die Rolle der Abrufart wurde in den Untersuchungen jedoch bislang nicht systematisch untersucht, wobei manche Studien in den Gedächtnistests eine Wiedererkennung (*recognition*) und andere einen Abruf (*recall*) erforderten. Wiedererkennung und Abruf scheinen jedoch eine unterschiedlich tiefe Informationsverarbeitung vorauszusetzen (vgl. Engelkamp, 2016[22]), sodass hier eine mögliche Ursache für die Unterschiedlichkeit der Forschungsergebnisse zu finden ist.

Drittens ermöglichte es die umfangreiche Untersuchung des Notierprozesses, den Einfluss einzelner Schreibprozessvariablen auf den Gedächtnisbehalt zu untersuchen. Mithilfe von Korrelationsanalysen und multipler linearer Regressionsanalyse konnten wichtige Einflussfaktoren für den Gedächtnisbehalt nach Notizen herausgearbeitet werden.

Das Ziel der Arbeit soll nicht die Verdrängung der einen Schreibmodalität zugunsten der anderen sein. Stattdessen erhoffen wir uns von der theoretischen

---

[21] Der Schreibprozess lässt sich als eine Folge von Pause-Burst-Wechseln darstellen. Hierbei sind Bursts diejenigen Phasen, in denen ‚in einem Rutsch' geschrieben wird. Bursts werden von Pausen unterbrochen, in denen beispielsweise nachgedacht oder der bereits geschriebene Text überflogen wird.

[22] Engelkamp, J. (2016). Episodisches Gedächtnis. In: J. Hoffmann & J. Engelkamp (Hrsg.), *Lern- und Gedächtnispsychologie* (2. Aufl., S. 111–208). Springer, S. 149.

und der empirischen Untersuchung neben Erkenntnissen zum schulischen Notierprozess auch Antworten auf die Frage, wann Hand- und Tastaturschreiben im Unterricht jeweils sinnvollerweise zum Einsatz kommen können.

Der engen Verflechtung pädagogisch-didaktischer, schreibwissenschaftlicher und lernpsychologischer Aspekte im Notierprozess trägt die Arbeit durch eine interdisziplinäre Vorgehensweise Rechnung. Die Interdisziplinarität wird bereits im Aufbau der Arbeit sichtbar: Im ersten Teil der Arbeit wird zum einen der für die Untersuchung relevante theoretische Rahmen abgesteckt und ein Modell des epistemischen Notierprozesses entwickelt, zum anderen wird der empirische Forschungsstand detailliert dargelegt.

Dazu werden im zweiten Kapitel zunächst ausgewählte Modellierungen des Schreibprozesses dargestellt und im Hinblick auf den hier untersuchten Notierprozess diskutiert. Neben kognitionswissenschaftlichen Modellierungen des Schreibprozesses werden auch Theorien der Sprachproduktion, der Wissensbildung beim Schreiben, der Verwendung von Textmustern, sowie soziale und individuelle Faktoren des Schreibens berücksichtigt. Das dritte Kapitel verschafft einen Überblick über relevante Konzepte der Gedächtnis- und Lernpsychologie. Die Erläuterung der Klassifikation verschiedener Gedächtnisarten dient als Basis für die Darstellung zentraler Gedächtnis- und Lernprozesse. Es wird schließlich eine Verbindung zwischen Lernen und Schreiben hergestellt, indem Überlegungen und Untersuchungen zum Lernen durch Notieren vorgestellt werden. Im vierten Kapitel wird nach der Darstellung theoretischer Annahmen und empirischer Belege für eine Verkörperung menschlicher Kognition (*Embodied Cognition*) erläutert, warum das Schreiben mit der Hand eine andere Wirkung auf kognitive Prozesse haben könnte als das Tastaturschreiben. Aspekte der Schreibprozessmodelle, der Lern- und Gedächtnispsychologie und der *Embodied Cognition* werden im fünften Kapitel zu einem Modell epistemischen Schreibens integriert. Nach der Benennung der grundlegenden Annahmen werden hier die Ressourcen des schreibenden Lernens und das Zusammenspiel kognitiver Prozesse am Beispiel des Notierens erläutert. Mithilfe der Modellierung werden Unterschiede im Notierprozess und im Gedächtnisbehalt durch schreibmodusspezifische Unterschiede in Geschwindigkeit und Wahrnehmung der Schreibhandlung erklärt. Im sechsten Kapitel wird der empirische Forschungsstand zum Hand- und Tastaturschreiben detailliert beschrieben und diskutiert. Die Schreibinstrumente werden bezüglich der Schreibflüssigkeit, der Textquantität und -qualität, der Hirnaktivierung und ihrer Wirkung auf Feinmotorik und Lernprozesse verglichen.

Im zweiten Teil der Arbeit wird die empirische Untersuchung der hand- und tastaturgeschriebenen Notizen und der daraus jeweils resultierenden Gedächtnisleistung bei Jugendlichen besprochen: Das siebte Kapitel widmet sich der

Motivierung der drei Forschungsfragen und der Forschungshypothesen. Das Forschungsdesign und die gewählten Methoden werden im achten Kapitel dargelegt, wobei die Stichprobe, die verwendeten Versuchsmaterialien und der Versuchsablauf beschrieben werden. Das Vorgehen bei der Datenaufbereitung und -auswertung wird im neunten Kapitel erklärt. Im zehnten Kapitel werden die Ergebnisse jeder Forschungsfrage und der dazugehörigen Forschungshypothesen berichtet. Eine ausführliche Interpretation und Einordnung der Ergebnisse bezüglich des Forschungsstands erfolgt im Rahmen der Diskussion im elften Kapitel.

Im dritten Teil werden die zentralen Erkenntnisse des theoretischen und empirischen Teils im zwölften Kapitel zunächst herauskristallisiert und zusammengefasst. Ein besonderes Augenmerk liegt im dreizehnten Kapitel, dem didaktischen Fazit, auf den didaktischen Implikationen der Ergebnisse für das schulische Schreiben und Lernen.

Teil I
Theoretischer Rahmen und Forschungsstand

2 Schreibprozessmodelle

Wir schreiben in vielen verschiedenen Situationen. Wir schreiben E-Mails an Arbeitskolleginnen und -kollegen, um einen Termin zu vereinbaren, oder Postkarten, um von Urlaubserlebnissen zu berichten. Wir verfassen Essays, Kommentare oder schulische Erörterungen, um unsere Meinung zu einem Thema kundzutun. Wir fertigen uns Mitschriften zu einem Vortrag an, oder schreiben eine kleine Zusammenfassung zu einem gelesenen Artikel, um die Quintessenz herauszufiltern und die Zusammenhänge besser zu verstehen. Wir nehmen eine Einkaufsliste mit in den Laden und notieren Geburtsdaten von Verwandten und Bekannten im Kalender, um unser Gedächtnis zu stützen. Manch eine/-r verewigt sich in einem Tagebuch, veröffentlicht neue wissenschaftliche Erkenntnisse oder betätigt sich als Literatin oder Literat. Die Liste ließe sich natürlich noch weiterführen, denn das Schreiben kann uns in unzähligen Situationen nützlich sein.

Doch wie schaffen wir es, unsere Gedanken in Worte und die Worte in Schrift umzuwandeln? Was passiert beim Schreiben in unserem Kopf? Der Schreibprozess wurde bereits in den verschiedensten Disziplinen beleuchtet, bildet die Schreibforschung doch einen interdisziplinären wissenschaftlichen Bereich. Während das Augenmerk in der kognitionspsychologischen und neuerdings auch neurowissenschaftlichen Forschung eher auf der Funktionsweise der kognitiven Verarbeitung in spezifischen Hirnarealen liegt, interessieren in der Pädagogik und in der Schreibdidaktik vor allem jene Einflussfaktoren, die individuelle Unterschiede bedingen und Anknüpfungspunkte für eine Förderung der Schreibkompetenz und -motivierung bieten.

In diesem Kapitel werden einige Modelle der Sprachproduktion und des Schreibens erläutert, um die beim Schreiben involvierten Prozesse und Ressourcen herauszustellen.

E. F. Stephan, *Hand- und tastaturschriftliche Notizen*,
https://doi.org/10.1007/978-3-658-53317-5_2

2.1 John R. Hayes' Forschung zur Modellierung des Schreibprozesses

Ein bekannter Vertreter kognitionswissenschaftlicher Modelle des Schreibprozesses ist John R. Hayes. Die ursprünglich 1980 veröffentlichte Modellierung von Hayes und Flower[1] ist inzwischen das klassische, in so gut wie jedem sprachbezogenen Studium gelehrte Modell des Schreibprozesses. Seit 1980 hat Hayes immer wieder neue Perspektiven auf den Schreibprozess aufgezeigt und versucht, diese in stetigen Revisionen seines Schreibprozessmodells zu integrieren.

Das Modell von 1980 basiert auf Analysen von Schreibprozessen, in denen die Teilnehmerinnen und Teilnehmer aufgefordert wurden, während des Schreibens laut zu denken *(think-aloud protocols)* und stellt den Schreibprozess von professionellen Schreibenden dar.

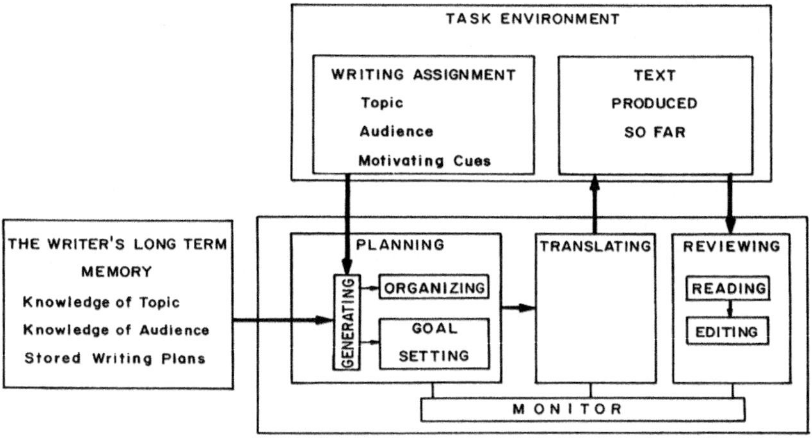

Abbildung 2.1 Der Schreibprozess, Hayes, J. & Flower, L.: Identifying the Organization of Writing Processes, In: Cognitive Processes in Writing, S. 11, © 1980 von Taylor & Francis. Gedruckt mit Erlaubnis der Taylor & Francis Group

Hayes und Flower fassen den Schreibprozess als Problemlöseprozess auf. Auf die Problemlösung wirkt sich zum einen das Aufgabenumfeld (*task environment*)

[1] Hayes, J. R. & Flower, L. (1980). Identifying the Organization of Writing Processes. In: L. W. Gregg, & E. R. Steinberg (Hrsg.), *Cognitive Processes in Writing: An Interdisciplinary Approach* (S. 3–30). Lawrence Erlbaum Associates.

aus, zum anderen nimmt das im Langzeitgedächtnis gespeicherte Wissen Einfluss auf den Schreibprozess (vgl. Abbildung 2.1).

Das Aufgabenumfeld, aus dem sich bestimmte Zielsetzungen ergeben, umfasst neben der Schreibaufgabe selbst (*writing assignment*), welche das Schreibthema (*topic*) und die intendierte Leser/-innenschaft (*audience*) aufzeigt, auch motivationale Faktoren, wie beispielsweise die angekündigte Benotung des Schreibprodukts. Aber auch der bislang geschriebene Text wird zur Aufgabenumgebung gezählt.

Im Langzeitgedächtnis ist beispielsweise Wissen über Adressatinnen und Adressaten gespeichert, durch das der Text adressat/-innenorientiert verfasst werden kann. Wenn nun die/der Schreibende in der Aufgabenumgebung die Information erhält, dass der zu schreibende Text an die Lehrkraft gerichtet ist, wird entsprechendes Wissen abgerufen, wie ein an die Lehrkraft adressierter Text zu verfassen ist. Aber auch Inhaltswissen zum Thema, sprachliches Wissen, Textsortenwissen und andere Wissensformen sind hier abrufbar.

Der Schreibprozess selbst wird in die drei Teilprozesse Planen (*planning*), Formulieren (*translating*) und Überarbeiten (*reviewing*) untergliedert. In der Planung werden Informationen aus der Aufgabenumgebung und dem Langzeitgedächtnis abgerufen, um Zielsetzungen vorzunehmen und einen vorläufigen Schreibplan zu erstellen. Wenn für den vorliegenden Schreibkontext noch kein Schreibplan im Langzeitgedächtnis abrufbar ist, laufen während der Planung drei Subprozesse ab: Ideen und Wissen, die für die Schreibaufgabe relevant sind, werden abgerufen bzw. generiert (*Generating*) und ausgewählt sowie strukturiert (*Organizing*), sodass Schreibende sich vorläufige Ziele setzen können (*Goal-Setting*). Die Planung ist bei Hayes und Flower nicht sprachlich, erst in der Formulierungsphase werden die generierten Ideen und Ziele sprachlich umgesetzt:

> The function of the TRANSLATING process is to take material from memory under the guidance of the writing plan and to transform it into acceptable written English sentences. We assume that material in memory is stored as propositions but not necessarily as language. (Hayes & Flower, 1980, S. 15)

In der Überarbeitungsphase wird der bisher geschriebene Text gelesen und überarbeitet, indem der während der Formulierung entstandene Text mit den aufgestellten Schreibzielen abgeglichen wird und auf inhaltliche, aufgabenbezogene und sprachliche Schwachstellen und Fehler kontrolliert wird.

Die Teilprozesse sind nicht in linearer Schrittfolge konzipiert, sondern verlaufen rekursiv und reflexiv, indem sie sich ständig wiederholen und aufeinander angewandt werden können. So werden durch die Überarbeitung neue Planungs-

und Formulierungsprozesse angeregt, die wiederum überarbeitet werden müssen. Sowohl Generierungsprozesse auf der Planungsebene als auch Überarbeitungsprozesse können den Schreibprozess jederzeit unterbrechen und den Wechsel zu einer anderen Schreibphase auslösen. Wenn beispielsweise mitten im Formulierungsprozess eine neue Idee generiert wird, so plant die/der Schreibende (Teile des) Textes womöglich wieder neu und formuliert den Text wieder um. Der Schreibprozess verläuft somit nicht linear in der Schrittfolge Planen – Formulieren – Überarbeiten, sondern stets rekursiv. Überwacht und koordiniert werden diese Prozesse von einem *Monitor*, der den Wechsel von einer Phase zur nächsten steuert und schließlich auch den Schreibprozess beendet.

Auf der Grundlage empirischer Studien hat Hayes das Modell immer weiter modifiziert (vgl. Hayes, 1996[2]; Chenoweth & Hayes, 2001[3]). 2012 veröffentlichte er seine bislang letzte Revision des Schreibprozessmodells, in welchem er auch ontogenetische Aspekte des Schreibens einbezieht[4] (vgl. Abbildung 2.2). Dieses Dreiebenenmodell gliedert sich in die Ebenen der Ressourcen (*resource level*), des Schreibprozesses (*process level*) und der Kontrolle (*control level*). Auf der Ressourcenebene sind all jene Prozesse und Mittel dargestellt, die dem Schreiben zugrunde liegen und auf die beim Schreiben zugegriffen wird, nämlich das Langzeitgedächtnis, das Arbeitsgedächtnis, die Aufmerksamkeit (*attention*) und Leseprozesse (*reading*). Bei Hayes stellt das Arbeitsgedächtnis, ebenso wie das Langzeitgedächtnis, eine Ressource ohne Kontroll- und Steuerfunktion dar. Es speichert die aus dem Langzeitgedächtnis vom Proposer abgerufenen Informationen ab und stellt diese für die Prozessierung durch kognitive Prozesse zur Verfügung.

Die Ebene des Schreibprozesses besteht aus den vier Teilprozessen des Schreibens (*Proposer, Evaluator, Translator, Transcriber*) und der Aufgabenumgebung.

In dem Modell von 2012 wurde im Gegensatz zu den vorherigen Modellierungen der Prozess der Verschriftlichung, beziehungsweise Transkription (*Transcriber*), berücksichtigt. Studien hatten gezeigt, dass Manipulationen der Transkription das Arbeitsgedächtnis belasten und den Schreibprozess insgesamt erheblich verlangsamen können, wenn Schreibende beispielsweise dazu aufgefordert werden, nur in Großbuchstaben zu schreiben (vgl. Bourdin & Fayol,

---

[2] Hayes, J. R. (1996). A new framework for understanding cognition and affect in writing. In: M.C. Levy & S. Ransdell (Hrsg.), *Science in Writing. Theories, Methods, Individual Differences and Applications* (S. 1–27). Lawrence Erlbaum Associates.

[3] Chenoweth, N. & Hayes, J. R. (2001). Fluency in writing. Generating text in L1 and. L2. *Written Communication, 18*, 80–98. https://doi.org/10.1177/0741088301018001004.

[4] Hayes, J. R. (2012). Modeling and Remodeling Writing. *Written Communication, 29(3)*, 369–388. https://doi.org/10.1177/0741088312451260.

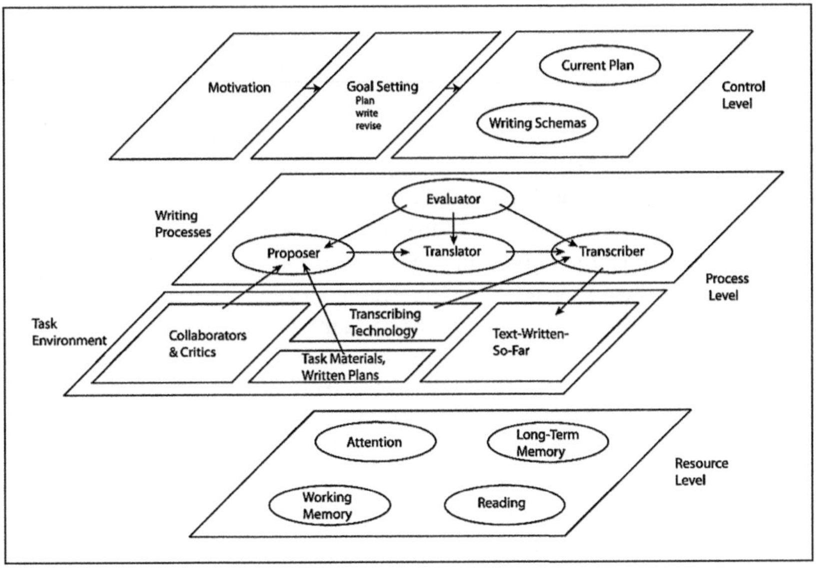

Abbildung 2.2 Aktuelle Version des Schreibprozessmodells, Hayes, J.: Modeling and Remodeling Writing, In: Written Communication 29/3, S. 371, © 2012 Sage Publications. Gedruckt mit Erlaubnis von Sage Publications

1994[5]; Hayes & Chenoweth, 2006[6]). Auch das Transkriptionsmedium beeinflusst den Schreibprozess. So konnte Christensen (2004)[7] durch gezieltes Training des Tastaturschreibens zwar die Qualität getippter Texte verbessern, die Qualität handschriftlicher Texte blieb davon jedoch unbeeinflusst.

Bei der Textproduktion wird zunächst Inhaltswissen vom *Proposer* abgerufen und im Arbeitsgedächtnis gespeichert, welches vom *Translator* ‚in Sprache übersetzt', beziehungsweise verbalisiert wird und vom *Transcriber* in Schriftsprache übertragen wird. Der *Evaluator* überprüft den Output dieser Teilprozesse

[5] Bourdin, B. & Fayol, M. (1994). Is written language production more difficult than oral language production: A working-memory approach. *International Journal of Psychology, 29*, 591–620.

[6] Hayes, J. R., & Chenoweth, N. A. (2006). Is working memory involved in the transcribing. and editing of texts? *Written Communication, 23(2)*, 135–149.

[7] Christensen, C. A. (2004). Relationship between orthographic-motor integration and computer use for the production of creative and well-structured text. *British Journal of Educational Psychology, 74*, 551–564. https://doi.org/10.1348/0007099042376373.

und wählt die geeigneten Inhalte, sprachlichen Formen und die Verschriftlichung (unter Beachtung orthographischer und anderer Aspekte) aus. Gegebenenfalls wird der neuerliche Versuch des Abrufens geeigneter inhaltlicher Ideen, der sprachlichen Umsetzung oder der Verschriftlichung angeregt. Die Transkription wird hier erstmals explizit als Prozess genannt, der kognitive Ressourcen benötigt, das Arbeitsgedächtnis belastet und nicht zwangsläufig voll automatisiert abläuft. Auch der Output der Transkription bedarf der Evaluierung durch den *Evaluator*.

Auf der Kontrollebene sind all jene individuellen Komponenten dargestellt, die den Schreibprozess formen und gewissermaßen steuern. Hierbei sind vor allem Komponenten gemeint, die den Schreibprozess als Ganzen steuern (auf der Makroebene) und nicht nur Teilschritte kontrollieren. Komponenten, die auf der Mikroebene Kontrolle ausüben, sind beispielsweise der *Evaluator* und auch der Leseprozess auf der Ressourcenebene, bei dem der bereits geschriebene Text mit den vom *Proposer* abgerufenen Informationen im Arbeitsgedächtnis und der Aufgabenumgebung abgeglichen wird.

Auf der Makroebene übernehmen zum einen die Motivation und die Zielsetzungen, zum anderen aber auch Schreibschemata und der aktuelle Schreibplan Kontrollfunktionen im gesamten Schreibprozess. Schreibschemata umfassen das (deklarative) Wissen, das Schreibende über die Textproduktion haben. Dies kann Wissen über Herangehensweisen und Problemlösungsmöglichkeiten sein (Schreibstrategien), aber auch Wissen über Merkmale, die bestimmte Textsorten aufweisen (z. B. Länge, Stil, Formatierung, Inhalt), vgl. Hayes und Olinghouse (2015)[8]. Schreibschemata sind eigentlich Bestandteil des Langzeitgedächtnisses, werden beim Schreiben aber textspezifisch abgerufen und steuern den Schreibprozess mit.

Die zentrale Stellung der Schreibschemata in Hayes' Modell zeigt die Bedeutung von Erfahrung, Routinen und Handlungsmusterwissen auf. Diese Entwicklung wurde auch in der deutschdidaktischen Diskussion positiv aufgenommen, gibt zugleich aber auch Anlass für Weiterentwicklungen, vgl. Abschnitt 2.5.

[8] Vgl. Hayes, J. R. & Olinghouse, N. G. (2015). Can Cognitive Writing Models Inform the Design of the Common Core State Standards? *The Elementary School Journal, 115 (4)*, 480–497. https://doi.org/10.1086/681909.

2.2 Wissenswiedergabe und Wissenstransformation

Im Jahr 1987 veröffentlichten Bereiter und Scardamalia ihr bis heute sehr einflussreiches ontogenetisches Schreibmodell[9], in welchem sie die Entwicklung der Schreibkompetenz nachvollziehen. Sie stellen zwei Schreibstrategien ins Zentrum ihrer Betrachtungen, *Knowledge Telling* und *Knowledge Transforming*. Die Beherrschung der beiden Strategien wird jedoch nicht stufenweise erreicht. Stattdessen sind sie mehr als Anfangs- und Endpunkt auf einem Kontinuum mit vielen Zwischenetappen verortet. *Knowledge Telling* ist diejenige Strategie, die schon von Schreibanfängerinnen und Schreibanfängern verwendet werden kann. Das aus dem Langzeitgedächtnis abgerufene Wissen wird hierbei ohne inhaltliche oder sprachliche Veränderung niedergeschrieben. Nach und nach entwickelt sich die *Knowledge Transforming*-Strategie, welche es Schreibenden ermöglicht, das abgerufene Wissen im Arbeitsgedächtnis zu modifizieren und beispielsweise an die kommunikative Situation anzupassen.

Bei der Verwendung der *Knowledge Telling*-Strategie wird zunächst eine mentale Repräsentation der Scheibaufgabe, beziehungsweise der Textfunktion und des Textthemas, erstellt. Dann beginnt der siebenschrittige *Knowledge Telling*-Prozess, in welchem zwei Wissensarten aus dem Langzeitgedächtnis genutzt werden: Auf der einen Seite wird thematisches Wissen verwendet, um den Textinhalt zu generieren, und auf der anderen Seite wird auf Diskurswissen zugegriffen, das vor allem sprachliches Wissen, aber auch Wissen zu Textarten, Adressatinnen und Adressaten und ähnlichem umfasst.

Im ersten Schritt werden das Thema und die Textfunktion anhand von *cues* erkannt (Stichwörter, beispielsweise Operatoren wie *erkläre*, *beschreibe*). Darauf aufbauend werden *memory probes* erstellt. Hierbei werden also mit den Stichwörtern im Langzeitgedächtnis assoziierte inhaltliche und diskursbezogene Wissensbestände aktiviert und im nächsten Schritt aus dem Langzeitgedächtnis abgerufen. Diese werden dann auf Angemessenheit geprüft, wodurch gegebenenfalls wieder neue Wissensbestände aktiviert und abgerufen werden. Bei erfolgreicher Prüfung werden die abgerufenen Wissensbestände aufgeschrieben. Zum Schluss wird die mentale Repräsentation des Textes aktualisiert.

Beim *Knowledge Transforming* wird ebenfalls eine mentale Repräsentation der Schreibaufgabe erstellt und während des nun einsetzenden Schreibprozesses wird wieder aus Diskurs- und Inhaltswissen geschöpft. *Knowledge Telling* bleibt weiterhin ein fester Bestandteil der *Knowledge Transforming*-Strategie. Allerdings

---

[9] Bereiter, C. & Scardamalia, M. (1987). *The psychology* of *written composition*. Lawrence Erlbaum Associates.

wird das abgerufene Wissen in einem komplexen Problemlöseprozess entsprechend rhetorischer, pragmatischer und kommunikativer Bedingungen angepasst. Der geschriebene Text wird dahingehend überprüft, ob die intendierte Wirkung erreicht wird, ob die Botschaft deutlich wird und auch, ob das Geschriebene dem eigenen Wissen und der eigenen Meinung entspricht[10].

Bereiter und Scardamalia betonen, dass beim *Knowledge Transforming* eine ständige Interaktion zwischen dem Schreibprozess und dem bereits geschriebenen Text besteht. Auch zwischen den beiden Problemlösebereichen des Inhalts (*content space*) und der Rhetorik (*rhetorical space*) herrscht ein reger Austausch, da der Output von Problemlöseprozessen zu inhaltlichen Fragen (Überzeugungen und Wissen, inhaltliche Prozessierung) als Input für rhetorische Problemlöseprozesse (*wie können die Textziele erreicht werden?*) dient und umgekehrt. Wenn die abgerufenen inhaltlichen Informationen im *content space* nicht geeignet sind, um die Textziele im *rhetorical space* zu erreichen, müssen neue Informationen generiert werden. Dadurch kann auch das Verständnis, das Schreibende vom Thema haben, ausgebaut und umstrukturiert werden. Diese Interaktion bildet nach Bereiter und Scardamalia die Basis für reflektierendes Schreiben[11]. Diese Komplexität ist auch der Grund, warum *Knowledge Transforming* als Strategie von Expertenschreibenden aufgeführt wird. Schreibende müssen in der Lage sein, den Schreibprozess gründlich zu planen und dabei rhetorische, pragmatische und kommunikative Einschränkungen in einem komplexen interaktiven Problemlöseverfahren zu berücksichtigen.

Fraglich ist jedoch, wie die abgerufenen und geprüften Wissensbestände inhaltlicher und diskursbezogener Art zusammengeführt werden, bevor sie verschriftlicht werden können. Wie genau werden die Gedanken überhaupt formuliert? Hier bleiben das Modell von Bereiter und Scardamalia und auch die Modellierungen von Hayes eher vage.

2.3 Schreiben als Sprachproduktion

Um die Anpassung und Zusammenführung inhaltlicher und sprachlicher Wissensbestände beim Schreiben besser zu verstehen, bietet es sich an, Modelle der Sprachproduktion zu betrachten. Diese beziehen sich in der Regel auf die Produktion mündlicher Sprache, sodass sich einige Grenzen der Anwendbarkeit auf

[10] ebd., S. 11.

[11] ebd.

den Schreibprozess zeigen. Doch die unbestreitbaren Parallelen zwischen mündlicher und schriftlicher Sprachproduktion machen Ansätze der Sprachproduktion auch für die Schreibprozessforschung zu einer wertvollen theoretischen Basis.

Auf der Grundlage ihrer Forschung zu Versprechern veröffentlichte Viktoria Fromkin 1971 ein serielles Modell der Sprachproduktion[12], in welchem fünf Produktionsstufen strikt aufeinander folgen. Im ersten Schritt wird der Inhalt, der übermittelt werden soll, generiert. Anschließend werden syntaktische Strukturen erstellt, und dieses Gerüst mit semantischen und syntaktischen Informationen wird im dritten Schritt mit prosodischen Merkmalen der Satzintonation ausgestattet. Erst im vierten Schritt erfolgt die lexikalische Selektion: Hierbei werden die Inhaltswörter (wie Substantive, Adjektive, Verben) in den syntaktischen Rahmen eingefügt und mit Funktionswörtern (wie Konjunktionen oder Pronomen) und grammatisch geeigneten Affixen ergänzt. Im fünften Schritt wird die Mitteilung entsprechend der phonologischen Regeln phonetisch enkodiert und schließlich artikuliert.

Die strikte Unidirektionalität des Modells (*feed-forward*) wurde immer wieder kritisiert. Insbesondere der *lexical bias*-Effekt lässt sich mit Fromkins Modell nicht ohne weiteres erklären, wenn man annimmt, dass eine Phase erst beginnt, wenn die vorherige bereits abgeschlossen ist. Der *lexical bias*-Effekt bezeichnet ein Phänomen, bei dem Fehler in der phonologischen Enkodierung häufiger zu einer Artikulation tatsächlich existierender anderer Wörter statt zu Pseudowörtern führt, sodass eine nachträgliche oder andauernde Aktivierung der konzeptuellen Komponente angedeutet wird.

Ein alternatives Modell der Sprachproduktion wurde 1986 von Gary S. Dell[13] vorgeschlagen, welches ebenfalls auf Erkenntnissen der Forschung zu Versprechern basiert. Es nimmt im Gegensatz zu Fromkins Fünfstufen-Modell an, dass die Ebenen der Sprachproduktion interaktiv sind. Im Prozess der Sprachproduktion werden sowohl vorwärts als auch rückwärts Aktivierungen vorgenommen (*feed-forward* und *feed-backward*), die einzelnen Ebenen nehmen also durchgängig aufeinander Einfluss. Das mentale Lexikon ist als neuronales Netzwerk modelliert, welches drei verschiedene Arten von Netzwerkknoten, beziehungsweise Sprachverarbeitungsebenen, aufweist: eine konzeptuelle, eine semantische und eine phonologische Ebene. Auf der konzeptuellen Ebene werden Konzepte

[12] Fromkin, V. (1971). The Non-Anomalous Nature of Anomalous Utterances. *Language, 47(1),* 27–52.

[13] Dell, G. S. (1986). A spreading-activation theory of retrieval in sentence production. *Psychological Review, 93(3),* 283–321. https://doi.org/10.1037/0033-295X.93.3.283.

ausgewählt. Auf der semantischen Ebene werden die entsprechenden Lemmata aktiviert, welche wiederum auf der phonologischen Ebene ihre Lexeme aktivieren. Eine weitere Grundannahme im Modell ist der Effekt der Aktivierungsausbreitung (*spreading activation*) im neuronalen Netzwerk des mentalen Lexikons. Wird auf der semantischen Ebene das Lemma *Hut* aktiviert, werden durch das Prinzip der Aktivierungsausbreitung die damit assoziierten, semantisch verwandten Lemmata aktiviert (*Hut, Mütze, Basecap*, ...) und gleichzeitig auch das entsprechende Lexem *Hut* auf der phonologischen Ebene, welches wiederum alle phonologisch assoziierten Netzwerkknoten mitaktiviert (*Hut, Wut, gut*, ...). Wenn das Lexem *Hut* auf der phonologischen Ebene die höchste Aktivierung erhält, also als die beste Variante unter allen aktivierten Lexemen ausgewählt wurde, so wird ein *Feedback* an die semantische Ebene gesendet, sodass auch das zugeordnete Lemma noch zusätzliche Aktivierung erfährt. Außerdem wird nach Abschluss der Selektion auf der semantischen Ebene (ausgewählt wird das Lemma mit der höchsten Aktivierung) eine *feed-forward* Aktivierung des Lexems *Hut* vorgenommen. Das Lexem wurde schon vor Abschluss der semantischen Selektion aktiviert, denn der Prozess ist eben nicht linear, sondern interaktiv konzipiert. Nach Abschluss der Selektion erfährt es jedoch eine zusätzliche Aktivierung, wodurch das Aktivierungsniveau des entsprechenden Netzwerkknotens erhöht wird (*summation*). Ebenso zerfällt oder sinkt die Aktivierung mit der Zeit, wenn sie nicht erneuert wird (*decay*)[14].

Die Debatte um interaktiv-kaskadierende (z. B. Dell, 1986) versus seriell-hierarchische Sprachproduktionsmodelle (z. B. Fromkin, 1971) wird bis heute intensiv geführt. 1989 stellte Willem Levelt[15] sein modulares Modell mit interaktiven Elementen vor, welches zwei Feedbackschleifen über das Sprachverstehenssystem, also ein Selbstüberwachungssystem, postuliert. Damit erklärt Levelt phonologische Fehler und auch den *lexical bias*-Effekt:

> The explanation is largely post-lexical. We can strategically monitor our internal phonological output and intercept potential errors. A phonological error that happens to create a word of the right semantic domain (such as *rat* for *cat*) will have a better chance of 'slipping through' the monitor than one that is semantically totally out of place (such as *mat* for *rat*). [...] an error that produces a real word will get through easier than one that produces a non-word. (Levelt, 1989, S. 226)

[14] vgl. ebd., S. 287.

[15] Levelt, W. J. M. (1989). *Speaking: From intention to articulation.* The MIT Press. https://doi.org/10.7551/mitpress/6393.001.0001.

Außerdem führt er aus, dass auch dann rückwärtsgerichtete Einflussnahme vorkommt, wenn etwa der vorhandene Wortschatz bestimmt, welche Konzepte überhaupt verbalisiert und somit ausgewählt werden können (*Whorfian problem*[16]). Den kaskadierenden Modellen wirft er vor, dass sich ihre Vorhersage, dass während der semantischen Selektion bereits die phonologische Prozessebene aktiviert ist, in empirischen Untersuchungen nicht bestätigt hat[17]. Levelts Modell der Sprachproduktion ist heute vor allem in der neuropsychologischen Aphasieforschung und in der Psycholinguistik vorherrschend und soll im Folgenden etwas detaillierter besprochen werden.

Das Modell, welches auch als *Blueprint*-Modell bekannt ist, weist vier Phasen auf: die Konzeptualisierung *(conceptualizer),* die Formulierung (*formulator),* die Artikulation (*articulator*) und die Selbstüberwachung *(self-monitoring).* Damit ist das Modell den Modellierungen des Schreibprozesses von Hayes und Kollegen vom Grundaufbau recht ähnlich. Die Phasen folgen seriell aufeinander, aber es gibt zwei Feedback-Möglichkeiten im Laufe des Sprachproduktionsprozesses, welche vom Sprachverstehenssystem prozessiert werden.

Während der Konzeptualisierung geht es um die Generierung des Inhalts. Inhaltsbezogenes, konzeptuelles Wissen wird aus den Wissensbeständen des Welt- und Diskurswissens im Langzeitgedächtnis abgerufen, woraus in zwei Stufen eine vorsprachliche Nachricht (*preverbal message*) generiert wird. Zunächst erfolgt die Makroplanung (*macroplanning*), welche sicherstellen soll, dass die kommunikativen Ziele der Nachricht erreicht und relevante Inhalte aus dem Langzeitgedächtnis abgerufen, ausgewählt und organisiert werden. Während der zweiten Phase, der Mikroplanung (*microplanning*) werden diesen Inhalten semantische Funktionen zugewiesen, beispielsweise semantische Rollen wie *agent*, *experiencer* oder *patient (*vgl. Alamargot & Chanquoy, 2001[18]*).* In dieser Phase wird also die Voraussetzung geschaffen, um die konzeptuell-inhaltliche Seite der Nachricht mit der sprachlichen Seite der Nachricht zu verbinden.

Bei der Formulierung wird die präverbale Nachricht durch grammatische und phonologische Enkodierung in eine linguistische Form gebracht. Während der grammatischen Enkodierung werden der präverbalen Nachricht, die nun bereits semantische Funktionen aufweist, *lemmata* aus dem mentalen Lexikon zugeordnet. Diese Einträge im mentalen Lexikon sind noch nicht phonologisch repräsentiert, sie weisen lediglich (morpho-)syntaktische (Numerus, Genus, Tempus,

---

[16] ebd. S. 19.

[17] ebd., S. 18.

[18] Alamargot, D. & Chanquoy, L. (2001). *Through the models of writing.* Kluwer Academic Publishers. https://doi.org/10.1007/978-94-010-0804-4.

Kasus, Modus) und semantische Merkmale auf. Das heißt, dass die präverbale Nachricht und das Lemma die semantischen Funktionen als Anknüpfungspunkte aufweisen: Die semantischen Funktionen der vorsprachlichen Nachricht triggern in gewisser Weise die semantischen Merkmale des zugehörigen Lemmas, wodurch lexikalische Selektion ermöglicht wird. Der lexikalischen Selektion, bei welcher syntaktische Merkmale des Lemmas mitaktiviert werden, folgen dann Vorbereitungen für die Satzkonstruktion:

> Lexical selection drives grammatical encoding. Lemmas are retrieved (activated, selected) when their semantic conditions are met in the message. In their turn, they call (activate, trigger) syntactic procedures that correspond to their syntactic specifications. A verb will instigate the construction of a verb phrase, a noun the construction of a noun phrase, etc. (Levelt, 1992[19], S. 5)

Erst im zweiten Schritt, bei der phonologischen Enkodierung, wird die dem Lemma zugehörige morphologisch-phonologische Form, das entsprechende *Lexem*, generiert. Hierbei muss ein phonetischer Plan erstellt werden, der als Input für den Artikulationsmechanismus dient. Die phonetische Form kann nicht als Paket abgerufen werden. Das *tip-of-the-tongue*-Phänomen, bei dem uns ein Wort ‚auf der Zunge liegt', die korrekte Wortform uns aber einfach nicht einfallen will, und Versprecher, in denen Buchstaben vertauscht werden (z. B. *Fibel* statt des intendierten Wortes *Bibel)* legen nahe, dass nur phonologische Rahmen (*word skeletons*) abgerufen werden, die anschließend gefüllt werden müssen[20]. Diese Stufe im Produktionsprozess wird in der Literatur auch mit der inneren Sprache (*internal speech*) gleichgesetzt (vgl. z. B. Alamargot & Chanquoy, 2001, S. 12). Hier besteht auch die erste Möglichkeit in dem Modell, ein Feedback zur Selbstkontrolle zu erhalten. Der phonetische Plan kann intern vom Sprachverständnis-System (*Speech Comprehension System*) eingelesen und überprüft werden.

Anschließend wird der phonetische Plan vom Artikulationsapparat gescannt und realisiert, indem Motorpläne aktiviert und ausgeführt werden. Sowohl die interne als auch die externe (artikulierte) Sprache kann vom Sprachverständnis-System, das der Selbstüberwachung dient, überprüft werden.

Carel van Wijk (1999) verknüpft das Modell mündlicher Sprachproduktion von Levelt (1989) mit Bereiter und Scardamalias Unterscheidung zwischen *Knowledge-Telling-* und *Knowledge-Transforming*-Strategien (vgl. Abschnitt 2.2),

[19] Levelt, W. J. M. (1992). Accessing words in speech production. Stages, processes and represenations. *Cognition 42*, 1–22. https://doi.org/10.1016/0010-0277(92)90038-j.

[20] Levelt, 1992, S. 9 f.

um den schriftlichen Sprachproduktionsprozess am Beispiel des argumentativen Schreibens zu modellieren. Das Modell, welches bereits 1995 von van der Pool und van Wijk entwickelt wurde[21], ist eng an Levelts Modell der Sprachproduktion angelehnt. Zwar heißt Levelts *Conceptualizer* bei van Wijk *Invent,* und der *Formulator* wird *Encode* genannt, doch die so subsumierten Prozesse der Sprachproduktion stimmen im Grunde überein: In der konzeptionellen Invent-Phase werden zunächst in Makroprozessen die allgemeinen Textintentionen und -ziele reflektiert (*reflect*). In der Mikrophase werden inhaltliche Informationen ausgewählt (*select*) und in eine präverbale Nachricht umgewandelt, um linguistische Enkodierungsprozesse zu ermöglichen (*shape*). Daraufhin folgen linguistische Enkodierungsprozesse (bei van Wijk grammatische, lexikalische, phonologische und morphologische Enkodierung). Da van Wijk das Modell von Levelt für Schreibprozesse adaptiert, schließt sich noch eine graphemische Enkodierung an. Durch die Enkodierungsprozesse erstellen die Schreibenden einen graphemischen Plan für die darauffolgende graphomotorische Ausführung. Diese linguistische Repräsentation enthält auch orthographische Informationen[22].

Eine weitere wertvolle Weiterentwicklung des Modells von Levelt ist hier die ausführliche Darstellung der Selbstüberwachungskomponente. Sie ist als Leseprozess konzipiert, sodass die Leseteilprozesse der Dekodierung und des Verstehens in einer Art Rückwärtsschlaufe die Selbstüberwachung oder ein ‚Sich-selbst-verstehen' ermöglichen: Der sprachliche Output wird vom Selbstüberwachungssystem zunächst *dekodiert,* sodass der sprachliche Mantel abfällt und die Bedeutung dahinter *verstanden* werden kann. Dies geschieht in umgekehrter Reihenfolge wie im Enkodierungsprozess. Die linke Seite des Modells stellt somit die reinen Schreibprozesse, und die rechte Seite Lese- bzw. Revisionsprozesse dar, welche zusammengenommen den Prozess der Textproduktion darstellen:

> Reading and writing are organised in very similar ways. Both consist of three components: conceptual processes (generating messages, interpreting them), linguistic processes (encoding into natural language; decoding natural language) and physical processes (moving hand or mouth; perceiving with eye or ear). Both modalities also use the same data resources to obtain information (a knowledge base and a mental lexicon) and to store it (a mental text record). (van Wijk, 1999, S. 32)

---

[21] van der Pool, E. & van Wijk, C. (1995). Proces en strategie in een psycholinguïstisch model van schrijven en lezen (Process and strategy in a psycholinguistic model of writing and reading). *Tijdschrift voor Onderwijsresearch, 20,* 200–214.

[22] van Wijk, C. (1999). Conceptual processes in argumentation: A developmental perspective. In: M. Torrance & D. Galbraith (Hrsg.), *Studies in Writing. Knowing what to write: conceptual processes in text production* (Bd. 4, S. 31–50). Amsterdam University Press.

Der Schreib- und der Leseprozess teilen sich auf der sprachlichen Ebene ein mentales Lexikon, aus welchem sowohl bei der Enkodierung (Schreiben/Sprechen) als auch bei der Dekodierung (Lesen/Selbstüberwachen) Lemmata und Lexeme abgerufen oder identifiziert werden können. Ebenso schöpfen zum einen die konzeptuelle Phase des Schreibens und zum anderen die Verstehensphase des Lesens und Selbstüberwachens aus zwei gemeinsamen Ressourcen, wodurch sie auch auf inhaltlicher Ebene in Interaktion geraten – aus gemeinsamen Wissensbeständen mit Weltwissen und Diskurswissen, und aus dem *Textrecord*, in welchem die Textziele und -konzeptionen vorübergehend abgespeichert werden. Die *Textrecord*-Komponente erinnert somit an das Konzept des Arbeitsgedächtnisses.

Schreiben und Lesen erscheinen in diesem Modell als gegenläufige Prozesse, die in entgegengesetzter Reihenfolge sehr ähnlich verlaufen. Etwas unter den Tisch fallen dabei jedoch die tiefgreifenden Unterschiede zwischen Sprechen und Schreiben auf der einen Seite und zwischen Schreiben und Lesen auf der anderen Seite. Schreiben ist nicht die bloße ‚Verlängerung' des Sprechprozesses um graphemische Prozesse. Zu berücksichtigen sind beispielsweise auch die zeitliche Zerdehnung der Kommunikationssituation, Textgenres und -muster und Unterschiede zwischen konzeptuell mündlichen und konzeptuell schriftlichen Texten. Auch bleibt fraglich, ob die Selbstüberwachung tatsächlich nur ein Leseprozess ist, oder ob Leseprozesse lediglich eine Voraussetzung für Prozesse der Selbstüberwachung darstellen, also nur ein Teil des Selbstüberwachungssystems beim Schreiben sind.

Van Wijk verknüpft die Makro- und Mikroprozesse der konzeptuellen Ebene mit Bereiter und Scardamalias Schreibstrategien des *Knowledge Telling* und *Knowledge Transforming*. Hierfür nimmt er an, dass *Knowledge Telling* vorliegt, wenn Informationen ausgewählt (*select*), aber nicht weiter angepasst werden (ohne *shape*)[23]. *Knowledge Transforming* wird hingegen dann möglich, wenn die ausgewählten Informationen auch modifiziert werden (*select* und *shape*). Die Annahme van Wijks, dass beim *Knowledge Telling* die *shape*-Phase nicht prozessiert wird, wirft jedoch einige Fragen auf, da die *shape*-Prozesse eigentlich dafür vorgesehen sind, die inhaltliche mit der sprachlichen Seite zu verbinden, indem semantische Rollen zugewiesen werden und eine präverbale Nachricht erstellt wird, die dann enkodiert werden kann. Dies müsste dann bei jeder mündlichen und schriftlichen Sprachproduktion erfolgen, auch beim *Knowledge Telling*. Wenn beim *Knowledge Telling* die abgerufenen konzeptuell-inhaltlichen Informationen nicht weiterentwickelt, sondern nur wiedergegeben werden, so ist das eher auf geringere Reflexion auf der Makroebene zurückzuführen. Dies deutet van Wijk

[23] van Wijk, 1999, S. 34.

auch selbst an, indem er darauf hinweist, dass *Knowledge Transforming* durch Reflexion auf der Makroebene ermöglicht wird[24].

2.4 Wissensbildung im Schreibprozess

David Galbraith äußert Kritik an den klassischen Schreibprozessmodellen (vgl. Galbraith, 1999[25]; Galbraith & Baaijen, 2018[26]). Galbraith und Baaijen (2018) zeigen auf, dass die klassischen Schreibprozessmodelle in der Beschreibung der beteiligten Mechanismen erst zu dem Zeitpunkt ansetzen, an dem der Inhalt des zu schreibenden Textes bereits generiert ist. Die Modelle gehen in der Regel davon aus, dass das inhaltliche Wissen in propositionaler, deklarativer Form im Langzeitgedächtnis gespeichert ist und dann beim Schreiben abgerufen wird[27]. Diese Annahme kann jedoch nicht ohne weiteres erklären, wie es sein kann, dass Schreibende in so kurzer Zeit ihr Wissen an zahlreiche Bedingungen rhetorischer Art anpassen können[28].

Abweichend von den klassischen Schreibprozessmodellen von Hayes und Flower (1980), Hayes (2012) oder Bereiter und Scardamalia (1987) wird das Wissen in PDP-Modellen in einem neuronalen Netzwerk parallel verteilter Verarbeitung (*Parallel Distributed Processing*, kurz PDP[29]) verarbeitet. Die hinter dem PDP-Ansatz stehende Annahme subsymbolischer Repräsentation von Wissen steht den klassischen Theorien der Wissensspeicherung im Langzeitgedächtnis gegenüber, die symbolische Repräsentationen des Wissens annehmen (z. B. Collins & Quillian, 1969[30]). In symbolischen semantischen Netzwerken werden die

[24] ebd.

[25] Galbraith, D. (1999). Writing as a knowledge constituting process. In: M. Torrence & D. Galbraith.
(Hrsg.), *Studies in writing. Knowing what to write: Conceptual processes in text production.*
(S. 137–157). Amsterdam University Press.

[26] Galbraith, D. & Baaijen, V. M. (2018). The work of writing: Raiding the inarticulate. *Educational Psychologist, 53(4),* 238–257. https://doi.org/10.1080/00461520.2018.1505515.

[27] ebd., S. 240.

[28] ebd., S. 249.

[29] Für eine Einführung in PDP-Systeme vgl. Rogers, T. T. & McClelland, J. L. (2014). Parallel Distributed Processing at 25: Further Explorations in the Microstructure of Cognition. *Cognitive Science, 38,* 1024–1077. https://doi.org/10.1111/cogs.12148

[30] Collins, A. M. & Quillian, M. R. (1969). Retrieval time from semantic memory. *Journal of Verbal Learning and Verbal Behavior, 8(2),* 240–247.

Konzepte (z. B. *Auto)* als einzelne Knoten repräsentiert. Sie sind mit verwandten oder assoziierten Konzepten (z. B. *Fahrrad, LKW*), also anderen Knoten, verbunden, die wiederum mit verwandten, assoziierten Konzepten verbunden sind. Die Aktivierung eines Knotens erfolgt entweder direkt, wenn etwa das entsprechende gedruckte Wort zum Konzept wahrgenommen wird, oder indirekt über *spreading activation*, also über verbundene, schon aktivierte Knoten. Durch die Aktivierung der Knoten werden also vorhandene Propositionen abgerufen, das *lemma (*welches einem Knoten entspricht*)* mit der höchsten Aktivierung wird dann abgerufen.

In einem neuronalen PDP-Netzwerk hingegen werden die abgerufenen Konzepte in einem komplexen System erst noch gebildet und sind nicht schon „fertig repräsentiert“:

> Perhaps the most salient distinction is that PDP views cognition as emergent […]. According to the principle of emergence, the regular or law-like behavior of a complex system is the consequence of interactions among constituent elements, each behaving according to comparatively simple principles that may bear little or no obvious relation to the behavior of the system as a whole. (Rogers & McClelland, 2014, S. 1034)

Der PDP-Ansatz, der dem Konnektionismus zuzuordnen ist, bedient sich des Vorbilds des zentralen Nervensystems des Menschen, welches eine Vielzahl einfacher, aber über Synapsen miteinander in Verbindung stehender Nervenzellen aufweist. Diese sind im künstlichen neuronalen PDP-Netzwerk in Einheiten eingeteilt, welche wiederum miteinander im Austausch stehen.

Ein Konzept ist nicht als einzelner neuronaler Knoten repräsentiert, sondern verteilt in einem Set oder einer Einheit von Eingangsknoten, sodass die in mehreren Knoten verteilten (Teil-)Repräsentationen zusammengenommen ein Konzept darstellen (daher wird von subsymbolischen Repräsentationen gesprochen). Eingehende Informationen – beziehungsweise Ideen, die als Antwort auf ein Thema aufkommen (Eingänge/Input), werden durch Aktivierungsausbreitung parallel durch zwei Schichten von neuronalen Einheiten prozessiert. Zum einen sind dies die verteilten Repräsentationen der Konzepte (Eingangsknoten), zum anderen sind es versteckte Knoten (*hidden nodes*), welche die Repräsentationen der Konzepte mit den dazugehörigen Relationen verbinden. Eine starke Verbindung besteht bei hoher Aktivierung, während es bei negativer Aktivierung zu einer Hemmung der Verbindung kommt (*weighed connections*). Die Verarbeitung erfolgt parallel, was bedeutet, dass die Informationen nicht seriell oder schrittweise verarbeitet werden, sondern dass mehrere Verarbeitungsschritte in verschiedenen neuronalen Einheiten parallel und in Interaktion erfolgen können. Hierbei wirkt das Prinzip der *Constraint Satisfaction*, wodurch unterschiedliche

Constraints, also Einschränkungen, auf verschiedenen Ebenen der Sprachproduktion beachtet werden. Dadurch wird in den PDP-Modellen das von Bereiter und Scardamalia angesprochene Problem behoben: Schreibende durchlaufen während des Schreibprozesses mehrere Verarbeitungsschritte parallel unter dem Prinzip der *Constraint Satisfaction*, sodass Einschränkungen rhetorischer Art sofort während der Inhaltsgenerierung einfließen. Der Inhalt wird nicht zuerst abgerufen und dann angepasst, sondern unter Berücksichtigung rhetorischer Einschränkungen gebildet. Durch das Zusammenspiel der beiden Schichten neuronaler Einheiten (*hidden nodes* und Eingangsknoten) werden Ausgangsknoten aktiviert, die den generierten Inhalt sowie mögliche Weiterführungen der zu den Konzepten passenden Propositionen anbieten, die dann in Sprache umgesetzt werden können. Wenn also das Wort *Auto* wahrgenommen wird, so werden sowohl alle Eingangsknoten aktiviert, die das Konzept Auto repräsentieren, als auch die dazugehörigen Relationen, sodass zum Beispiel die Weiterführung *fahren* durch die Ausgangsknoten angeboten wird. Propositionen werden also nicht Wort für Wort aus dem Langzeitgedächtnis abgerufen, sondern abhängig vom Gewicht bzw. der Aktivierungsstärke der Verbindungen zwischen den Einheiten gebildet:

> Propositions are synthesized according to the strengths of the connections between units and are revealed in the output from the network, rather than being retrieved from memory. [...] In sum, connectionist networks represent knowledge implicitly as the fixed set of connection strengths between units within a distributed architecture, and these connections control the synthesis of individual propositions within different contexts. (Galbraith & Baaijen, 2018, S. 241 f.)

Auf der Grundlage des PDP-Ansatzes stellt David Galbraith (1999) ein Modell der Textproduktion vor. Als Input in das PDP-Netzwerk dienen das Thema und Aufgabenbeschränkungen. Diese werden durch Aktivierungsausbreitung durch das PDP-Netzwerk gespeist, wodurch eine Nachricht gebildet wird, die als nächstes in Sprache umgesetzt wird, indem sie aufgeschrieben wird. Entlang der Feedback-Verbindungen wird dieser Output nun wieder durch das PDP-Netzwerk geleitet, um als bereits geschriebener Text im nächsten Schritt (*cycle*) der Textproduktion berücksichtigt zu werden. Die auf dem bereits geschriebenen Text, auf dem Thema und den Aufgabenbeschränkungen basierende nächste Nachricht wird synthetisiert, also im PDP-Netzwerk gebildet, niedergeschrieben und so fort. Damit können PDP-Modelle erklären, wie beim Schreiben die Gedanken weiterentwickelt werden und aufeinander aufbauen: Anders als beim bloßen Abruf vorgespeicherter Propositionen wird jede Proposition im PDP-Modell unter Einbezug des schon geschriebenen Textes neu generiert.

Galbraith und Baaijen (2018) nehmen in ihrem Zwei-Prozesse-Modell, welches auf dem Modell von Galbraith (1999) basiert, an, dass grundsätzlich zwei Prozesse bei der Generierung inhaltlichen Wissens beim Schreiben involviert sind: ein implizit kontrollierter Prozess der Wissensbildung (*knowledge constituting process*) und ein explizit kontrollierter Problemlöseprozess (*knowledge transforming process*)[31]. Der wissensbildende Prozess entspricht im Prinzip dem soeben ausführlich beschriebenen Prozess der Inhaltsgenerierung im PDP-Netzwerk, operiert also auf verteilten, subsymbolischen Repräsentationen. Das Wissen, das diesem Prozess zu Grunde liegt, ist im semantischen Gedächtnis des deklarativen Langzeitgedächtnisses gespeichert. Es kann beim Schreiben nicht einfach abgerufen werden, sondern wird gebildet. Das Ergebnis des wissensbildenden Prozesses ist eine möglichst gute Wiedergabe des Verständnisses, das Schreibende von einem Thema haben.

Im Gegensatz dazu operiert die explizite Problemlösung des *Knowledge Transforming*-Prozesses auf Wissen, das im episodischen Gedächtnis des deklarativen Langzeitgedächtnisses gespeichert ist[32]. Dieses ist symbolisch repräsentiert und lässt sich in propositionaler Form abrufen, um es dann im Arbeitsgedächtnis an die rhetorischen Bedingungen der Schreibsituation anzupassen. Das Ziel des *Knowledge Transforming*-Prozesses ist also in erster Linie, die rhetorischen Ziele eines Textes zu erreichen und den Inhalt entsprechend dieser Ziele zu organisieren.

Die beiden Prozesse können sich gegenseitig ergänzen:

> The two processes are both necessary for effective writing and, in principle, they have complementary functions. The knowledge-transforming process ensures that content is coherently organized in relation to rhetorical goals and, when content is not explicitly available in episodic memory, can set this as a goal for the knowledge-constituting process. The knowledge-constituting process is required to provide content reflecting the writer's understanding, but this then needs to be explicitly organized to satisfy rhetorical goals. (Galbraith & Baaijen, 2018, S. 245 f.)

Der Prozess kann auch zur Umstrukturierung des Wissens führen, sodass ein Umdenken oder ein Erkenntnisgewinn bei Schreibenden ausgelöst werden kann. Dies geschieht nach dem Zwei-Prozesse-Modell dann, wenn das im wissensbildenden Prozess generierte Weltwissen nicht dem episodischen Erfahrungswissen entspricht, das im *knowledge transforming*-Prozess abgerufen wurde. Wenn also

---

[31] ebd., S. 241 f.

[32] Die Unterscheidung zwischen episodischem und semantischem Speicher des deklarativen Wissens im Langzeitgedächtnis wird in Abschnitt 3.1 genauer erläutert.

die eigenen Erfahrungen aus dem episodischen Gedächtnis mit dem Weltwissen nicht übereinstimmen, setzt ein Reflexionsprozess ein, der das Wissen umstrukturieren und das Verständnis eines Themas vertiefen kann[33].

Insgesamt scheint das wissensbildende Schreiben (abgesehen von der theoretischen Annahme, wie das Wissen repräsentiert und damit abgerufen oder gebildet wird) weitgehend dem *Knowledge Telling*-Prozess von Bereiter und Scardamalia (1987) zu entsprechen. Galbraith und Baaijen (2018) nehmen an, dass *Knowledge Telling*, wie es von Bereiter und Scardamalia konzipiert ist, vorliegt, wenn der *Knowledge Transforming*-Prozess nicht oder kaum ausgeführt wird, sodass der Text nicht an rhetorischen Zielen orientiert verfasst wird. Das Wissen aus dem episodischen Gedächtnis wird generiert, aber nicht im Arbeitsgedächtnis an rhetorische Ziele angepasst: „Knowledge-telling occurs when the writer simply retrieves content from memory without considering how to adapt it to rhetorical constraints, whereas knowledge transforming involves a more strategic search and evaluation of content to satisfy rhetorical goals." (Galbraith & Baaijen, 2018, S. 245)

Das Modell stellt nicht nur dar, wie bei einer Textproduktion die inhaltliche Seite des Textes generiert wird, wobei die kommunikative Funktion bei der Anpassung an rhetorische Ziele im Fokus steht (*knowledge transformation*), sondern auch, wie beim Schreiben durch den impliziten *knowledge constitution*-Prozess das eigene Verständnis des Themas entwickelt wird. Der *knowledge constitution*-Prozess kann das eigene Verstehen des Themas voranbringen, wobei vor allem auch Unstimmigkeiten mit explizit abgerufenen Propositionen aus dem episodischen Gedächtnis bei der *knowledge transformation* Reflexionsprozesse auslösen können. Damit stellt das Modell das Zusammenspiel bewusster Prozesse zur Erreichung kommunikativer und rhetorischer Ziele und unbewusster Prozesse des Verstehens ins Zentrum.

Die Autoren sprechen bei der bewussten Wissensverarbeitung während der *Knowledge Transformation* jedoch hauptsächlich die Anpassung an rhetorische Ziele an. Wie auch aus den Beispielen der Autoren deutlich wird, haben sie mit ihrem Modell eher die Bildung von Wissen, Inhalt und Meinungen, zum Beispiel beim Schreiben argumentativer Texte, im Blick[34]. In anderen Schreibsituationen, die weniger eine kommunikative als zum Beispiel eine heuristisch-epistemische Funktion aufweisen, könnte die bewusste Wissensverarbeitung im Arbeitsgedächtnis jedoch auch für ein vertieftes thematisches Verstehen eingesetzt werden. Wenn, wie in der in Teil II vorgestellten Studie, Notizen angefertigt werden,

[33] ebd., S. 245.

[34] ebd., S. 246.

mit dem Ziel, die notierten Inhalte zu lernen und zu verstehen, so ist der Fokus weniger auf der Erreichung rhetorischer Ziele als auf der Erreichung der Lernziele. Diese Art der Wissensverarbeitung wird in den besprochenen Modellen von Bereiter und Scardamalia (1987) sowie Galbraith und Baaijen (2018) nicht genauer thematisiert.

2.5 Textmuster als Abkürzung der Textproduktion

Eine zentrale Gemeinsamkeit der klassischen kognitiven Schreibprozessmodelle, beispielsweise von Bereiter und Scardamalia (1987) und Hayes und Flower (1980), ist die Annahme, dass das Schreiben ein schrittweiser Problemlöseprozess ist. Kritisiert wird diese Konzeption unter anderem von Bachmann und Becker-Mrotzek (2017)[35], da nicht jeder Schreibprozess ‚von null' anfängt, sondern vielmehr durch den Rückgriff auf Textmuster, -prozeduren und -routinen erleichtert und abgekürzt wird.

In ihrem Modell, welches aus einem Basismodell und drei Kreismodellen besteht, modellieren Bachmann und Becker-Mrotzek den Schreibprozess unter Berücksichtigung sprachlicher Wissensbestände und der Rolle von Textmustern und -routinen. Textmuster spielen für den Fokus der vorliegenden Arbeit zwar nur eine untergeordnete Rolle, sind jedoch auch beim Notieren und insbesondere beim Formulieren in eigenen Worten ein wichtiger Grundstein.

Im Basismodell (vgl. Abbildung 2.3) wird der Schreibprozess als Gesamtheit dargestellt, also der Weg vom intendierten Text über die Textentwürfe zum Textprodukt. Der Text wird mithilfe des Monitors und der Wissensbestände im Langzeitgedächtnis unter spezifischen Bedingungen (z. B. Motivation, Schreibanlass) verfasst, indem prototypische Schreibaufgaben und Textmuster abgerufen und im Arbeitsgedächtnis an die konkrete Situation angepasst werden.

Im Drei-Kreise-Modell werden drei Teilprozesse fokussiert, bei denen sprachliches Wissen eine zentrale Bedeutung hat. Hierbei wird modelliert, welche Wechselwirkungen und Zusammenhänge zwischen sprachlichem Textmusterwissen und anderen Prozessen und Komponenten des Schreibprozesses bestehen.

Im ersten Kreis werden, ausgehend von der konkreten Schreibaufgabe, prototypische Schreibaufgaben und anschließend geeignete prototypische Textmuster abgerufen. Die Repräsentation der konkreten Schreibaufgabe wird hierzu mit im

[35] Bachmann, T. & Becker-Mrotzek, M. (2017). Schreibkompetenz und Textproduktion modellieren. In: M. Becker-Mrotzeck, J. Grabowski & T. Steinhoff (Hrsg.), *Forschungshandbuch empirische Schreibdidaktik* (S. 25–53). Waxmann.

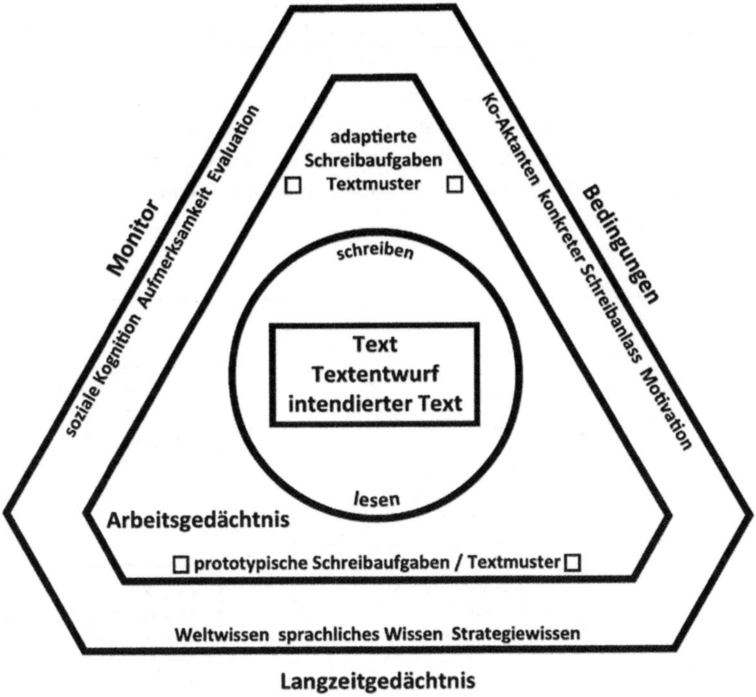

Abbildung 2.3 Das Basismodell der Textproduktion, Bachmann, T. & Becker-Mrotzek, M.: Schreibkompetenz und Textproduktion modellieren. In: Forschungshandbuch empirische Schreibdidaktik, S. 25–53, © 2017 Waxmann. Gedruckt mit Erlaubnis von Waxmann

Langzeitgedächtnis gespeicherten Wissensbeständen zu prototypischen Schreibaufgaben verglichen und ihnen zugeordnet. Die prototypischen Schreibaufgaben werden beim Lesen der konkreten Aufgabe im Langzeitgedächtnis aktiviert. Einige Vorschläge prototypischer Aufgaben werden ins Arbeitsgedächtnis verschoben und geprüft. Die ausgewählte prototypische Schreibaufgabe aktiviert durch die komplexe Vernetzung der Wissensbestände geeignete prototypische Textmuster im Langzeitgedächtnis, sodass ein relativ zügiger Zugriff möglich ist. Die Vorschläge zu prototypischen Textmustern werden wiederum ins Arbeitsgedächtnis verschoben und geprüft. Beim Abgleich signalisieren Schlagwörter (zum Beispiel Operatoren wie *erkläre, begründe, nenne…*) bestimmte prototypische Aufgaben und Bearbeitungsweisen. Man entnimmt der Aufgabenstellung beispielsweise, dass ein formaler Brief zu schreiben ist, wodurch die entsprechende prototypische Aufgabe gewählt und dazugehörige Textmuster aktiviert und ins Arbeitsgedächtnis verschoben werden.

Im zweiten Kreis (vgl. Abbildung 2.4) wird der Weg von der prototypischen Aufgabe und prototypischen Textmustern hin zur adaptierten Schreibaufgabe und adaptierten Textmustern beschrieben. Hierbei werden die prototypischen Wissensbestände zur Aufgabe und zu Textmustern an die konkrete kommunikative Situation angeglichen.

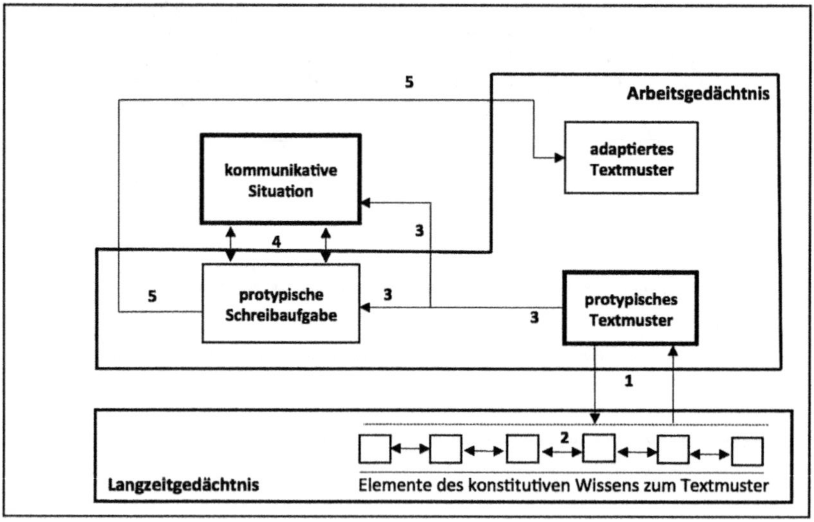

Abbildung 2.4 Kreis II – Adaption des Textmusters, Bachmann, T. & Becker-Mrotzek, M.: Schreibkompetenz und Textproduktion modellieren. In: Forschungshandbuch empirische Schreibdidaktik, S. 25–53, © 2017 Waxmann. Gedruckt mit Erlaubnis von Waxmann

Bachmann und Becker-Mrotzek gehen davon aus, dass das Textmusterwissen in inhaltlich, funktional und strukturell vorverknüpfter Form gespeichert ist. Das heißt, dass durch die Aktivierung des mit der prototypischen Aufgabe assoziierten Textmusters auch die wiederum damit verknüpften Wissensbestände inhaltlicher, funktionaler und struktureller Art (vor allem Textziele und -funktionen, Textprozeduren und -bausteine) aktiviert werden, es wird eine Art Kettenreaktion ausgelöst. Wird beispielsweise zunächst das Textmuster zur Textart *Brief* aktiviert, so ist damit Wissen zum formalen und inhaltlichen Aufbau eines Briefes verknüpft, welches sodann aktiviert und auch ins Arbeitsgedächtnis verschoben wird. Es werden nun unter anderem Textprozeduren zu Brieferöffnungen aktiviert und geeignete ausgewählt (z. B. *Sehr geehrte Damen und Herren / Sehr geehrter Herr Y)*), die mit weiteren Textbausteinen (*ich danke Ihnen für Ihre Nachricht.../ hiermit bewerbe ich mich um...)* im Langzeitgedächtnis assoziiert sind. Es werden also – meist Schritt für Schritt – immer weitere Leerstellen für Textprozeduren eröffnet. Ein Beispiel sind zweiteilige Konjunktionen wie *sowohl – als auch* oder *einerseits – andererseits*. Durch die Verwendung des ersten Teils wird eine Leerstelle für den zweiten Teil eröffnet, da diese miteinander verbunden abgespeichert werden. Dieses Prinzip kommt nicht nur bei der konkreten Textproduktion zum Tragen, sondern sorgt im zweiten Kreis des Modells dafür, dass das prototypische Textmuster sprachlich immer weiter gefüllt wird.

Der Aufwand der damit verbundenen kognitiven Aktivitäten hängt zum einen davon ab, wie stark und komplex das Textmusterwissen im Langzeitgedächtnis verknüpft ist und zum anderen davon, wie stark das prototypische Wissen adaptiert und ergänzt werden muss[36].

Im dritten Kreis werden die adaptierten Textmuster in die konkrete Textproduktion eingebunden. Hier kann das adaptierte Textmusterwissen mit Schreibstrategiewissen verbunden werden, wodurch das in den ersten beiden Kreisen aktivierte und adaptierte sprachliche Wissen im konkreten Schreibprozess verarbeitet wird. Bachmann und Becker-Mrotzek gruppieren die Effekte des Textmusterwissens auf den Schreibprozess in textstrukturelle, textfunktionale und textprozedurale Vorschläge für die Textproduktion. Strukturelles Textmusterwissen bezieht sich auf Wissen über eine geeignete Abfolge und Struktur der zum Textmuster gehörigen Textbausteine. Das Wissen ist nicht nur für die formale Struktur, sondern auch für die (sprachliche) Darstellung logischer, kausaler beziehungsweise inhaltlicher Zusammenhänge, also für die Textkohärenz von Bedeutung. Funktionales Textmusterwissen umfasst dasjenige Wissen, das hilft, die kommunikative Intention bei der Textproduktion umzusetzen. Hier ist also Wissen darüber gemeint, wie intendierte Wirkungen bei Adressatinnen und Adressaten zu erzielen sind: „Die Handlungsmuster wie *erzählen*, *anleiten*, *berichten*, *argumentieren* etc. sind im Textmuster mit spezifischen sprachlichen Mitteln verknüpft.“ (ebd., S. 50). Die Textprozeduren sind diejenigen Teile des Textmusterwissens, die konkrete Vorschläge zur Umsetzung bestimmter Sprachhandlungen aufweisen. Dies sind beispielsweise sprachliche Umsetzungen von Aufzählungen (*erstens*, *zweitens...*), von Meinungsäußerungen (*Ich finde/*

[36] Vgl. ebd., S. 47.

Ich stimme zu…), oder auch genrespezifische Prozeduren (z. B. *Es war einmal/ Und wenn sie nicht gestorben sind* in Märchen oder die schon erwähnten Brieferöffnungen).

Textmuster bilden daher einen sprachlichen Rahmen für den gesamten Schreibprozess, indem sie einerseits Leerstellen für den weiteren Textverlauf eröffnen und andererseits Textbausteine mit konkreten sprachlichen Realisierungen für die Textproduktion zur Verfügung stellen, was die Textproduktion erheblich beschleunigen und erleichtern kann. Liegt ein umfangreiches Textmusterwissen zu einem Schreibanlass vor, so wird man bei der Planung und der Auswahl von Zielen entlastet, weil bereits prototypische Textmuster dazu abgerufen werden können. Beim Formulieren verhelfen Textbausteine und -prozeduren als sprachliches Gerüst zu flüssigerer, funktionaler Textproduktion, und können so ebenfalls das Arbeitsgedächtnis entlasten. Beim Überarbeiten können Schreibende nicht nur den intendierten und den bislang geschriebenen Text vergleichen, um Defizite aufzudecken und zu bearbeiten, sondern auch auf prototypische Textmuster, die mit der Schreibaufgabe oder allgemein mit der Schreibsituation abgestimmt werden.

Die Modellierung von Bachmann und Becker-Mrotzek ähnelt der *Knowledge Transforming*-Strategie, wie sie von Bereiter und Scardamalia (1987) konzipiert wurde. Am Beispiel von Textmustern wird auch hier dargestellt, wie Wissen an rhetorische Anforderungen der Schreibaufgabe angepasst wird. Allerdings konzentrieren die Autoren sich im Drei-Kreise-Modell auf das sprachliche Material für die Verbalisierung.

Das Modell wurde für die freie Textproduktion entwickelt, aber dennoch ist es auch für den Notierprozess und das epistemische Schreiben im Allgemeinen relevant. Es kommt zwar durchaus häufig vor, dass beim Notieren zu einem Vortrag wörtlich mitgeschrieben wird, aber oftmals müssen die Informationen auch in eigenen Worten aufgeschrieben werden. Durch den teilweise hohen Zeitdruck, schnell zu formulieren, um nicht den Anschluss zu verlieren, sind Textmuster daher eine wichtige Ressource des Notierprozesses.

2.6 Soziale und individuelle Faktoren im Schreibprozess

Sabine Dengscherz (2019) fasst einige Kritikpunkte an den klassischen kognitionswissenschaftlichen Ansätzen zum Schreibprozess zusammen[37]. Der Schreibprozess werde von den meisten kognitionswissenschaftlichen Modellierungen als bei allen Schreibenden im Grunde gleich ablaufender, technischer Prozess dargestellt, der in manchen Modellen fast an ein Computerprogramm erinnere[38]. Der Versuch, beteiligte Prozesse und Einflussfaktoren beim Schreiben herauszustellen, habe zur Folge, dass vor allem nach überindividuellen und situationsübergreifenden Gemeinsamkeiten gesucht würde, wodurch individuell und situativ bedingte Unterschiede meist kaum Berücksichtigung finden.

Dies habe auch zur Folge, dass die entsprechenden Modelle für didaktische Überlegungen und für die Diagnose von personen- oder situationsbezogenen Schreibproblemen teilsweise weniger hilfreich sind. Eine Möglichkeit, um diesen Mangel zu beheben, stellt für Dengscherz die Konzentration auf oder die Integration von Schreibstrategien oder Schreibtypen dar, wodurch individuelle und situative Unterschiede im Schreibprozess besser abgebildet würden[39]. Ihr Schreibprozessmodell des professionellen wissenschaftlichen Schreibens basiert auf der Beobachtung von wissenschaftlichen Schreibprozessen mehrsprachiger Schreibender in mehreren Fallstudien. Das PROSIMS-Schreibprozessmodell (**Pro**fessionelles **S**chreiben **i**n **m**ehreren **S**prachen) soll die Bedingungen für den Einsatz unterschiedlicher Strategien, Routinen und Sprachen nachvollziehbar machen.

Der Schreibprozess ist bei Dengscherz eine Abfolge von Schreibsituationen, die sich durch für jede Situation spezifische heuristische und rhetorische Anforderungen und Herausforderungen (HRAH) unterscheiden. Diese Anforderungen und Herausforderungen sind der Anlass für den Einsatz entsprechender Strategien und Routinen. Der Einsatz dieser Strategien und Routinen schafft wiederum eine neue Schreibsituation mit spezifischen HRAH. Bei den HRAH unterstreicht Dengscherz die Unterscheidung zwischen Anforderungen und Herausforderungen: Anforderungen sind in der Schreibaufgabe oder im Schreibanlass enthalten. Zur Herausforderung werden sie dann, wenn die schreibende Person sie als herausfordernd empfindet, wodurch nach einer geeigneten Strategie gesucht wird,

---

[37] Dengscherz, S. (2019). *Professionelles Schreiben in mehreren Sprachen: Strategien, Routinen und Sprachen im Schreibprozess*. Peter Lang.

[38] ebd., S. 146 f.

[39] ebd., S. 150.

um die Herausforderung zu meistern[40]. Wenn das Anforderungsniveau als besonders hoch eingestuft wird, ist es wahrscheinlicher, dass die Anforderung aus der Schreibaufgabe zur Herausforderung wird[41].

Des Weiteren wird zwischen heuristischen und rhetorischen Anforderungen oder Herausforderungen differenziert. Auf der heuristischen Ebene sind Anforderungen und Herausforderungen im inhaltlichen Erkenntnisprozess angesiedelt. Dengscherz betont, die „Unterscheidung zwischen heuristischen und rhetorischen Anforderungen beim Schreiben ist *nicht* einfach eine Unterscheidung zwischen Inhalt und Form, sondern eine zwischen Erkenntnis(prozess) und Textgestaltung" (ebd., S. 165). Auf der heuristischen Ebene agieren Schreibende nicht etwa unabhängig von der Sprache, wohl aber ist es möglich, die Anforderungen der kommunikativen Situation auszuklammern. Auf der rhetorischen Ebene beschäftigen sich Schreibende damit, den Text adressat/-innenorientiert und entsprechend der Konventionen und Anforderungen der kommunikativen Situation zu verfassen und in der Zielsprache zu formulieren. Die beiden Ebenen können isoliert voneinander, abwechselnd oder auch integriert bearbeitet werden.

Das dreiteilige PROSIMS-Modell stellt den Schreibprozess als sukzessive Bearbeitung von Teilzielen bis zur Erreichung der finalen Textgestalt dar. Der Fokus des PROSIMS-Modells liegt nicht auf den kognitiven Teilaktivitäten, sondern auf den Faktoren, die die Wahl und die Durchführung jener Aktivitäten beeinflussen. Die Schreibsituation ist durch spezifische heuristische und rhetorische Anforderungen und Herausforderungen gekennzeichnet, welche sich aus der Wahrnehmung und Analyse der Schreibaufgabe und der gegebenenfalls vorangegangenen Schreibsituation(en) ergeben. So beeinflusst das vorhandene ‚Material' für den Erkenntnisgewinn und die Textgestaltung die Beschaffenheit der HRAH, wie zum Beispiel bisher produzierte Texte, Gestaltungsroutinen und ähnliches. Auch innere Bedingungen wie persönliche Kompetenzen und Einstellungen, die aktuelle Verfassung, oder die Selbstwahrnehmung prägen die wahrgenommenen HRAH. Äußere Bedingungen wie Störgeräusche oder Prüfungsdruck werden bei Dengscherz als *Rahmenbedingungen* gefasst, welche die gesamte Schreibsituation umfassen und prägen. Dengscherz fasst die Einflussfaktoren auf die HRAH in drei Gruppen zusammen: allgemeine Anforderungen der Schreibaufgabe, spezifische Bedingungen der Schreibsituation und die individuelle Perspektive der Schreibenden (Stimmung, Einstellungen usw.)[42]. Diese Faktoren bestimmen gemeinsam

---

[40] ebd., S. 166.

[41] ebd.

[42] ebd., S. 168 f.

mit den wahrgenommenen HRAH, welche Schreibstrategien, Routinen oder Sprachen für die Bewältigung der Schreibsituation ausgewählt werden. Bedingt wird die Wahl der Strategien und Sprachen auch durch das zur Verfügung stehende Sprachen- und Strategierepertoire und Schreibgewohnheiten.

Allerdings kann das Modell die Einflussfaktoren für die Teilaktivitäten nicht umfassend darstellen, wenn es die Teilhandlungen selbst ausspart. Denn auch die kognitiven Prozesse und die Teilhandlungen beim Schreiben haben einen direkten und nicht erst auf spätere Schreibsituationen wirkenden Einfluss auf die gegebene Schreibsituation und die Beschaffenheit der HRAH. Die aktuelle Prozessierung beeinflusst die Bewältigung einer Schreibsituation, die Wahl von Schreibstrategien und damit auch die Beschaffenheit der folgenden Schreibsituation. Auch der Schreibmodus, beziehungsweise die Art der graphomotorischen Realisierung, kann die Schreibsituation beeinflussen, und mangelnde Grundschreibfertigkeiten führen zu Herausforderungen in der Schreibsituation. Eine Fokussierung auf heuristische und rhetorische Anforderungen und Herausforderungen ist daher eine recht eingeschränkte Sicht auf den Schreibprozess. Neben den HRAH kann es eben auch Anforderungen und Herausforderungen auf der Prozessierungsebene geben, beispielsweise das Ausblenden von Störgeräuschen, die Fokussierung von Aufmerksamkeit oder auch der Transkriptionsprozess selbst. Es ist das Zusammenspiel überindividueller und situationsübergreifender kognitiver Prozesse einerseits und individuell und situativ unterschiedlicher Bedingungen andererseits, das den Schreibprozess letztendlich kennzeichnet.

Dengscherz' Darstellung der Schreibsituation, die mit bestimmten Anforderungen und Herausforderungen den Einsatz bestimmter Teilaktivitäten, Strategien und Prozesse erforderlich macht, ist eine wertvolle Erweiterung der kognitionswissenschaftlichen Modelle, da die Wahrnehmung der HRAH im Unterricht eine zentrale Rolle spielt und konkrete Anhaltspunkte für eine Förderung liefert.

2.7 Zusammenfassung: Der Schreibprozess

In der Auseinandersetzung mit Modellierungen des Schreibprozesses zeigte sich, dass das Schreiben ein vielschichtiger und komplexer Prozess ist. Die Komplexität des Schreibprozesses rührt daher, dass einerseits der Schreibprozess je nach Schreibfunktion, Kompetenzen, Ressourcen und Situation völlig unterschiedlich verläuft, und andererseits verschiedene kognitive, soziale, und sensomotorische Prozesse beteiligt sind, die alle aufeinander Einfluss nehmen können.

Kognitionspsychologische Modelle der Sprachproduktion und des Schreibprozesses stellen überindividuelle kognitive Prozesse heraus und versuchen ihre

Interaktion nachzuvollziehen. Zentrale Fragen sind hierbei: Was passiert beim Schreiben im Gehirn der Schreibenden? Welche kognitiven Prozesse müssen durchlaufen werden, um Gedanken zu versprachlichen und wie werden Inhalt und Sprache aufeinander abgestimmt? Wenn Schülerinnen und Schüler beispielsweise eine Erörterung schreiben, muss das inhaltliche Wissen abgerufen werden und unter Einbezug dieses Wissens eine Meinung zur Problemstellung gebildet werden. Hayes (2012) spricht hier vom *Proposer*, Flower und Hayes (1980) von Planung und Levelt (1989) von Konzeptualisierung. Der Inhalt muss in Formulierungsprozessen in Sprache ‚verpackt' werden, was nach Levelt (1989) unter anderem in phonologischen und grammatikalischen Enkodierprozessen geschieht. Der Formulierungsprozess kommt bei Flower und Hayes (1980) und Hayes (2012) als Übersetzungsprozess daher, bei welchem Gedanken in Sprache übersetzt werden. Bereiter und Scardamalia (1974) und Galbraith und Baaijen (2018) betonen hierbei besonders die Anpassung der sprachlichen Formulierung an die rhetorischen Anforderungen der Schreibsituation (*Knowledge Transformation*). Um diese sprachlichen Formulierungen aufzuschreiben, bedarf es schließlich noch der graphemischen Enkodierung und der motorischen Ausführung, die bei van Wijk (1999) durch die Erstellung eines graphemischen Plans kognitiv vorbereitet wird. Hayes (2012) nennt diese Phase des Schreibprozesses Transkription. Der Schreibprozess wird in den Modellen häufig mithilfe eines Leseprozesses (van Wijk, 1999; *Speech Comprehension System* bei Levelt, 1989) durch einen Monitor auf Richtigkeit und Angemessenheit überwacht (Flower & Hayes, 1980), was die Überarbeitung ermöglicht.

Modelle, die einen Fokus auf pädagogische oder schreibdidaktische Anwendungen legen, erweitern die kognitionswissenschaftlichen Theorien durch die Betonung und Beleuchtung der individuell unterschiedlichen Schreibbedingungen und Anforderungen, die den Verlauf und Erfolg des Schreibprozesses bedingen (z. B. Dengscherz, 2019). Außerdem wird betont, dass unterschiedliche Wissensbestände zu Textmustern unterschiedliche Voraussetzungen für den Schreibprozess bedeuten (Bachmann & Becker-Mrotzek, 2017). Die Vermittlung von Textmuster- und Schreibstrategiewissen wurde in diesen Modellierungen als Möglichkeit der Förderung der Schreibkompetenz herausgearbeitet.

Für die vorliegende Arbeit ist die Frage der Wissensverarbeitung und -speicherung beim Schreiben zentral. Diejenigen Modelle, die sich detaillierter mit inhaltlichem Wissen beschäftigen (Bereiter & Scardamalia, 1987; Galbraith, 1999; Galbraith & Baaijen, 2018), betrachten vorrangig den Abruf von Wissensbeständen und die anschließende Anpassung an rhetorische Anforderungen in der freien Textproduktion, beispielsweise beim Schreiben einer Argumentation oder eines Essays. Es wurde nach meiner Kenntnis bislang jedoch nicht detailliert modelliert, auf welche Weise beim Schreiben Wissen verarbeitet wird, sodass die aufgeschriebenen Inhalte gelernt werden, wie es beispielsweise bei der Anfertigung von Notizen oftmals angestrebt wird. Das Notieren als eine Form epistemischen Schreibens ist im Grunde auch ein Lernprozess, der durch die Schreibhandlung gestützt und erweitert wird. Daher lohnt es sich, im folgenden Kapitel einen Blick in die Lern- und Gedächtnispsychologie zu werfen, um die beim Lernen beteiligten Prozesse zu verstehen.

3 Schreiben, Lernen und Gedächtnis

Häufig schreiben wir nicht nur, um unser Wissen oder eine Meinung darzulegen, etwas zu beschreiben, zu erzählen oder mit anderen zu kommunizieren. Gerade im Kontext des Unterrichts schreiben wir in vielen Situationen Informationen auf, um sie uns besser zu merken, oder um Zusammenhänge durch eine intensive Beschäftigung beim Schreiben besser zu verstehen. Das können im Fremdsprachunterricht Vokabeln sein, zu deren Erwerb die Wortpaare abgeschrieben werden. Das können beispielsweise aber auch Mitschriften zu Vorträgen der Lehrkraft oder zu audio-visuell dargebotenen Dokumentationen sein. Mitschriften können hierbei mehrere Ziele verfolgen: Erstens erhofft man sich durch das Aufschreiben ein besseres Behalten und Verstehen der Informationen und Zusammenhänge (*epistemische Schreibfunktion,* auch *Enkodierfunktion* genannt). Zweitens können Mitschriften später noch einmal gelesen werden, wenn die Inhalte beispielsweise für eine anstehende Klausur relevant sind (*external memory*). Beim Schreiben sollen demnach auch Gedächtnisprozesse angeregt werden, die die Verarbeitung, Transformation, Speicherung und den Abruf von Wissen vertiefend ermöglichen.

E. F. Stephan, *Hand- und tastaturschriftliche Notizen*,
https://doi.org/10.1007/978-3-658-53317-5_3

Doch was genau ist ein Gedächtnis? Zimbardo et al. (2008)[1] definieren das Gedächtnis als „mentale Fähigkeit, Information aufzunehmen, zu speichern und wieder abzurufen" (ebd., S. 232). Das menschliche Gedächtnis wurde bereits aus den verschiedensten Perspektiven betrachtet. Während etwa Kognitions- und Neurowissenschaftlerinnen und -wissenschaftler sich vorrangig für die zugrundeliegenden kognitiven Prozesse und ihre neuronalen Korrelate im Gehirn interessieren, beschäftigen sich Sozial-, Geschichts- und Kulturwissenschaftler vorranging mit kulturell-gesellschaftlichen Aspekten wie dem kulturellen und dem kollektiven Gedächtnis[2]. In der Psychologie und Medizin werden das Gedächtnis und Gedächtnisstörungen auch untersucht, um die Diagnostik und Behandlung etwa von Alzheimer- oder Amnesie-Patientinnen und -patienten zu verbessern, wobei durch die Untersuchung von Gedächtnisstörungen Schlüsse über das kognitive System bei gesunden Menschen gezogen werden. Und natürlich ist die Erforschung des Gedächtnisses auch zentral, um in der Unterrichts- und Bildungsforschung Lernprozesse zu verstehen und zu optimieren.

In diesem Kapitel werden zunächst grundlegende Aspekte der Gedächtnis- und Lernforschung dargestellt und diskutiert, wie die Unterscheidung verschiedener Gedächtnisarten bezüglich abgespeicherter Informationsarten (semantisches, episodisches und prozedurales Gedächtnis, Abschnitt 3.1) und der Speicherungsdauer (Kurz- und Langzeitgedächtnis sowie Arbeitsgedächtnis, Abschnitt 3.2). Anschließend sollen Enkodier-, Konsolidierungs-, Vergessens- und Abrufprozesse genauer betrachtet werden, die auch für das schulische Lernen relevant sind (Abschnitt 3.3). Schließlich wird dargelegt, wie diese Gedächtnisprozesse durch das Schreiben beeinflusst werden können (Abschnitt 3.4).

[1] Zimbardo, P. G., Gerrig, R. J. & Graf, R. (2008). *Psychologie* (18. Aufl.). Pearson Studium.

[2] Auf diese Gedächtnisdimensionen wird im Rahmen dieser Arbeit nicht weiter eingegangen, vgl. für einen Überblick z. B. Assmann, J. (2002). Das kulturelle Gedächtnis. *Erwägen, Wissen, Ethik, 13*, 239–247. / Halbwachs, M. (1991). *Das kollektive Gedächtnis*. Fischer. https://doi.org/10.11588/propylaeumdok.00004040.

3.1 Semantisches, episodisches und prozedurales Gedächtnis

Im Allgemeinen werden drei Gedächtnisarten unterschieden, die verschiedene Informationsarten oder Wissensbestände speichern. Endel Tulving (2000)[3] unterscheidet zunächst zwischen dem deklarativen (kognitiven) und dem impliziten, nicht deklarativen (prozeduralen) Gedächtnis:

> People and other animals can acquire, through learning and memory, a wide variety of *behaviors* that are useful for their survival. They can also acquire a great deal of *knowledge* about the world in which they live and survive, and in which they practice their learned behaviors along with innately determined ones. [...] The basic distinction between behavior and cognition, or action and thought, is reflected in the distinction between procedural and declarative (cognitive) forms of memory [...]. (Tulving, 2000, S. 37)

Im deklarativen Langzeitgedächtnis ist demnach unser Wissen über die Welt abgelegt, während im prozeduralen Gedächtnis Fertigkeiten, Gewohnheiten und Verhaltensweisen gespeichert sind, die in der Regel automatisiert, unbewusst, und nicht verbalisiert vorliegen[4]. So denken professionelle Geigerinnen und Geiger nur noch selten darüber nach, welche Position die Finger auf dem Griffbrett einnehmen müssen, um einen bestimmten Ton zu spielen, denn dies ist bei ihnen automatisiert. Geigenschülerinnen und -schüler im ersten Jahr müssen diese Fertigkeit erst mit viel Mühe erwerben. Ebenso verhält es sich beim Schreiben mit der Hand und auch auf der Tastatur. Wenn Schreibanfängerinnen und -anfänger den Buchstaben ‚A' schreiben, denken sie bewusst darüber nach, in welche Richtung die Striche gezogen werden müssen und wo der nächste Strich angesetzt wird, während geübte Handschreiberinnen und Handschreiber in der Regel nicht mehr darüber nachdenken, welche Bewegungsspur sie ausführen. Auch beim Tastaturschreiben denken wir anfangs noch darüber nach, wo sich die Taste mit dem zu schreibenden Zeichen befindet, doch mit zunehmender Übung müssen wir darüber immer weniger nachdenken, selbst wenn wir nicht mit 10 Fingern schreiben. In das prozedurale Gedächtnis gehören auch basale Fertigkeiten und

[3] Tulving, E. (2000). Concepts of Memory. In: E. Tulving & F. I. M. Craik (Hrsg.), *The Oxford handbook of memory* (S. 33–43). Oxford University Press.

[4] Eine Bewusstwerdung dieser impliziten Gedächtnisinhalte ist jedoch möglich, vgl. z. B. Karmiloff-Smith, A. (1986). From Meta-Processes to Conscious Access: Evidence from Children's Metalinguistic and Repair Data. *Cognition, 23*, 95–147. https://doi.org/10.1016/0010-0277(86)90040-5.

Handlungsroutinen wie das Laufen, das Ergreifen von Objekten, Händewaschen oder Singen.

Die Unterscheidung der Gedächtnisarten bei Tulving wurde mit der Zeit ausdifferenziert, sodass heute davon ausgegangen wird, dass nicht nur prozedurales Wissen im impliziten Gedächtnis gespeichert ist, sondern beispielsweise auch assoziative (Priming-System) und sensorische Gedächtnisinhalte (d. h. kurzzeitige Speicherung von Wahrnehmungen), vgl. Markowitsch, 2006[5]. Das implizite Gedächtnis zeichnet sich daher im Allgemeinen dadurch aus, dass es Wissen und Verhaltensstrukturen speichert, auf die unbewusst zugegriffen wird, wohingegen die Inhalte im deklarativen Gedächtnis in der Regel bewusst abgerufen und verbalisiert werden können: Wenn wir uns daran erinnern wollen, wo wir am vergangenen Freitagabend waren, oder wann der Dreißigjährige Krieg stattfand, so setzt dies voraus, dass wir uns bewusst daran erinnern und die Inhalte in unserem Gedächtnis suchen.

Das deklarative Gedächtnis wird weiter in ein semantisches und ein episodisches Gedächtnis untergliedert, um zwischen Erinnerung (*remembering*) und Wissen (*knowledge*) zu unterscheiden[6]. Im semantischen Gedächtnis ist unser Weltwissen, wie abstrahiertes Faktenwissen und begriffliches Wissen, im Sinne der Zuordnung von Konzepten (Signifikaten) zu Bezeichnungen (Signifikanten) abgespeichert[7]. Beispielsweise kann das semantische Gedächtnis die Information speichern, dass das Konzept eines Baumes im Deutschen mit dem Wort ‚Baum‘ bezeichnet wird und dass Bäume zu den Pflanzen gehören. Beim semantischen Gedächtnis ist der räumlich-zeitliche Kontext des Informationserwerbs nicht relevant[8].

Ins episodische Gedächtnis gelangen räumlich-zeitlich verortbare Ereignisse und Erfahrungen aus dem Leben eines Menschen. Johannes Engelkamp (2016) nennt das episodische Gedächtnis darum auch „Protokollant unseres Lebens“ (Engelkamp, 2016, S. 112). Während Tulving und Markowitsch (1998) das

[5] Markowitsch, H. J. (2006). Neuroanatomie und Störungen des Gedächtnisses. In: H. Karnath & P. Thier (Hrsg.), *Neuropsychologie* (S. 448–462). Springer-Lehrbuch. https://doi.org/10.1007/3-540-28449-4_41.

[6] vgl. ebd.

[7] Tulving, E. & Markowitsch, H. J. (1998). Episodic and Declarative Memory. Role of the Hippocampus. *Hippocampus, 8*, 198–204. https://doi.org/10.1002/(SICI)1098-1063(1998)8:3<198::AID-HIPO2>3.0.CO;2-G.

[8] vgl. Kiefer, M. (2008). Zusammenwirken kognitiver Systeme: Kognitionspsychologische und neurophysiologische Befunde zur Rolle des semantischen Gedächtnisses bei der Informationsverarbeitung. *Psychologische Rundschau, 59,* 87–97. https://doi.org/10.1026/0033-3042.59.2.87, hier S. 88.

autobiographische Gedächtnis als Teil des episodischen Gedächtnisses ansehen, werden die beiden Systeme allerdings oft auch aufgrund unterschiedlicher Hirnaktivierungsmuster unterschieden[9].

Mithilfe des episodisch-autobiographischen Gedächtnisses erinnern wir uns zum Beispiel daran, dass wir gestern mit einem Freund im Kino waren oder daran, wann und unter welchen Umständen das eigene Kind geboren wurde. Ebenso können wir uns (im Idealfall) daran erinnern, was die Chemielehrerin letzte Woche in der Schule zu Säuren erklärt hat. Hier wird auch gleich deutlich, dass es Schwierigkeiten bereitet, das semantische und das episodische Gedächtnis zu trennen: Denn die Fakten, die wir im Chemieunterricht über Säuren erfahren haben, werden beim Lernen als abstrahiertes Welt- und Faktenwissen im semantischen Gedächtnis abgelegt, sie aktivieren das dort gespeicherte Vorwissen und ergänzen es, während die Erinnerung an den Vortrag der Lehrerin auch im episodischen Gedächtnis gespeichert wird.

Diese funktional-neuroanatomische Aufteilung in unterschiedliche Gedächtnissysteme gilt inzwischen als belegt. Wichtige Hinweise hierfür liefern Erkrankungen und Gedächtnisstörungen. So werden etwa Zwangsstörungen und die Parkinson-Krankheit mit einer Störung des prozeduralen Gedächtnisses der Patientinnen und Patienten in Verbindung gebracht (vgl. z. B. Pauly et al., 2022[10]; Roth et al., 2004[11]). Bei Alzheimer- und Amnesie-Patientinnen und -patienten ist das episodische Gedächtnis gestört, aber nicht unbedingt das semantische, da Betroffene zwar oftmals weiterhin über ihr Fakten- und Weltwissen verfügen und neues semantisches Wissen erwerben können, räumlich-zeitlich gebundene Ereignisse, die sie selbst erlebt haben, jedoch teilweise oder sogar vollständig vergessen. Ein Extrembeispiel ist der Fall von Henry G. Molaison (Patient H.M.), der nach einer Hirnoperation nicht mehr fähig war, Episoden aus seinem Leben zu erinnern. Er vergaß zum Beispiel immer wieder, dass seine Mutter gestorben war und war jedes Mal, wenn er mit dieser Information konfrontiert wurde, so traurig, als hätte er es zum ersten Mal erfahren. Sein prozedurales Gedächtnis war jedoch intakt, sodass er neue Bewegungsabläufe erlernen konnte, sich

---

[9] vgl. z. B Thöne-Otto, A. (2008). Gedächtnis und Lernen. In: S. Gauggel & M. Herrmann (Hrsg.), *Handbuch der Neuro- und Biopsychlogie. Handbuch der Psychologie* (Bd. 8, S. 318–328). Hogrefe, hier S. 322 f.

[10] Pauly et al. (2022). Retrograde Procedural Memory in Parkinson's Disease. A Cross-Sectional, Case-Control Study. *Journal of Parkinson's Disease, 12(3)*, 1–10. https://doi.org/10.3233/JPD-213081

[11] Roth, R. M., J. Baribeau, J., Milovan, D., O'Connor, K. & Todorov, C. (2004). Procedural and declarative memory in obsessive-compulsive disorder. *J Int Neuropsychol Soc.10(5)*, 647–654. https://doi.org/10.1017/S1355617704105018.

aber nicht daran erinnerte, sie gelernt zu haben[12]. Patientinnen und Patienten mit semantischer Demenz hingegen verfügen über ein weitgehend funktionierendes episodisches Gedächtnis, während das semantische Gedächtnis gestört ist.

Belege für die Annahme neuroanatomisch getrennter Gedächtnissysteme finden sich auch in der neurowissenschaftlichen Forschung, die mithilfe bildgebender Verfahren untersucht, inwiefern Hirnregionen bei der Ausführung episodischer, semantischer oder prozeduraler Gedächtnisprozesse aktiviert sind. Dabei zeigte sich beispielsweise deutlich, dass der Hippocampus vor allem für das episodische Enkodieren zentral ist, für die anderen Gedächtnissysteme hingegen keine entscheidende Rolle spielt[13]. Dies bestätigte sich im Übrigen auch im Falle des Amnesie-Patienten H.M., der nach der operativen Zerstörung des Hippocampus nur noch zu semantischen und prozeduralen Gedächtnisleistungen fähig war, aber nicht mehr zu episodischen. Außerdem wurden Unterschiede in der Entwicklung der Gedächtnissysteme entdeckt. Finn et al. (2015) stellen Studienergebnisse vor, die die Annahme stützen, dass das deklarative Gedächtnissystem später ausgereift ist als das prozedurale Gedächtnis[14]. Zudem scheinen Kinder erst spät zu episodischem Erinnern fähig zu sein, wohingegen ihr semantisches Gedächtnis schon sehr früh arbeitet, beispielsweise im kindlichen Spracherwerb[15].

Gleichwohl muss betont werden, dass die Gedächtnissysteme vermutlich eng miteinander agieren und zahlreiche kognitive Aktivitäten auf einer Interaktion der verschiedenen Gedächtnissysteme untereinander und mit anderen Systemen basieren. So können kategoriale Inhalte des semantischen Gedächtnisses beim episodischen Erinnern hilfreich sein. Nach Kategorien geordnete Wortlisten können besser erinnert werden als ungeordnete Listen und überdies neigen Probandinnen und Probanden dazu, beim freien Abruf von Wortlisten die Wörter nach Kategorien geordnet wiederzugeben (*Clustering*-Effekt)[16]. Die Speicherung episodischer Erinnerungen basiert außerdem auf dem semantischen Gedächtnis. Tulving und Markowitsch sprechen von einer Einbettung des episodischen Gedächtnisses:

---

[12] vgl. Engelkamp, 2016, S. 113.

[13] vgl. ebd. / Markowitsch, 2006.

[14] vgl. Finn, A. S., Kalra, P. B., Goetz, C., Leonard, J. A., Sheridan, M. A. & Gabrieli, J. D. E. (2015). Developmental dissociation between the maturation of procedural memory and declarative memory. *Journal of Experimental Child Psychology, 142*, 212–220.

[15] vgl. Tulving und Markowitsch (1998), S. 202.

[16] Für einen Überblick, wie semantische und episodische Gedächtnisinhalte einander beeinflussen und stützen vgl. Engelkamp, 2016, S. 144 f.

> The relation between remembering and knowing is one of embeddedness: episodic remembering always implies semantic knowing, whereas knowing does not imply remembering [...]. If one remembers that on the last trip to London it rained for three days straight, one knows that English weather can be wet. But if one knows that summer days are hot in the Sahara desert, one need not remember having ever been there. (Tulving & Markowitsch, 1998, S. 202)

Tulving und Markowitsch gehen davon aus, dass episodische Informationen bei der Enkodierung über das semantische Gedächtnis ins episodische Gedächtnis gelangen, dann aber unabhängig voneinander entweder durch Erinnern an die vergangene Episode oder als Wissen über die Welt abgerufen werden können.

Markus Kiefer (2008) argumentiert zudem, dass sowohl das semantische als auch das episodische Gedächtnis nachweislich eng mit dem perzeptuellen System interagieren. Belege hierfür wurden vor allem im Rahmen der Erforschung verkörperter Kognition geliefert (*Embodied Cognition*, vgl. Kapitel 4). Wenn wir beispielsweise das Bild eines Werkzeugs sehen und benennen, so werden auch Hirnregionen aktiviert, in denen motorische Handlungspräsentationen gespeichert sind[17].

Vor dem Hintergrund der ständigen Interaktion der kognitiven Systeme sind Experimente, die darauf ausgerichtet sind, nur eines der Systeme zu untersuchen und aus den Ergebnissen Schlüsse nur für dieses System zu ziehen, gewissermaßen problematisch[18]. So wird beim klassischen Gedächtnistest, der das episodische Erinnern mit Wortlisten oder auch das Erinnern von Vortragsinformationen testet, nicht nur die episodische, sondern in nicht unerheblichem Maße auch die semantische Gedächtnisleistung getestet.

Die Forschung zum semantischen Gedächtnis zeichnet sich durch einen starken Fokus auf die Erforschung von Konzepten, ihren (sprachlichen) Repräsentationen und der Konzeptbildung aus. Es wird untersucht, wie Konzepte gebildet, mit sprachlichen Ausdrücken verbunden, gespeichert und im Gedächtnis organisiert werden[19]. Demgegenüber wird das episodische Gedächtnis in der Regel mit Erinnerungstests überprüft. Häufig wird den Probandinnen und Probanden eine Liste von Wörtern dargeboten und nach einer bestimmten Behaltensdauer sollen sie so viele Wörter wiedergeben, an die sie sich mit Erinnerungshilfen

---

[17] vgl. Kiefer, 2008, S. 90.

[18] vgl. Kiefer. 2008, S. 88 f.

[19] Einen guten Überblick bietet Hoffmann, J. (2016). Das semantische Gedächtnis: Bildung und Repräsentation konzeptuellen Wissens. In: J. Hoffmann & J. Engelkamp (Hrsg.), *Lern- und Gedächtnispsychologie* (2. Aufl., S. 77–108). Springer.

(*Cued Recall*) oder ohne (*Free Recall*) erinnern können. Eine andere Möglichkeit ist der Wiedererkennungstest, in welchem die richtige Antwortmöglichkeit unter mehreren Optionen wiedererkannt werden soll (*Recognition*). Die episodische Gedächtnisleistung kann hier unter Variation bestimmter Variablen wie der Behaltensdauer, der Menge zu lernenden Wörter oder der Darbietungsgeschwindigkeit untersucht werden. Nur selten wurden komplexe episodische Inhalte getestet, in den meisten Fällen handelt es sich um mehr oder weniger unzusammenhängende Wortlisten[20]. Eine Ausnahme bildet die Notizforschung, welche in Abschnitt 3.4.1 und 6.5.4 genauer besprochen wird, da sie für die Untersuchung in Teil II der Arbeit zentral ist.

3.2 Differenzierung in Kurzzeit-, Langzeit- und Arbeitsgedächtnis

Im Jahr 1890 schlug William James vor, zwischen einem Kurzzeitgedächtnis (Primärgedächtnis) und einem Langzeitgedächtnis (Sekundärgedächtnis) zu unterscheiden[21]. Bei ihm dient das Kurzzeitgedächtnis als Speicher für Ereignisse, die wir direkt erinnern können und das Langzeitgedächtnis speichert weiter zurückliegende Erinnerungen, die wir erst wieder ins Bewusstsein bringen müssen.

In den im 20. Jahrhundert entwickelten Mehrspeichermodellen wurde ebenfalls zwischen einem Kurz- und einem Langzeitgedächtnis unterschieden. Besonders bekannt ist bis heute das klassische Mehrspeichermodell von Atkinson und Shiffrin (1968)[22]. Während James Gedächtnisinhalte je nach Bewusstheit entweder im Kurz- oder im Langzeitgedächtnis verortete, unterschieden sich die beiden Systeme bei Atkinson und Shiffrin hingegen vor allem durch die Speicherdauer und die Stufe, bis zu welcher die aufgenommenen Informationen verarbeitet werden. Im Kurzzeitspeicher werden bei ihnen keine semantischen Informationen verarbeitet, sondern nur phonetische, sinnentleerte Sprachreize. Die phonetischen Informationen im Kurzzeitgedächtnis zerfallen wegen der geringen Speicherkapazität des Kurzzeitspeichers schnell und müssen durch Wiederholung (z. B. inneres

[20] vgl. Engelkamp, 2016, S. 114.

[21] James, W. (1980). *The principles of psychology* (Bde.1&2). Holt.

[22] Atkinson, R. C. & Shiffrin, R. M. (1968). Human memory: A proposed system and its control processes. In: K.W. Spence & J.T. Spence (Hrsg.), *The psychology of learning and motivation. Advances in research and theory* (Bd. 2, S. 89–185). Academic Press. https://doi.org/10.1016/S0079-7421(08)60422-3.

Nachsprechen) aufrechterhalten werden. Um in den Langzeitspeicher zu gelangen, müssen Informationen zunächst vom Kurzzeitspeicher aufgenommen werden und um etwas aus dem Langzeitgedächtnis zu verbalisieren, muss es erst wieder in den Kurzzeitspeicher verschoben werden. Die Annahmen von Atkinson und Shiffrin basierten vor allem auf Untersuchungen, in denen kurze Sequenzen von Silben, Zahlen oder auch kurzen Wörtern nachgesprochen wurden. Umso länger die Sequenz war, desto schlechter fiel die Nachsprechleistung aus, was als Indiz für die begrenzte Kapazität des Kurzzeitspeichers interpretiert wurde.

Allerdings zeigte sich, dass semantische Information auch beim Nachsprechen eine Rolle spielt. Beispielsweise können längere Sequenzen nachgesprochen werden, wenn sie aus sinnvollen Wörtern statt Pseudowörtern bestehen. Des Weiteren konnte gezeigt werden, dass auch im Kurzzeitspeicher semantische Störung (Interferenz) auftreten kann, sodass die Nachsprechkapazität bei Wortsequenzen aus semantisch ähnlichen Wörtern geringer war als bei Sequenzen semantisch unähnlicher Wörter[23]. Und schließlich werden in dem Modell nur sprachliche Reize berücksichtigt.

Eine etwas differenziertere Modellierung des Kurzzeitspeichers wurde mit der Konzeption des Arbeitsgedächtnisses von Baddeley und Hitch (1974)[24] vorgeschlagen. Darin ist das Kurzzeitgedächtnis kein einheitlicher Speicher, sondern unterteilt sich in einen räumlich-visuellen und einen verbalen Speicher (*phonological loop*, zu deutsch: phonologische Schleife). Die phonologische Schleife entspricht im Großen und Ganzen dem Kurzzeitspeicher von Atkinson und Shiffrin und besteht aus einem Speicher für phonologische Informationen und einem Kontrollmechanismus, bei dem durch artikulatorische Wiederholung die gespeicherten Informationen aufrechterhalten werden. Der räumlich-visuelle Speicher funktioniert analog dazu für räumlich-visuelle Reize. Eine zentrale Exekutive ‚sortiert' die aufgenommenen Reize in die jeweiligen Kurzzeitspeicher ein.

Auch für das Arbeitsgedächtnis von Baddeley ist eine semantische Verarbeitung im verbalen und räumlich-visuellen Speicher jedoch nicht vorgesehen. Engelkamp (2016) schließt daraus, dass weder der Kurzzeitspeicher bei Atkinson und Shiffrin (1968) noch das Arbeitsgedächtnis nach Baddeley und Hitch (1974) zu Annahmen über ein episodisches Kurzzeitgedächtnis herangezogen werden

[23] vgl. Engelkamp, 2016, S. 123 f.

[24] Baddeley, A. D. & Hitch, G. J. (1974). Working memory. In: G. H. Bower (Hrsg.), The psychology of learning and motivation (Bd. 8, S. 47–89). Academic Press. https://doi.org/10.1016/S0079-7421(08)60452-1.

können. Sie sind vielmehr auf die Speicherung phonologischer (bzw. räumlich-visueller) Informationen spezialisiert und modellieren keinen generellen Kurzzeitspeicher. Die phonologische Schleife ist seiner Ansicht nach vor allem für den kindlichen Spracherwerb zentral, der auf Nachsprechen zurückgreift. Engelkamp schlägt daher vor, für die Erklärung episodischer Gedächtnisleistungen das Arbeitsgedächtnismodell von Cowan (1999)[25] zu bevorzugen[26].

Cowan konzipiert das Arbeitsgedächtnis als den aktivierten Teil des Langzeitgedächtnisses. Informationen des Langzeitgedächtnisses werden durch Aufmerksamkeitszuwendung aktiviert und sind so bewusst und direkt zugänglich. Damit geht Cowan einen entscheidenden Schritt von einer strikten Trennung von zeitlich bedingten Speichern hin zu Speichern, die zwar funktional verschieden sind, aber durch Prozesse eng miteinander verbunden sind. Cowans Modellierung ähnelt darin der ursprünglich von James vorgeschlagenen Unterscheidung eines Primär- und Sekundärgedächtnisses, die sich durch die Zugänglichkeit zum Bewusstsein unterscheiden. Während in den klassischen Modellen von Baddeley und Hitch (1974) und auch Atkinson und Shiffrin (1968) eine Behaltensdauer von wenigen Sekunden festgelegt wurde, ist die Behaltensdauer bei Cowan variabel. Die Inhalte des Langzeitgedächtnisses sind so lange aktiviert, wie sie mit Aufmerksamkeit bedacht werden. Die Aufmerksamkeit ist jedoch auch bei Cowan kapazitätsbegrenzt: Wenn die Aufmerksamkeit durch zu viele konkurrierende Reize zerstreut wird, kommt es zu Fehlern. Die Aufmerksamkeitssteuerung kann aktiv und *willkürlich* durch Zielsetzungen der Person gesteuert werden, aber auch eine *unwillkürliche* Aufmerksamkeitszuwendung auf unerwartet auftretende Reize ist möglich. Damit wird auch den Steuerungsprozessen mithilfe exekutiver Funktionen Rechnung getragen, die in den klassischen Modellen kaum Berücksichtigung finden.

Die bislang erörterten Theorien und Modelle sind aus einer kognitionswissenschaftlichen Perspektive auf Lernprozesse hervorgegangen. Aus der pädagogischen Psychologie stammen weitere wertvolle Überlegungen, die kognitionswissenschaftliche Gedächtnismodelle mit pädagogischen Lerntheorien verbinden. Für das (schulische) Lernen wird dem Arbeitsgedächtnis eine zentrale Bedeutung beigemessen. Es ist eine Art Schaltzentrale, die eine bewusste Verarbeitung eingehender Information ebenso ermöglicht wie die Aktivierung von Vorwissen

[25] Cowan, N. (1999). An embedded-processes model of working memory. In: A. Miyake & P. Shah (Hrsg.), *Models of working memory: Mechanisms of active maintenance and executive control* (S. 62–101). Cambridge University Press. https://doi.org/10.1017/CBO9781139174909.006.

[26] vgl. Engelkamp, 2016, S. 124 f.

durch den Abruf von Wissen aus dem Langzeitgedächtnis[27]. Dadurch kann im Arbeitsgedächtnis auch Wissenstransformation stattfinden, wenn alte und neue Informationen miteinander abgeglichen und ergänzt werden. Wissen, das im Langzeitgedächtnis abgelegt wird, wurde gelernt. Renkl (2009) schlägt sieben Prozesse vor, die beim Lernen im Arbeitsgedächtnis ablaufen und das Lernen effizienter gestalten[28]: Aus den wahrgenommenen Reizen und Informationen müssen die relevanten Informationen *selektiert* und *interpretiert* werden. Um Unterschiede und Gemeinsamkeiten herauszukristallisieren, werden die Informationen *organisiert*. Nun können die Informationen *elaboriert* werden, indem sie mit dem Vorwissen verknüpft werden. Durch Wiederholungen beim Abrufen der Informationen werden die Inhalte *gestärkt*. Renkl nennt zudem auch den Prozess der mentalen *Generierung* neuer Informationen: Wenn ein Mensch über wahrgenommene Reize nachdenkt, kann er neue, ihm und vielleicht sogar anderen zuvor nicht bekannte, Informationen generieren und Zusammenhänge erkennen. Diese Lernprozesse werden durch metakognitive Kontrollprozesse *überwacht*.

3.3 Lernen aus gedächtnispsychologischer Sicht

Beim Lernen werden relevante Informationen idealerweise so verarbeitet, dass sie im Gedächtnis behalten und bei Bedarf erinnert werden können. Zunächst werden dabei Informationen eingespeichert (*Enkodierung*). Sobald der wahrgenommene Reiz nicht mehr verfügbar ist, muss das enkodierte Wissen aufrechterhalten (*Retention*) und verfestigt werden (*Konsolidierung*). Schließlich wird das Wissen im Gedächtnis abgelegt und kann beim Abruf wieder aktiviert werden, wenn es nicht in Vergessenheit geraten ist. Im Folgenden soll ein kurzer Überblick über diese beim Lernen beteiligten kognitiven Prozesse und ihre Funktionsweisen gegeben werden, da die in Teil II besprochene Studie auf diesen Gedächtnisprozessen fußt und auch das in Kapitel 5 vorgestellte *Modell epistemischen Schreibens* darauf zurückgreift.

[27] Zoelch, C., Berner, V. D. & Thomas, J. (2019). Gedächtnis und Wissenserwerb. In: D. Urhahne, M. Dresel & F. Fischer (Hrsg.), *Psychologie für den Lehrberuf* (S. 23–52). Springer. https://doi.org/10.1007/978-3-662-55754-9_2.

[28] Renkl, A. (2009). Wissenserwerb. In: E. Wild & J. Möller (Hrsg.), *Pädagogische Psychologie* (S. 3–26). Springer Medizin Verlag. https://doi.org/10.1007/978-3-540-88573-3_1, hier S. 10.

3.3.1 Einspeicherung: Initiale Enkodierung beim Lernen

Enkodierung und Konsolidierung sind für den späteren Erfolg beim Abruf von Informationen von großer Bedeutung. Für implizite prozedurale, sensorische und assoziative Informationsverarbeitung wird angenommen, dass die Prozesse der Enkodierung, der Speicherung und des Abrufs in jeweils einem Hirnareal stattfinden, sodass hier keine Transfer- und Verarbeitungsprozesse vom Arbeits- ins Langzeitgedächtnis ablaufen[29]. Für deklarative Wissensbestände geht man hingegen davon aus, dass unterschiedliche Hirnregionen bei der Informationsverarbeitung miteinander interagieren. Bei der Einspeicherung von deklarativen Informationen ins semantische oder episodische Gedächtnis werden wahrgenommene Reize zunächst ins Arbeitsgedächtnis aufgenommen und verarbeitet. Im Arbeitsgedächtnis verbleiben die Inhalte für wenige Sekunden oder auch für einige Minuten, wobei in der zentralen Exekutive überprüft wird, ob die Informationen längerfristig abgespeichert werden oder aber vergessen werden können, weil sie irrelevant sind. Im Arbeitsgedächtnis werden auch weitere Verarbeitungsprozesse angeregt, wie die Aktivierung von semantischem Vorwissen. Nach Markowitsch (2006) basiert die Einspeicherung semantischer und episodischer Informationen dann auf unterschiedlichen Hirnregionen[30].

Craik und Lockhart (1972)[31] schlagen in ihrem Ansatz zur Verarbeitungstiefe drei Verarbeitungsstufen vor, die bei der Enkodierung von Wörtern durchlaufen werden. Zuerst wird bei der Wahrnehmung eines Wortes das Schriftbild verarbeitet (strukturelle Verarbeitung). Auf der zweiten Stufe wird das Wort phonetisch verarbeitet und auf der letzten Stufe erfolgt erst die semantische Verarbeitung, bei der die Bedeutung erfasst wird. Umso tiefer die Verarbeitung erfolgt, desto besser kann das Wort im Gedächtnis behalten werden: Wörter, die nur strukturell verarbeitet wurden, werden am schnellsten vergessen, phonetisch analysierte Wörter kann man sich schon besser merken und semantisch verarbeitete Wörter werden am besten memoriert. In einer Reihe von Untersuchungen wurde das Stufenmodell zur Verarbeitungstiefe empirisch untermauert. Dazu entwickelten Craik und Tulving (1975)[32] sogenannte Orientierungsaufgaben, zu deren Bearbeitung entweder die erste, zweite oder dritte Verarbeitungsstufe erreicht werden

[29] vgl. Markowitsch, 2006, S. 451 f.

[30] ebd., S. 453 f.

[31] Craik, F. I. M. & Lockhardt, R. S. (1972). Levels of processing. A framework for memory research. *Journal of Verbal Learning and Verbal Behaviour, 11*, 671–684.

[32] Craik, F. I. M. & Tulving, E. (1975). Depth of processing and the retention of words in episodic memory. *Journal of Experimental Psychology. General, 104*, 268–294.

muss. Beispielsweise nahmen sie an, dass die Aufgabe, ein Wort danach zu beurteilen, ob es in Groß- oder Kleinbuchstaben geschrieben ist, nur zu einer Verarbeitung auf struktureller Stufe führt. Phonetische Verarbeitung ist vonnöten, wenn beurteilt werden soll, ob zwei Wörter sich reimen und semantische Verarbeitung ist zusätzlich erforderlich, wenn entschieden werden muss, ob ein Wort in einem bestimmten Zusammenhang verwendet werden kann (z. B. *Rauch* in „Der Hammer liegt auf dem…“).

Craik und Tulving (1975) untersuchten auch, ob die Verarbeitungstiefe oder aber die Verarbeitungszeit zu einem besseren Gedächtnisbehalt führen. Dazu entwarfen sie Orientierungsaufgaben, die eine Verarbeitung auf struktureller Stufe und viel Bearbeitungszeit erforderten und verglichen diese mit Aufgaben auf der semantischen Stufe, die in kurzer Zeit gelöst werden konnten. Dabei zeigte sich, dass die Probandinnen und Probanden zwar mehr Zeit zur Lösung der strukturellen Aufgaben benötigten, sich aber dennoch die Wörter aus den semantischen Aufgaben besser merken konnten. Daraus schließen die Autoren, dass die Verarbeitungstiefe für das Lernen entscheidender ist als die Verarbeitungszeit.

Es ist jedoch nicht geklärt, inwiefern sich das Modell auf die Verarbeitung komplexerer Inhalte und auf alle Arten der Informationsenkodierung verallgemeinern lässt, da es bislang hauptsächlich für einzelne, visuell dargebotene Wörter getestet wurde[33].

Für komplexere Inhalte haben van Dijk und Kintsch (1983)[34] ein Stufenmodell der Verarbeitung vorgeschlagen, dessen Repräsentationsebenen mit den Stufen in Craik und Lockharts Modell vergleichbar sind. Bei einem gelesenen Text wird die *Oberflächenform*, der wörtliche Text, am wenigsten behalten. Die *Textbasis* ist schon behaltenswirksamer, denn dabei wird die semantische Struktur in Form von Propositionen analysiert. Die Propositionen werden als Prädikat-Argument-Gefüge verarbeitet. Somit wird die Bedeutung der im Text enthaltenen Propositionen auf der Stufe der Textbasis prozessiert. Am längsten kann das mentale Modell (*Situationsmodell*) des Textes behalten werden, welches einer mentalen Simulation des Gelesenen entspricht, bei der Verknüpfungen zu eigenen Erfahrungen und Wissensbeständen hergestellt werden. Die dritte Repräsentationsebene ermöglicht ein besonders tiefes Verständnis des Textes und kann am längsten im Gedächtnis behalten werden.

Ein weiterer Aspekt, der als Bedingung von Gedächtnisleistungen diskutiert wird, ist die Rolle der Lernintention. Intentionales Lernen findet statt, wenn

---

[33] vgl. für einen Überblick Engelkamp, 2016, S. 142.

[34] van Dijk, T. A. & Kintsch, W. (1983). *Strategies of Discourse Comprehension.* Academic Press.

jemand die Absicht hat, eine Information zu lernen. Diese Lernform ist insbesondere im schulischen und universitären Kontext häufig anzutreffen: Lernende lesen, sprechen und schreiben vor einem Test über die relevanten Inhalte, um sie gezielt zu lernen und in der Testsituation abrufbar zu haben. Demgegenüber kann Lernen auch unbeabsichtigt erfolgen, beispielsweise in einem Gespräch mit Freundinnen und Freunden und wahrscheinlich auch beim frühkindlichen Spracherwerb. Die Rolle der Lernintention wurde mithilfe von Verschleierungsaufgaben untersucht, bei welchen die Teilnehmerinnen und Teilnehmer sich mit den zu lernenden Wörtern unter einem anderen Vorwand beschäftigen, wie bei den Orientierungsaufgaben von Craik und Tulving (1975). In solchen Experimenten (z. B. Hyde & Jenkins, 1969[35]) zeigte sich, dass die Verarbeitungstiefe für den Gedächtnisbehalt entscheidender ist als die Lernintention. Allerdings wurde auch diese Frage kaum im Bezug auf das Lernen komplexer Sachverhalte überprüft[36]. Im Kontext des Textverstehens oder des Verstehens und Lernens komplexer Sachverhalte wie beim Hören von Vorträgen muss zudem gefragt werden, wovon die Verarbeitungstiefe der Lernenden abhängt. Neben der Lernintention, personengebundenen Faktoren wie Vorwissen[37], Motivation und äußeren Faktoren wie Notendruck oder Lärm kommt der Aufmerksamkeit eine große Bedeutung fürs Lernen zu, wie beispielsweise Cowan (1999) in seinem Arbeitsgedächtnismodell darlegt (vgl. Abschnitt 3.2).

3.3.2 Verfestigung: Retention und Konsolidierung

Sobald wahrgenommene Reize, wie beispielsweise Wörter einer Wortliste oder Bilder von Objekten, nicht mehr verfügbar sind, muss das Gedächtnis die enkodierten Informationen allein aufrechterhalten, um sie behalten zu können. Diese Phase wird als *Retention* bezeichnet. Dabei werden die frisch angelegten Gedächtnisspuren in einer Konsolidierungsphase mental und neuronal gefestigt oder aber

[35] Hyde, T. S. & Jenkins, J. J. (1969). Differential effects of incidental tasks on the organizaion of recall of a list of highly associated words. *Journal of Experimental Psychology, 83,* 472–481.

[36] In einer Reihe von Untersuchungen von Nick und Rod Ellis scheint explizites (fremd-) sprachliches Lernen jedoch einen Vorteil gegenüber implizitem (fremd-)sprachlichem Lernen aufzuweisen, vgl. Ellis, N. (1993). Rules and Instances in Foreign Language Learning. Interactions of Explicit and Implicit Knowledge. *European Journal of cognitive psychology, 5(3),* 289–318.

[37] Engelkamp, 2016, S. 145, betont beispielsweise den Einfluss von Wissensschemata auf Enkodierung und Abruf.

vergessen, wenn sie zum Beispiel als unwichtig klassifiziert werden. Das viel beachtete neurowissenschaftliche Standardmodell der Konsolidierung von David Marr (1970)[38] postuliert, dass zwei verschiedene Hirnareale bei der Konsolidierung zusammenspielen. Repräsentationen des wahrgenommenen Reizes werden zunächst im Neocortex in verschiedenen perzeptuellen Bereichen aktiviert und im mediobasalen Temporallappen (MTL), der zur Hippocampusformation gehört, zu einer Gedächtnisspur zusammengefügt. Mit der Zeit wird die Gedächtnisspur vom MTL in den Neocortex transferiert. Man nimmt an, dass dieser Transfer einige Stunden bis Wochen, vielleicht auch Jahre andauert (vgl. Gruber, 2018[39]). Bei jedem bewussten Abruf, aber vor allem im Schlaf auch unbewusst, wird das aufgenommene Wissen verfestigt, indem dieses Netzwerk zwischen Neocortex-Repräsentationen und der Gedächtnisspur im MTL wiederholt aktiviert wird. Dadurch werden bestehende neuronale Verbindungen gestärkt und es können auch neue Verbindungen angelegt werden. Mit der Zeit wird das Netzwerk im Neocortex so stark, dass es keine Verbindung zum MTL mehr benötigt: Die Information ist dauerhaft im Gedächtnis gespeichert.

Belege für dieses Modell werden vor allem aus moralisch bedenklichen Tierversuchen herangezogen. So zeigten in einer Untersuchung von Kim und Fanselow (1992)[40] Mäuse, deren MTL nach einer Furchtkonditionierung mit Elektroschocks entweder gar nicht (Kontrollgruppe), nach einem Tag, nach 7, nach 14 oder nach 28 Tagen operativ geschädigt wurde, unterschiedliche Erinnerungsleistungen. Bei der Kontrollgruppe ohne Hippocampus-Läsion reagierten die Mäuse zu jedem Zeitpunkt mit Furcht auf den Käfig, in welchem ihnen Elektroschocks zugefügt worden waren. Bei den Mäusen mit Hirnläsion war die Reaktion abhängig vom Zeitpunkt der Hirnschädigung: Umso länger die Konsolidierungszeit zwischen Furchtkonditionierung und Schädigung war, desto besser konnten die Mäuse sich an die Konditionierung erinnern und zeigten die Furchtreaktion.

In einer Untersuchung an Ratten (Louie & Wilson, 2001[41]) konnte zudem gezeigt werden, dass Hirnaktivierungsmuster, die im Wachzustand an den Tieren gemessen wurden, als sie im Kreis liefen, im Schlaf wiederholt auftraten, als wenn die Tiere im Schlaf eine mentale Simulation des Erlebten vornahmen.

---

[38] Marr, D. (1970). A theory for cerebral neocortex. *Proceedings of the Royal Society of London, 176*, 161–234. https://doi.org/10.1098/rspb.1970.0040.

[39] Gruber, T. (2018). *Gedächtnis. Basiswissen Psychologie*. Springer. https://doi.org/10.1007/978-3-662-56362-5, hier S. 73.

[40] Kim, J. J. & Fanselow, M. S. (1992). Modality-specifc retrograde amnesia of fear. *Science, 256*, 675–677. https://doi.org/10.1126/science.1585183.

[41] Louie, K. & Wilson, M. A. (2001). Temporally structured replay of awake hippocampal ensemble activity during rapid eye movement sleep. *Neuron, 29*, 145–156.

Es ist sicherlich fragwürdig, ob Erkenntnisse aus Experimenten mit Nagetieren auf das menschliche Gehirn übertragen werden können. Dass Konsolidierung auch bei Menschen stattfindet, ist jedoch auch aus Beobachtungen von Amnesie-Patientinnen und -patienten hervorgegangen. So zeigte sich bei Patientinnen und Patienten mit einer Amnesie nach einer Kopfverletzung, dass vor der Verletzung erworbenes Wissen umso mehr verloren geht, umso näher der Wissenserwerb zeitlich an der Verletzung ist[42]. Auch der Fall von H.M. (vgl. Abschnitt 3.1) stützt das Standardmodell der Konsolidierung insofern, dass der Patient sich an Kindheitserlebnisse lange vor der Operation erinnern konnte, einige Erlebnisse (kurz) vor der Operation jedoch vergessen hatte (retrograde Amnesie). Daraus folgt zum einen, dass episodische Erinnerungen langfristig nicht im Hippocampus gespeichert werden, da H.M. keinen funktionierenden Hippocampus mehr hatte und sich dennoch an Kindheitserlebnisse erinnern konnte. Zum anderen weist die retrograde Amnesie von H.M. darauf hin, dass der MTL zunächst noch bei der Konsolidierung beteiligt ist[43].

Konsolidierung scheint auch bei Menschen beim Schlafen vonstatten zu gehen. Jenkins und Dallenbach (1924)[44] zeigen in einem bekannten Experiment, dass der Gedächtnisbehalt von Listen ungeordneter Silben höher ist, wenn die Teilnehmerinnen und Teilnehmer nach dem Lernen der Silben schliefen, als wenn sie bis zum Test wach blieben. Diese Untersuchung führte die Bedeutung des Schlafes für Konsolidierungsprozesse ins Feld, welche sowohl bei Tieren (z. B. Louie & Wilson, 2001) als auch beim Menschen (Gais et al., 2006[45]) in zahlreichen Untersuchungen bestätigt wurde, allerdings nicht unumstritten ist. Hockey und Kollegen (1972)[46] legten beispielsweise empirische Befunde vor, die belegen sollen, dass der Gedächtnisbehalt beim Lernen vor dem Schlafen besonders hoch ist, weil die kognitive Aktivierung zu dieser Zeit besonders hoch ist, sodass möglicherweise nicht der anschließende Schlaf, sondern die erhöhte Aktivierung das Lernen begünstigen.

---

[42] vgl. Engelkamp, 2016, S. 161.

[43] vgl. Markowitsch, 2006, S. 40 f.

[44] Jenkins, J. G. & Dallenbach, K. M. (1924). Obliviscence during sleep and waking. *American Journal of Psychology, 35*, 605–612.

[45] Gais, S., Lucas, B. & Born, J. (2006). Sleep after learning aids memory recall. *Learning & Memory 13 (3)*, 259–262. https://doi.org/10.1101/lm.132106.

[46] Hockey, G. R., Davies, S. & Gray, M. M. (1972). Forgetting as a function of sleep at different times of day. *The Quarterly Journal of Experimental Psychology, 24(4)*, 386–393. https://doi.org/10.1080/14640747208400297.

Durch bewusste Abrufprozesse können die Gedächtnisinhalte besonders gut konsolidiert werden, da mit jedem Abruf mehr Gedächtnisspuren angelegt werden. Aus neurowissenschaftlicher Sicht werden durch die wiederholte Aktivierung die neuronalen Verbindungen gestärkt[47].

3.3.3 Erinnerung: Abruf gelernter Informationen

Beim Abruf von Gedächtnisinhalten wird dem Zusammenspiel von Enkodierung und Abruf eine große Bedeutung zugestanden. Gemäß dem Prinzip der Enkodierspezifität[48] kann nur dasjenige Wissen erinnert werden, das zuvor enkodiert worden ist. Hierbei stellt man sich den Prozess der Erinnerung so vor, dass beim Abruf die Enkodierprozesse reaktiviert werden. Bei der Einspeicherung wird eine episodische Gedächtnisspur angelegt, die nicht nur aus der erinnerten Information (z. B. einem Wort) besteht, sondern mit ihren Kontextreizen gespeichert wird. Umso besser man beim Abruf die Enkodiersituation reaktivieren kann, desto besser gelingt der Abruf (*Kontexteffekte*). Wenn in der Abrufsituation eine Kongruenz zwischen der Enkodier- und der Abrufsituation besteht, ist der Gedächtnisbehalt nach dieser Annahme höher. Godden und Baddeley (1975)[49] berichten beispielsweise tatsächlich, dass Menschen, die unter Wasser oder an Land Wortlisten gelernt haben, mehr Wörter erinnerten, wenn sie diese in der gleichen Situation abriefen, in der sie sie enkodiert hatten (Lernen an Land/Abruf an Land bzw. Lernen unter Wasser/Abruf unter Wasser). Auch die Stimmung beim Lernen kann den erfolgreichen Abruf beeinflussen. So erinnert man sich an Lerninhalte besser, wenn man beim Abruf in der gleichen Stimmung ist wie bei der Enkodierung[50]. Allerdings scheint das Prinzip der Enkodierspezifität nur beim freien Abruf (*Free Recall*) zu gelten. In Wiedererkennungstests spielt die Kongruenz zwischen Enkodierung und Abruf offenbar keine große Rolle. Die Personen in der Untersuchung von Godden und Baddeley (1975) beispielsweise konnten sich beim freien Abruf in der kongruenten Abrufsituation besser erinnern. Bei Wiedererkennungsfragen gab es jedoch keinen Unterschied zwischen der kongruenten und der inkongruenten Abrufsituation. Allerdings wird die Enkodierspezifität auch herangezogen,

---

[47] vgl. Engelkamp, 2016, S. 161.

[48] vgl. Tulving, E. & Thomson, D. M. (1973). Encoding specificity and retrieval processes in episodic memory. *Psychological Review*, *80*(5), 352–373. https://doi.org/10.1037/h0020071.

[49] Godden, D. & Baddeley, A. D. (1975). Context dependent memory in two natural environments. On land and under water. *British Journal of Psychology*, *66*, 99–104.

[50] Eich, E. & Metcalfe, J. (1989). Mood dependent memory for internal versus external events. *Journal of Experimental Psychology: Learning, Memory, and Cognition*, *15*, 443–455.

um Wiedererkennen zu erklären: Beim Enkodieren werden neben dem später zu erinnernden Zielreiz auch andere umgebende Kontextreize gespeichert, die dann bei gemeinsamem Auftreten mit dem Zielreiz die Wiedererkennung ermöglichen.

Dem Unterschied zwischen Wiedererkennung (*Recognition*) und freiem oder gestütztem Abruf (*Recall*) kommt in der Psychologie große Aufmerksamkeit zu. Wiedererkennen fällt Personen in der Regel leichter als Abrufen[51]. Bei der Wiedererkennung werden gemäß der *Dual Process*-Theorie der Rekognition zwei Subprozesse unterschieden[52]. Der Prozess der *Familiarität* bezeichnet ein implizites Gefühl der Vertrautheit, dass man zum Beispiel einen Menschen oder ein Wort schon einmal gesehen hat. Demgegenüber wird beim Prozess der *Rekollektion* bewusst auf Gedächtnisinhalte zugegriffen, wenn man beispielsweise überlegt, wann und wo man den Menschen, der einem bekannt vorkommt, schon einmal gesehen hat oder ob man das Wort auf der Wortliste gelesen hat. Wendet man den Ansatz der Verarbeitungstiefe (Abschnitt 3.3.1) auf diese Teilprozesse an, so kann man annehmen, dass bei einer flachen Verarbeitung bis zur strukturellen Stufe aufgrund von Familiarität wiedererkannt wird, während bei einer tiefen Verarbeitung bis zur semantischen Ebene auf Grundlage des Rekollektionsprozesses wiedererkannt wird[53].

Die Wiedererkennung ist die alltäglichste Art des Abrufs. Im Kontext von Reflexionen, Gesprächen oder natürlich in Tests und Prüfungssituationen wird jedoch des Öfteren ein freier oder gestützter Abruf von Informationen abverlangt. Beim freien Abruf soll zum Beispiel eine zuvor gelernte Wortliste wiedergegeben werden (‚*Nennen Sie so viele Wörter der gestern gelesenen Liste wie möglich*'), während beim gestützten Abruf Hinweisreize den Abruf der Information erleichtern sollen (z. B. ‚*Welche Wörter der gestern gelesenen Liste bezeichnen Tiere?*').

Die Generierungs-Rekognitions-Theorie besagt, dass beim freien Abruf, etwa von Wörtern einer gelernten Wortliste, zunächst mögliche Kandidaten der gesuchten Information generiert werden müssen, um sie anschließend daraufhin zu prüfen, ob sie mit der gelernten Information, also den Wörtern der Wortliste, übereinstimmen (Rekognition). Bei Wiedererkennungsaufgaben genügt der Rekognitionsprozess. Da die Wörter vorgegeben werden, entfällt hier gewissermaßen der Prozess der Generierung[54]. Engelkamp betont zudem, dass beim Generieren relationale Informationen aus dem semantischen Gedächtnis abgerufen werden, also Verbindungen zwischen einzelnen Reizen (z. B. kategoriale Ähnlichkeit:

---

[51] vgl. Engelkamp, 2016, S. 149.

[52] vgl. ebd., S. 163 f.

[53] vgl. Gruber, 2018, S. 88.

[54] vgl. Engelkamp, 2016, S. 149.

Messer, *Gabel* und *Löffel* sind der Kategorie Besteck zugeordnet) reaktiviert werden. Beim Wiedererkennen werden itemspezifische Informationen abgerufen, die auf der Besonderheit eines Reizes gegenüber den anderen Reizen basieren, also auf Unterschieden (z. B. *Messer* ist Besteck, *Äpfel*, *Birnen*, *Hunde*, und *Bäume* hingegen nicht)[55]. Natürlich ist es dennoch denkbar, dass Aufgaben, die eigentlich Wiedererkennungsleistungen messen sollen, wie Multiple Choice-Fragen, Generierungsprozesse in Gang setzen. Diese könnte man dann mit der *Dual-Process*-Theorie als Rekollektionsprozesse bezeichnen. Insofern ist es schwierig, mithilfe des Frageformats zwischen Abruf und Wiedererkennung zu differenzieren. Bei Multiple Choice-Fragen (MC) ist es zwar möglich, die Frage nur mittels Wiedererkennung zu beantworten, doch auch Abrufprozesse können involviert sein. Bei offenen Fragen hingegen *muss* zur Beantwortung Information abgerufen werden, wobei natürlich Hinweisreize aus der Fragestellung hilfreich sein können, um die korrekte Antwort im Gedächtnis zu aktivieren.

Auch falsche Erinnerungen, wie zum Beispiel die Verwechslung zweier ähnlicher Episoden oder die falsche Zuordnung von Kontextinformationen zu Ereignissen, werden häufig mit Erinnerung durch Rekognition in Verbindung gebracht. Wenn man sich bei der Täter/-innenidentifikation fälschlicherweise erinnert, eine Person zur Tatzeit am Tatort gesehen zu haben, sie damals aber in Wahrheit in der Zeitung oder auf dem Handy auf einem Foto wahrgenommen hat, so wurde womöglich nur aufgrund der subjektiven Vertrautheit (Rekognition) erinnert, aber nicht die ganze Episode abgerufen[56].

3.3.4 Vergessen

Eine etwas andere Perspektive auf das Gedächtnis bietet die Untersuchung von Situationen, in denen wir uns nicht erinnern können. Wie vermutlich jede und jeder hin und wieder feststellen muss, verbleiben nicht alle Informationen ewig im Gedächtnis. Viele der enkodierten Informationen werden innerhalb der ersten Stunde vergessen[57], und die meisten Reize und Informationen, die uns umgeben, werden gar nicht erst enkodiert – dann wird von *Nichteinprägung*[58] gesprochen. Was im ersten Moment als lästige Schwäche erscheint, ist aus Sicht der Kognitionswissenschaft jedoch zunächst einmal ein notwendiger Prozess, um nicht an

[55] ebd., S. 139.

[56] vgl. Engelkamp, 2016, S. 154.

[57] vgl. ebd., S. 161.

[58] vgl. Gruber, 2018, S. 90.

die Grenzen unserer kognitiven Kapazität zu stoßen. Im Folgenden werden einige Vergessenstheorien kurz erläutert[59], wobei im Bezug auf die in Teil II beschriebene Studie überlegt werden soll, welche der Theorien für das Vergessen von Informationen aus einem gehörten Vortrag relevant sein könnten.

Für das Arbeitsgedächtnis wird angenommen, dass wegen der begrenzten Speicherkapazität die neu aufgenommene Information die vorhandene Information ersetzt, wenn die Kapazitätsgrenze erreicht ist. Beispielsweise werden Probandinnen und Probanden in Untersuchungen zum Arbeitsgedächtnis oft angewiesen, nach dem Lesen von Wörtern rückwärts zu zählen, um die Wörter aus der phonologischen Schleife zu löschen, beziehungsweise zu ersetzen.

Auch die Hemmung eines Reizes durch andere ähnliche Reize (*Interferenzen*) kann Vergessen bedingen. So kann beim Fremdsprachenlernen der Erwerb italienischer Wörter erheblich erschwert werden, wenn man kurz davor in einem anderen Sprachkurs die ähnlichen spanischen Wörter gelernt hat. In typischen Interferenzexperimenten wird eine Liste mit Wortpaaren gelernt (z. B. ‚*Hund*'-‚*Wand*'). Anschließend wird eine Liste dargeboten, die teilweise die Wörter der ersten Liste verwendet, aber in einer anderen Kombination (z. B. ‚*Hund*'-‚*Gras*'), aber auch neue Wortpaare, die in der ersten Liste nicht vorkamen (z. B. ‚*Strand*'-‚*Pilot*' / ‚*Bild*'-‚*Radio*'). Im Erinnerungstest sollen dann entweder die Wortpaare der ersten Liste (*retroaktive Interferenz*, d. h. die zweite Liste hemmt den Erwerb der ersten Liste) oder der zweiten Liste (*proaktive Interferenz*, d. h. die erste Liste behindert das Lernen der zweiten Liste) erinnert werden. Dabei zeigt sich, dass Interferenz besonders bei Wortpaaren auftritt, bei denen das gleiche Reizwort (‚*Hund*') in unterschiedlicher Kombination dargeboten wurde (in unserem Beispiel: mehr Interferenz *bei* ‚*Hund*'-‚*Wand*'/‚*Hund*'-‚*Gras*' als bei ‚*Strand*'-‚*Pilot*'/‚*Bild*'-‚*Radio*'). Interferenz wird häufig mit einer Konkurrenz zwischen Kontextreizen erklärt (*retrieval competition*)[60]. Der Zielreiz wurde bei Interferenz mit mehreren anderen Reizen assoziiert gespeichert, die sich gegenseitig stören.

Es ist schwierig, Theorien, die in zahlreichen Experimenten hauptsächlich mit einzelnen Wörtern oder Silben empirisch gestützt werden, auf das Vergessen komplexer Sachverhalte zu beziehen. Es ist zwar intuitiv plausibel, dass auch für Informationen, die in einem Vortrag gehört wurden, Interferenzen mit Vorwissen oder später erworbenem Wissen stattfinden, aber methodisch ist das Phänomen kaum untersuchbar. Besonders relevant zur Erklärung des Vergessens von (notierten) Informationen aus einem Vortrag ist wahrscheinlich die Spurenzerfallstheorie sowie die Rolle der Konsolidierung für das Vergessen.

---

[59] Die folgende Darstellung basiert auf dem Überblick von Gruber, 2018, S. 89–93.

[60] vgl. Engelkamp, 2016, S. 157.

Die Spurenzerfallstheorie besagt, dass eine Gedächtnisspur mit der Zeit verblasst, wenn sie nicht durch einen erneuten Abruf in der Konsolidierungsphase verstärkt wird. Enkodierte Informationen geraten somit kontinuierlich in Vergessenheit, aber der Umfang und der Zeitpunkt des Vergessens hängen von Faktoren wie der Relevanz und der Emotionalität ab. Eine höhere Relevanz oder besonders emotional gefärbte Informationen und Erlebnisse werden nach dieser Theorie tiefer verarbeitet als nicht relevante Informationen und werden dadurch langsamer oder auch gar nicht vergessen. Allerdings kann ein traumatisches Erlebnis, das mit starken negativen Emotionen einhergeht, auch beschleunigt in Vergessenheit geraten (*Verdrängung*)[61]. Somit spielt bei der Spurenzerfallstheorie die Verarbeitungstiefe wieder eine entscheidende Rolle. Gruber (2018)[62] merkt an, dass der kontinuierliche Spurenzerfall zwar intuitiv einleuchtend ist, aus methodischen Gründen jedoch kaum untersucht werden kann. Denn eine solche Untersuchung setzt voraus, dass Konsolidierungsprozesse im Experiment unterbunden beziehungsweise kontrolliert werden müssten, was insbesondere bei Studien zum Langzeitgedächtnis kaum möglich sei. Bjork (2011)[63] hingegen nimmt an, dass das Langzeitgedächtnis zwar eine fast unbegrenzte Speicherkapazität aufweist, selten abgerufene (weil wenig relevante) Inhalte aber mit der Zeit schwerer auffindbar, beziehungsweise abzurufen, sind. Hier ist das Vergessen also nicht auf ein Verblassen der Gedächtniseinträge zurückzuführen, sondern auf eine zunehmende Begrenzung der Abrufmöglichkeit.

Auch die Theorie der Konsolidierung wird zur Erklärung des Vergessens herangezogen. Dabei wird, ähnlich wie bei der Spurenzerfallstheorie, die Behaltenszeit fokussiert: Das Meiste vergessen wir gleich am Anfang, wohingegen Inhalte umso besser behalten werden, desto öfter sie abgerufen und damit verfestigt werden[64]. Inhalte, die wir vergessen, wurden aus der Perspektive der Konsolidierungstheorie also nicht ausreichend verfestigt.[65]

---

[61] ebd.

[62] Gruber, 2018, S. 91.

[63] Bjork, R. A. (2011). On the symbiosis of remembering, forgetting, and learning. In: A. S. Benjamin (Hrsg.), *Successful remembering and successful forgetting: A festschrift in honor of Robert A. Bjork* (S. 1–22). Psychology Press.

[64] vgl. Engelkamp, 2016, S. 161.

[65] Es gibt noch zahlreiche weitere Vergessenstheorien und -phänomene, die im Rahmen dieser Arbeit nicht in ihrer Gesamtheit erläutert werden können. Für einen Überblick vgl. Gruber, 2018 und Engelkamp, 2016.

3.4 Lernen und Verstehen durch Schreiben

Das Gedächtnis ist für Lernprozesse elementar. Gelerntes wird im Gedächtnis gespeichert und verarbeitet, mit Vorwissen verknüpft und bei Bedarf wieder abgerufen. In der Lernpsychologie wird der Lernbegriff sehr weit gefasst und auf alle Verhaltensänderungen bezogen, die durch Erfahrungen in der Vergangenheit hervorgerufen wurden: „Dass wir etwas lernen, erkennen wir daran, dass sich unser Verhalten aufgrund von gemachten Erfahrungen verändert." (Engelkamp, 2016, S. 2). Damit wird sowohl die auf den Behaviorismus fußende Konditionierung im Sinne von Reiz-Reaktions- und Reiz-Wirkungs-Verbindungen als Lernen bezeichnet[66], als auch der Wissenserwerb beim Lesen von Texten oder Hören von Vorträgen. Das Wissen, das erworben wird, kann deklaratives semantisches oder episodisches Wissen sein (beispielsweise der Erwerb von Bedeutungen von Fremdwörtern oder Textsortenwissen), es kann sich aber beispielsweise auch auf nicht deklaratives, prozedurales Wissen beziehen (zum Beispiel das Erlernen des automatisierten Hand- und Tastaturschreibens oder elaboriertes Sprechen in Vorträgen). In der vorliegenden Arbeit liegt der Fokus auf dem Erwerb deklarativen Wissens, weshalb andere Lernprozesse hier nicht näher beleuchtet werden.

Renkl (2009)[67] unterscheidet drei Perspektiven, die den Wissenserwerb unterschiedlich erklären: das *aktive Tun*, die *aktive Informationsverarbeitung* und die *fokussierte Informationsverarbeitung*. Lernen durch aktives Tun bezieht sich darauf, dass durch eine aktive Handlung, das aktive Lösen eines Problems, ein größerer Wissenserwerb stattfindet. So hofft man beispielsweise getreu der Parole ‚Übung macht den Meister', dass das Handschreiben durch häufiges Schreiben zunehmend automatisiert wird. Bloßes Zusehen beim Schreiben hingegen bringt kaum Lernerfolg. Ein Beispiel für Lernen durch aktives Tun, das Renkl nennt, ist die operante Konditionierung: Wenn Lernende ein gewünschtes Verhalten zeigen, so kann dieses durch Lob oder Belohnung von außen bestärkt werden, sodass es als erfolgreiches Verhalten angesehen und bei ähnlicher Gelegenheit wiederholt wird – das Verhalten wurde so gelernt. Aus dieser Perspektive ist Lernen also effektiver, wenn die Lerninhalte durch aktive Gesprächsbeteiligung selbst verbalisiert werden, als wenn nur passiv zugehört wird. Problematisch an dieser Sicht ist, dass der mentalen Verarbeitung keine größere Bedeutung zukommt. Das Wissen durchläuft nach der aktiven Handlung passiv die Verarbeitungs- und Speicherungsinstanzen. Doch auch beim bloßen Zuhören kann mehr Wissen erworben werden als beim aktiven Tun: Es kommt auch auf die mentale Verarbeitung an.

---

[66] Für einen Überblick vgl. Engelkamp, 2016.

[67] vgl. Renkl, 2009, S. 7 f.

Aus der eher konstruktivistischen Perspektive der aktiven Informationsverarbeitung ist zusätzlich zur Handlung auch die aktive mentale Auseinandersetzung bedeutsam, welche im Arbeitsgedächtnis stattfindet. Eingehende Informationen werden nicht eins zu eins übernommen, sondern selektiert, interpretiert und mit Vorwissen verknüpft, so wie es Renkl mit den sieben Arbeitsgedächtnisprozessen beschrieben hat. Renkl ergänzt seine Unterscheidung noch um die fokussierte Informationsverarbeitung, die im Unterschied zur aktiven Informationserarbeitung davon ausgeht, dass der Wissenserwerb nicht nur durch aktives Tun und mentale Aktivität ermöglicht wird, sondern auch vom Grad der Fokussierung auf zentrale Schlüsselkonzepte eines Themas abhängig ist. In gewisser Weise ist Renkls Unterscheidung weniger eine Unterscheidung als eine Art Modellierung der Steigerung des Lernerfolgs. Renkl meint selbst, dass die Theorie der aktiven Informationsverarbeitung mit der des aktiven Tuns vereinbar ist, diese jedoch erweitert. Ebenso verhält es sich mit der fokussierten und der aktiven Informationsverarbeitung. Die drei Ansätze bilden eine Art Treppe des Lernerfolgs: Das bloße Tun bringt nur einen kleinen Lernerfolg, die aktive mentale Verarbeitung des Lerninhalts verspricht mehr Gedächtnisbehalt und die fokussierte Informationsverarbeitung könnte als Ideal des Wissenserwerbs gesehen werden, da hier besonders viel Lernerfolg zu erwarten ist.

Bei der Wissensspeicherung und beim Wissenserwerb können die Gedächtnisprozesse durch bestimmte Verhaltensweisen oder Lernstrategien unterstützt werden. Dabei kommt im (schulischen) Alltag vor allem dem Aufschreiben eine große Bedeutung zu. Wir schreiben eine Einkaufsliste, um im Laden nicht die Zitronen zu vergessen, wir schreiben im Deutschunterricht die Merkmale einer Fabel auf, um sie später, kurz vor der Klassenarbeit, auswendig lernen zu können und wir schreiben oft auch beim Lernen selbst, um die Inhalte für die morgige Klausur besser zu verinnerlichen und zu konsolidieren.

Wenn durch Schreiben Wissen ver- und erarbeitet wird, erfüllt das Schreiben eine epistemisch-heuristische Funktion. Nach dem in Abschnitt 2.2 besprochenen Modell der *Knowledge Transformation* von Bereiter und Scardamalia (1987) wird beim und durch das Schreiben Wissen selektiert, mit Vorwissen verknüpft, organisiert und erweitert. Es wird allgemein davon ausgegangen, dass durch das Schreiben Erkenntnis gewonnen werden kann und das Schreiben zum Denkwerkzeug werden kann[68].

Doch wie kann es sein, dass durch das Schreiben das Gedächtnis unterstützt wird? Die Beispiele mit den Fabelmerkmalen und der Einkaufsliste sind recht

[68] vgl. z. B. Ortner, 2000.

einfach erklärt: Das Aufschreiben der Fabelmerkmale und die Einkaufsliste fungieren als externer Speicher der Gedanken (*external storage*, vgl. Kiewra et al., 1991). Selbst, wenn man sich im Laden nicht mehr an alle fehlenden Lebensmittel erinnern kann, kann man die Einkaufsliste zurate ziehen. Interessanterweise kann man sich aber auch dann häufig an zunächst nicht abrufbare Details (z. B. *Zitronen*) der Einkaufsliste erinnern, wenn man die Liste zu Hause liegen gelassen hat: Man erinnert sich daran, dass man *Zitronen* auf die Liste geschrieben hat, man kann es sich vielleicht noch bildlich vorstellen, wie es auf der Liste steht oder man erinnert sich an das Aufschreiben selbst (*encoding function*, vgl. ebd.), indem man die Enkodiersituation erinnert. Durch das Schreiben wurden also zusätzliche Gedächtnisspuren angelegt, wodurch der Abruf erleichtert wird. Auf dieser Enkodierfunktion liegt der Fokus der vorliegenden Arbeit.

3.4.1 Lernen durch Notieren

Ein Hinweis für den Vorteil des Aufschreibens stammt aus der Forschung zum Generierungseffekt (*generation effect),* welcher besagt, dass man sich Informationen besser merken kann, wenn man sie selbst produziert, als wenn man sie nur liest. Der *generation effect* wurde in zahlreichen Studien empirisch belegt (vgl. für einen Überblick Bertsch et al., 2007[69]). Bretzing und Kulhavy (1979) vermuten außerdem, dass wörtlich mitgeschriebene Notizen weniger tief verarbeitet werden als beim Paraphrasieren oder Zusammenfassen gehörter Informationen[70]. Beim Paraphrasieren und Zusammenfassen werde durch höhere mentale Involviertheit eine tiefere Verarbeitung angeregt.

Auch die Transkriptionshypothese von Conway und Gathercole (1990)[71] postuliert, dass beim Notieren zu einem Vortrag durch die Umwandlung phonologischer in orthographische Prozesse mehr Informationen im Gedächtnis

[69] Bertsch, S., Pesta, B. J., Wiscott, R. & McDaniel, M. A. (2007). The generation effect: A meta-analytic review. *Mem Cognit, 35(2),* 201–210. https://doi.org/10.3758/bf03193441.

[70] Bretzing, B. H. & Kulhavy, R. W. (1979). Notetaking and depth of processing. *Contemporary Educational Psychology, 4,* 145–153. https://doi.org/10.1016/0361-476X(79)90069-9

[71] Conway, M. A. & Gathercole, S. E. (1990). Writing and Long-Term Memory: Evidence for a "Translation" Hypothesis. *The Quarterly Journal of Experimental Psychology Section A, 42(3),* 513–527. https://doi.org/10.1080/14640749008401235.

bleiben, als wenn man nur zuhört. Gestützt wird diese Annahme unter anderem von positiven Zusammenhängen zwischen der Menge notierter Inhalte und dem Gedächtnisbehalt (vgl. Peverly et al., 2007[72]).

Gegenüber bloßem Lesen oder Zuhören werden die Lerninhalte beim Aufschreiben zudem gleich organisiert, selektiert und in eigenen Worten aufgeschrieben, was eine gewisse Ordnung in die Gedanken bringen kann. Besonders zentrale Konzepte und Schlüsselbegriffe können durch Unterstreichung oder farbliche Markierung kenntlich gemacht werden, was einer fokussierten Informationsverarbeitung entgegenkommt (vgl. Renkl, 2009). Das Mitschreiben in Notizen stellt zugleich auch eine Wiederholung der Lerninhalte dar, da zusätzlich zur ersten Verarbeitung bei der Rezeption und Enkodierung das selektierte Wissen organisiert aufgeschrieben wird, was einem erneuten Abruf gleichkommt. Erkannte Zusammenhänge und Verknüpfungen mit Vorwissen können durch Verbalisierung, aber auch durch Zeichnungen, Mind Maps oder Pfeile dargestellt und verarbeitet werden. Notizen können so abgesehen von der Speicherfunktion eine Enkodier- und Konsolidierungshilfe darstellen. Diese als Enkodier-Effekt (*encoding effect*) bekannte Funktion des Schreibens lässt sich auch so formulieren: Wenn Notizen angefertigt werden, können mehr Informationen behalten werden, als wenn keine Notizen angefertigt werden.

Vom Enkodier-Effekt sind viele Lernende überzeugt: In einer Studie von van Meter et al. (1994)[73] zum Beispiel war ein Großteil der Befragten der Meinung, dass durch das Notieren die Aufmerksamkeit für den Vortrag erhöht, das Verständnis der Lerninhalte vertieft und der Gedächtnisbehalt verbessert wird. Drei Meta-Analysen von Studien zum Enkodier-Effekt kamen zu dem Schluss, dass die Anfertigung von Notizen einen positiven, aber moderaten Einfluss auf das Lernen der notierten Inhalte hat: Ryan (1982)[74] analysierte den Effekt vom Notieren auf das Textverstehen, verglichen mit Textverstehen ohne Notizen. Henk und Stahl

[72] Peverly, S. T., Sumowski, J. F. & Garner, J. (2007). Skill in lecture note-taking: What predicts? *Journal of Educational Psychology, 99*, 167–180. https://doi.org/10.1037/0022-0663.99.1.167.

[73] van Meter, P., Yokoi, L. & Pressley, M. (1994). College students' theory of note-taking derived from their perceptions of note-taking. *Journal of Educational Psychology, 86*, 323–338. https://doi.org/10.1037/0022-0663.86.3.323

[74] Ryan, M. T. (1982). Effects of paraphrase notetaking on prose learning. (Doctoral dissertation, University of Connecticut, 1981). *Dissertation Abstracts International, 42 (9-A)*, 3921 (UMI No. 820356).

(1985)[75] verglichen die Abrufleistung von jenen, die sich Notizen angefertigt hatten mit solchen, die sich keine Notizen angefertigt hatten. Beide Meta-Studien fanden einen positiven moderaten Effekt des Notierens für Verstehen und Lernen. In einer Meta-Analyse von 57 Studien untersuchte Kobayashi (2005)[76] nicht nur, ob Notizen einen Lernvorteil nach sich ziehen, sondern auch, ob sich die Varianz der Effektgrößen zwischen den Studien unterschied. Es zeigte sich wieder ein mittlerer positiver Effekt des Notierens, aber auch eine Varianz der Effektgrößen. Bei genauerer Untersuchung möglicher Moderatorvariablen fand Kobayashi, dass Interventionen wie Schulungen zum effizienten Notieren einen größeren Enkodier-Effekt nach sich zogen, als wenn es keine solche Intervention gab. Die Qualität der Notizen scheint daher einen Einfluss auf den Lernerfolg zu haben.

Auch der Bildungsstand der Lernenden hatte einen Einfluss auf die Größe des Enkodier-Effekts: Bei Lernenden mit einem höheren Bildungsstand, zum Beispiel beim Vergleich höherer mit unteren Klassenstufen, zeigte sich ein kleinerer Enkodier-Effekt. Kobayashi erklärt diesen interessanten Befund damit, dass Lernende, die kognitiv schon weiter entwickelt sind, vielleicht weniger auf eine Gedächtnis- und Enkodierhilfe durch Notizen angewiesen sind.

Doch auch der Vortragsmodus und die Art des späteren Informationsabrufs spielen eine Rolle: Visuell gestützte Vortragsformate wie Video- oder Power Point-Vorträge förderten einen kleineren Enkodier-Effekt zutage als nicht visuell gestützte Vorträge. Und bei einem freien oder gestützten Abruf im Gedächtnistest zeigte sich ein größerer Vorteil des Notierens gegenüber dem Nichtnotieren als bei Wiedererkennungsfragen. Eine mögliche Erklärung dafür liefert nach Kobayashi das Prinzip der Enkodierspezifität. Während Wiedererkennungstests mit MC-Fragen durch die vorgegebenen Antwortmöglichkeiten sehr viele Hinweisreize zum korrekten Erinnern liefern, werden bei offenen Frageformaten keine Antwortmöglichkeiten vorgegeben, sodass die korrekte Antwort durch einen eigenständigen Abruf der enkodierten Information gefunden werden muss. Gemäß der Enkodierspezifität gelingt dies umso leichter, desto mehr die Abrufsituation mit der Enkodiersituation übereinstimmt, beziehungsweise umso mehr beim Abruf die Enkodiersituation rekonstruiert werden kann. Beim Aufschreiben

---

[75] Henk, W. A. & Stahl, N. A. (1985). A meta-analysis of the effect of notetaking on learning from lecture. Paper presented at the 34th Annual Meeting of the National Reading Conference, St. Petersburg Beach, Florida (ERIC Document Reproduction Service No. ED258533).

[76] Kobayashi, K. (2005). What limits the encoding effect of note-taking? A meta-analytic examination. *Contemporary Educational Psychology* 30, 242–262. https://doi.org/10.1016/j.cedpsych.2004.10.001.

werden mehr Kontextreize eingespeichert, als wenn nichts aufgeschrieben wird. Man kann sich nicht nur daran erinnern, die gesuchte Information im Vortrag gehört und darüber nachgedacht zu haben, sondern auch daran, wie man sie aufgeschrieben hat. Man kann auch eine visuelle Repräsentation des geschriebenen Wortes abrufen und erinnert sich vielleicht, dass man bei dem Wort über die korrekte Rechtschreibung nachgedacht hat. Diese Argumentation lässt sich ebensogut auf Unterschiede im Gedächtnisbehalt nach hand- versus tastaturgeschriebenen Notizen erweitern, was für die später vorgestellte Untersuchung bedeutsam ist (vgl. Teil II). Möglicherweise kann man sich – gemäß der Enkodierspezifität – besser an handgeschriebene Inhalte erinnern, weil mehr Kontextinformationen zur Enkodiersituation und damit mehr Hinweisreize für die Information abgespeichert werden. Denn beim Handschreiben wird keine Kombination aus fast gleichen Tasten gedrückt, um ein Wort zu schreiben, sondern jeder Buchstabe wird in seiner individuellen Form in meist mehreren Bewegungen, beziehungsweise Strichen, wiedergegeben.

Auch Engelkamp (2016) betont, dass neben sensorischen Prozessen (z. B. Hören oder Sehen von Informationen) auch motorische Prozesse für das spätere Erinnern bedeutsam sind, da die Ausführung der beschriebenen Handlung das Erinnern begünstigen kann. Engelkamp betont daher, dass episodisches Erinnern sich nicht auf die Reaktivierung von Bedeutungen reduzieren lässt (Engelkamp, 2016, S. 193). Eine besonders bedeutsame Gruppe von Theorien, die motorischen Prozessen eine zentrale Bedeutung für kognitive Prozesse zuschreiben, bilden die Theorien verkörperter Kognition (*Embodied Cognition*), welche in Kapitel 4 kurz dargestellt werden.

3.4.2 Das Arbeitsgedächtnis beim Lernen durch Schreiben

Wie bereits mehrmals betont wurde, wird dem Arbeitsgedächtnis beim Lernen allgemein und auch beim Lernen durch Schreiben eine zentrale Bedeutung zugestanden[77]. Es wird häufig als Zentrale bewusster Denkprozesse angesehen, in der Wissensbestände selektiert, organisiert und mit Vorwissen verknüpft werden. Im Folgenden werden kurz Modelle besprochen, die die Funktionsweise des Arbeitsgedächtnisnisses beim Schreiben betrachten. Diese Überlegungen sind für die Modellierung epistemischen Schreibens (Kapitel 5) zentral.

[77] vgl. Markowitsch, 2006; Engelkamp, 2016; Renkl, 2009.

1996 veröffentlichte Kellogg ein Modell des Schreibprozesses (vgl. Abbildung 3.1), in welchem er das von Baddeley und Hitch (1974) konzipierte Mehrkomponentenmodell des Arbeitsgedächtnisses in den Schreibprozess integriert[78]. Die drei bereits besprochenen Komponenten des Arbeitsgedächtnisses bei Baddeley und Hitch (1974), die zentrale Exekutive, der räumlich-visuelle Notizblock und die phonologische Schleife, interagieren in Kelloggs Modell eng mit den Komponenten des Schreibprozesses. Der Schreibprozess hat ebenfalls drei Komponenten, welche jeweils zwei Unterprozesse aufweisen. Die Formulierung (*formulation*) mit den Unterprozessen Planung und Übersetzung (*planning, translating*), die Ausführung (*execution*) mit der Programmierung und der motorischen Ausführung (*programming, executing*) und die Kontrolle durch den Monitor (*monitoring*) mit Lese- und Überarbeitungsprozessen (*reading, editing*). Bei der Planung werden Ziele aufgestellt und relevante Wissensbestände aus dem Langzeitgedächtnis abgerufen, bei der Übersetzung wird den Inhalten eine linguistische Form gegeben. Während der Programmierung werden Motorpläne entweder für handschriftliche oder auch getippte Texte generiert, welche bei der Ausführung realisiert werden. Monitoring wird durch Lesen während und nach der Exekution ermöglicht, wodurch Überarbeitungsprozesse ausgelöst werden können. Die beiden Systeme, das Arbeitsgedächtnis und der Schreibprozess, sind beim Schreiben in Kelloggs Modell verflochten. Bei der Planung wird der räumlich-visuelle Notizblock benötigt, um konzeptuelle Repräsentationen, die aus dem Langzeit- ins Arbeitsgedächtnis verschoben wurden, abzuspeichern, aber nicht die phonologische Schleife, da die Planung bei Kellogg noch vorsprachlich ist. Die zentrale Exekutive wiederum ist vonnöten, um die abgerufenen Informationen zu prozessieren. Für die sprachliche Realisierung der inhaltlichen Konzepte braucht es die phonologische Schleife, in der sprachliche Wissensbestände gespeichert werden, um mit der zentralen Exekutive prozessiert zu werden. Für die Ausführung nimmt Baddeley an, dass bei ausreichender Automatisierung des Transkriptionsprozesses sowohl beim Hand- als auch beim Tastaturschreiben nur die zentrale Exekutive beansprucht wird, sodass keine Speicherkapazitäten in der phonologischen Schleife oder im räumlich-visuellen Notizblock blockiert werden. Für den Leseprozess wird sowohl die phonologische Schleife als auch die zentrale Exekutive benötigt, für die Überarbeitung auch der räumlich-visuelle Notizblock, um beispielsweise die Textstelle, die Defizite aufweist, abzuspeichern.

---

[78] Kellogg, R. T. (1996). A model of working memory in writing. In: C. M. Levy & S. Ransdell (Hrsg.), *The science of writing: Theories, methods, individual differences, and applications* (S. 57–71). Lawrence Erlbaum Associates.

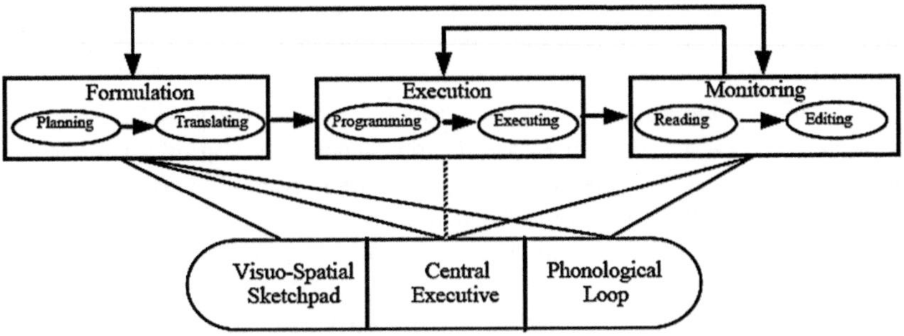

Abbildung 3.1 Das Arbeitsgedächtnis im Schreibprozess, Kellogg, R.T.: A model of working memory in writing. In: The science of writing. Theories, Methods, Individual Differences andApplications, S. 61 © 1996 Taylor & Francis. Gedruckt mit Erlaubnis der Taylor & Francis Group

2013 veröffentlichten Kellogg et al. eine Revision seines Modells[79]. Kellogg et al. (2013) nehmen auf empirischer Basis nun eine Trennung des räumlichen und des visuellen Arbeitsgedächtnisses an[80]. Des Weiteren kommt ein semantischer Speicher für konzeptuelle Repräsentationen hinzu[81], sodass die zentrale Exekutive nunmehr vier Subsysteme koordiniert. Da die zentrale Exekutive sehr vielfältige Aufgaben der kognitiven Kontrolle übernimmt, schlagen Kellogg et al. auf der Grundlage der Arbeit von Miyake et al. (2000)[82] vor, dass die zentrale Exekutive aus drei funktionalen Teilen zusammengesetzt ist: die Aktualisierung von Inhalten des Arbeitsgedächtnisses (*updating)*, die Änderung des Aufmerksamkeitsfokus' (*task switching)* und die Unterdrückung von dominanten Antworten (*response inhibition*)[83]. Damit kann das revidierte Modell einige Schwachstellen umgehen, die Engelkamp (2016) für die klassischen

---

[79] Kellogg, R. T., Whiteford, A. P., Turner, C. E., Cahill, M. & Mertens, A. (2013). Working Memory in Written Composition. An Evaluation of the 1996 Model. *Journal of Writing Research, 5(2)*, 159–190. https://doi.org/10.17239/jowr-2013.05.02.1.

[80] ebd., S. 166.

[81] ebd. S. 167.

[82] Miyake, A., Friedman, N. P., Emerson, M. J., Witzki, A. H., Howerter, A. & Wager, T. D. (2000). The Unity and Diversity of Executive Functions and Their Contributions to Complex "Frontal Lobe" Tasks. A Latent Variable Analysis. *Cognitive Psychology, 41(1)*, 49–100, https://doi.org/10.1006/cogp.1999.0734.

[83] ebd.

Mehrspeichermodelle ausgemacht hat[84]: Der in diesen Modellen fehlende semantische Speicher zur Prozessierung von Bedeutungen ist ebenso vorhanden wie Kontrollprozesse wie die exekutiven Funktionen.

Allerdings bilden die besprochenen Modelle des Arbeitsgedächtnisses beim Schreiben wie die im zweiten Kapitel besprochenen Schreibprozessmodelle vornehmlich die freie Textproduktion ab. Im fünften Kapitel wird überlegt, wie das Arbeitsgedächtnis beim epistemischen Schreiben funktioniert, wenn Informationen aufgenommen und verarbeitet werden und Lernprozesse im Mittelpunkt stehen.

Bei der Durchsicht der kognitionswissenschaftlichen Theorien zum Gedächtnis fällt überdies auf, dass Begriffe verwendet werden, die das menschliche Gedächtnis wie einen Computer wirken lassen (vgl. auch Kritik von Dengscherz, 2019). Das Gedächtnis erscheint wie eine Festplatte, auf welcher Informationen eingespeichert und auf andere Speichermedien ‚überspielt' werden[85], um dann bei Bedarf entsprechend bestimmter immer gleicher Regularitäten abgerufen zu werden. Es wird zwar betont, dass das Gedächtnis ein komplexes, dynamisches und interaktives System ist, das ständiger Transformation unterliegt. Doch das menschliche Gedächtnis wird nicht nur durch kognitive Prozesse bedingt, die bei den meisten Menschen womöglich recht ähnlich verlaufen und sich daher leicht kategorisieren lassen. Es wird auch durch die individuellen und sozialen Umstände der Gegenwart und Vergangenheit jedes Menschen beeinflusst und kann durch Willenskraft gesteuert werden, wobei auch Emotion, Motivation, Persönlichkeit, Selbstbild und andere geistige und soziale Aspekte nicht unter den Tisch fallen sollten. Das Arbeitsgedächtnis als Schaltzentrale ist somit weniger ein effektives Informationsverarbeitungsprogramm als der Ort, an dem ein Mensch (auch bewusst) mehr oder weniger nachvollziehbare Entscheidungen trifft, mit sich selbst durch inneres Sprechen in Austausch geht und sein Handeln plant und reflektiert.

3.5 Zusammenfassung: Schreiben und Gedächtnis

Das Gedächtnis lässt sich funktional-neuroanatomisch in verschiedene Komponenten ausdifferenzieren. Einerseits unterscheidet man entsprechend der Dauer der kognitiven Verarbeitung ein Lang- und ein Kurzzeitgedächtnis. Inhalte des Langzeitgedächtnisses sind außerdem durch Aktivierung und Abruf in ein

[84] vgl. Abschnitt 3.2.

[85] vgl. Gruber, 2018, S. 70 f.

Arbeitsgedächtnis veränderbar, wobei man das Arbeitsgedächtnis auch als aktivierten Teil des Langzeitgedächtnisses verstehen kann (Cowan, 1999). Das Arbeitsgedächtnis nimmt somit als Steuerungszentrale bewusster Denkprozesse eine wichtige Rolle für komplexe kognitive Aktivitäten ein und ist somit auch für das epistemische Schreiben zentral.

Des Weiteren können deklarative (bewusste, verbalisierbare) und nicht deklarative (unbewusste, nicht verbalisierbare) Gedächtnisinhalte unterschieden werden. Zum deklarativen Gedächtnis gehören räumlich und zeitlich kontextualisierte episodisch-autobiographische Erinnerungen sowie das kontextunabhängige semantische Gedächtnis mit unserem Fakten- und Weltwissen. Während neurowissenschaftliche Untersuchungen und Fälle von Gedächtnisstörungen eine funktional-neuroanatomische Trennung dieser Komponenten nahelegen, ist für viele Gedächtnisaktivitäten jedoch die Interaktion zwischen den kognitiven Funktionen entscheidend.

Lernen wird aus gedächtnispsychologischer Sicht durch das Zusammenspiel verschiedener kognitiver Prozesse ermöglicht. Bei der Enkodierung wird Information in das Gedächtnis aufgenommen, wobei die Verarbeitungstiefe an dieser Stelle für den Gedächtnisbehalt entscheidend ist. Während der Retentionsphase wird das Wissen entweder vergessen oder konsolidiert, bis es sich verfestigt hat und ins Langzeitgedächtnis übergegangen ist. Aus dem Langzeitgedächtnis kann es durch Abruf erinnert werden, etwa durch Wiedererkennung oder durch einen bewussten Zugriff auf das Gedächtnis beim Versuch, sich an ein Ereignis oder ein Faktum zu erinnern. Eine Wiedererkennung gelingt auch bei flacher Verarbeitung, wohingegen für einen freien oder gestützten Abruf eine tiefere Verarbeitung notwendig ist. Vergessen wird häufig mit einem zeitabhängigen Verblassen der Gedächtnisspuren erklärt, welches durch Faktoren wie Relevanz, Interesse oder Emotionalität gebremst oder auch beschleunigt werden kann.

Wenn Lerninhalte aufgeschrieben werden, können die Gedächtnisprozesse durch die Schreibhandlung unterstützt werden. Die Enkodierung wird durch die beim Notieren oftmals stattfindende Selektion und Organisation von Informationen optimiert (Enkodier-Effekt). Die durch das Aufschreiben vorgenommene Wiederholung einer zuvor wahrgenommenen Information kann die Konsolidierung unterstützen. Beim Abruf wiederum kann die Information gemäß dem Prinzip der Enkodierspezifität besser erinnert werden: Wenn mehr Hinweisreize zur Enkodiersituation und mehr Gedächtnisspuren vorliegen (zum Beispiel die Erinnerung an das Schreiben eines Schlagwortes), kann die enkodierte Information leichter erinnert werden.

Aus theoretischer und empirischer Sicht erscheint es insgesamt plausibel, dass Informationen durch Aufschreiben besser in Erinnerung bleiben, als wenn man sie nur wahrnimmt. Um jedoch der Frage nachzugehen, ob nach handgeschriebenen Notizen andere Gedächtnisleistungen zu erwarten sind als nach getippten Mitschriften, wenden wir uns im Folgenden einer Gruppe von Theorien zu, die sensomotorischen Erfahrungen eine zentrale Rolle bei der Informationsverarbeitung zuschreiben. Diese werden seit einigen Jahren unter dem Schlagwort *Embodied Cognition* (dt. ‚verkörperte Kognition') rege diskutiert und untersucht.

Embodied Cognition als neue Perspektive auf den Schreibprozess

4

In *Embodied Cognition*-Theorien wird davon ausgegangen, dass unser Handeln, unsere Wahrnehmung und unsere Kognition viel enger miteinander verwoben sind, als es in klassischen Theorien postuliert wird[1]. Die Idee, dass die Kognition eng mit dem Körper und der Umwelt interagiert und von diesen beeinflusst wird, wurde unter anderem von Varela, Thompson und Rosch (1991)[2] ins Feld geführt, die sich damit gegen die bis heute breit vertretene Auffassung von computersimulierbarer Kognition auf der Grundlage mentaler amodaler Repräsentationen in einem geschlossenen System stellen.

Wie in Kapitel 3 ausgeführt wurde, wird das konzeptuelle Weltwissen in klassischen kognitionswissenschaftlichen Theorien im semantischen Gedächtnis gespeichert, getrennt von den perzeptuellen Systemen (z. B. auditorischer, visueller, sensorischer Kortex), dem motorischen und dem propriozeptiven System für die körperliche Selbstwahrnehmung, und der Introspektion (z. B. Emotionen)[3]. Es wird davon ausgegangen, dass die im semantischen Gedächtnis gespeicherten Konzepte als amodale Symbole repräsentiert sind (Signifikanten), deren Verhältnis zu den jeweiligen Referenten in der realen Welt (Signifikate) arbiträr, also

[1] Mangen, A., Anda, L., Oxborough, G. & Brønnick, K. (2015). Handwriting versus Keyboard Writing: Effect on Word Recall. *Journal of Writing Research, 7,* 227–247. https://doi.org/10.17239/jowr-2015.07.02.1, hier S. 230 f.

[2] Varela, F., Thompson, E. & Rosch, E. (1991). *The Embodied Mind: Cognitive Science and Human Experience.* MIT Press.

[3] Vgl. Barsalou, L. W. (2008). Grounded Cognition. *Annual Review of Psychology 59.* 617–645. https://doi.org/10.1146/annurev.psych.59.103006.093639, hier S. 618.

E. F. Stephan, *Hand- und tastaturschriftliche Notizen*,
https://doi.org/10.1007/978-3-658-53317-5_4

zufällig, ist (vgl. Saussure, 1967[4]). Begründet wird dies beispielweise damit, dass verschiedene Sprachen unterschiedliche Begriffe für die gleichen Signifikate aufweisen (z. B. beim Konzept eines Baumes: *Baum* im Deutschen, *tree* im Englischen, *дерево* im Russischen, *albero* im Italienischen usw.), zum Teil auch mit unterschiedlichem grammatischem Geschlecht (z. B. *die Sonne*, aber *il sole* (Italienisch).

In *Embodied Cognition*-Theorien sind die Repräsentationen von Konzepten entgegen der Annahme klassischer kognitiver Theorien nicht amodal, sondern modal gespeichert. Die Symbole weisen somit Informationen über ihr Signifikat auf. Lawrence Barsalou, ein wichtiger Vertreter der *Embodied Cognition*, bezeichnet sie daher als *perceptual symbols*[5]. Wenn man also an einen Baum denkt, so werden auch die damit verbundenen sensomotorischen Bereiche im Gehirn aktiviert, welche aktiviert waren, als die denkende Person mit Bäumen in Kontakt kam. Befürworterinnen und Befürworter der *Embodied Cognition*-Theorie sprechen hier auch von *Simulation*. Der visuelle Kortex wird aktiviert, welcher visuelle Informationen über Bäume verarbeitet und wieder abruft, und gleichsam wird der motorische Kortex mit Informationen über typische Bewegungen, die mit Bäumen assoziiert sind (Klettern, Schütteln, Pflücken von Obst usw.), der auditorische Kortex mit Informationen zu Baumgeräuschen (Blätterrascheln, Ästeknacken, Vogelzwitschern) und der sensorische Kortex mit Informationen dazu, wie sich Bäume anfühlen, aktiviert.

Für Vorhersagen zum Einfluss von Hand- und Tastaturschreiben auf die Kognition sind vor allem Motor-Theorien der Wahrnehmung relevant, die ursprünglich von Liberman und Mattingly (1985)[6] für die Sprachwahrnehmung entwickelt wurden. Dabei wird angenommen, dass Handlungen und Bewegungen mental simuliert werden, und zwar auch dann, wenn diese nur wahrgenommen und nicht selbst durchgeführt werden. Die Kognition steht zwischen der Wahrnehmung und der (sprachlichen) Handlung, sodass auch von einem *action-perception loop* gesprochen wird[7].

---

[4] de Saussure, F. (1967): *Grundfragen der allgemeinen Sprachwissenschaft (*2. Aufl.*)*. De Gruyter.

[5] Barsalou, 2008, S. 618.

[6] Liberman, A. M. & Mattingly, I. G. (1985). The motor theory of speech perception revised. *Cognition, 21(1)*, 1–36. https://doi.org/10.1016/0010-0277(85)90021-6.

[7] Little, D. Y. & Sommer, F. T. (2013). Learning and exploration in action-perception loops. *Front. Neural Circuits*, 7, Artikel 37. https://doi.org/10.3389/fncir.2013.00037

Auch die *Event Coding*-Theorie (TEC) von Hommel et al. (2001)[8] geht von einer engen Verbindung zwischen Wahrnehmung und Handlung im kognitiven System aus. Wenn ein Kind ein Ziel erreichen möchte, zum Beispiel einen Gegenstand ergreifen möchte, lernt es, dass eine bestimmte Handlung, nämlich das Greifen, zum Ziel führt. Solche Erfahrungen werden als Handlung-Effekt-Verbindungen gespeichert. Wenn das Kind beim nächsten Mal einen Gegenstand ergreifen möchte, wird die mit diesem Ziel (Effekt) verbundene Handlung mit ihren sensomotorischen Eigenschaften in Form eines Motorplans schon vor der Handlung aktiviert[9]. Sensorische oder perzeptuelle Inhalte und Motorpläne werden als sogenannte *event codes* gemeinsam abgespeichert. *Event Codes* sind eine Sammlung von einzelnen (visuellen, auditiven, sensorischen, …) Codes (*feature codes*), die eine Handlung oder ein Ereignis (*event*) konstituieren. Wahrnehmung und Planung von Handlungen sind in der *Event Coding*-Theorie funktional äquivalent[10]. Hommel (2015) betont jedoch auch, dass nicht jede kognitive Aktivität und nicht jedes Konzept auf direkten sensomotorischen Erfahrungen beruhen *muss*:

> […] grounding basic cognitive units in sensorimotor experience, as TEC assumes, does not necessarily prevent the creation of other representations that refer to combinations of, or relations between, such basic units. For instance, there is no reason to exclude that people are able to combine the (sensomotorically grounded) representation of a horse with the (sensomotorically grounded) representation of a horn to create the represenation of a unicorn without ever having sensomotorically experienced one. (Hommel, 2015, S. 4)

In der Disussion um verkörperte Kognition wird teilweise zwischen *Embodied Cognition* und *Grounded Cognition* unterschieden. Gegenüber der *Embodied Cognition,* die vor allem sensorisch-motorische Erfahrungen einschließt, beziehen die etwas weiter gefassten Theorien der *Grounded Cognition* auch die Wahrnehmung des eigenen inneren Zustands, z. B. Emotionen, mit ein[11]. Auch Emotionen, die man in Interaktion mit Bäumen erlebt hat, werden aus dieser

---

[8] Hommel, B., Muesseler, J., Aschersleben, G. & Prinz, W. (2001). The Theory of Event Coding (TEC). A framework for perception and action planning. *Behavioral and brain sciences, 24,* 849–937. https://doi.org/10.1017/s0140525x01000103.

[9] Hommel, B. (2015). The Theory of Event Coding (TEC) as embodied-cognition framework. *Front. Psychology, 6,* Artikel 1318. https://doi.org/10.3389/fpsyg.2015.01318

[10] Hommel et al., 2001, S. 860.

[11] Kiefer, M. & Spitzer, M. (2023). How handwriting shapes literacy acquisition and general cognition. In: Y. Ye, T. Inoue, U. Maurer & C. McBride (Hrsg.), *Routledge International Handbook of Visual-motor skills, Handwriting, and Spelling* (S. 111–122). Taylor & Francis. https://doi.org/10.4324/9781003284048-11

Sicht reaktiviert. Ein Baum ist also etwas, das sich für ein Individuum auf eine bestimmte Weise anhört, anfühlt, aussieht, und mit dem man gewisse Erfahrungen und Emotionen verbindet.

Die Begriffe *Embodied Cognition* und *Grounded Cognition* werden jedoch häufig synonym erwendet. In der vorliegenden Arbeit wird der Begriff der *Embodied Cognition* verwendet, wobei nicht nur Erfahrungen sensomotorischer Natur, sondern auch die Introspektion eingeschlossen werden. Die Ansätze der *Embodied Cognition* sind keine einheitliche Gruppe von Theorien und unterscheiden sich zum Teil erheblich (vgl. für einen Überblick Farina, 2021[12]). Es vereint sie jedoch die Annahme, dass der Körper und die Sinneserfahrungen eine zentrale Rolle spielen bei der Formung der Kognition und des Verständnisses von der Welt, das ein Individuum hat. *Embodied Cognition* basiert dabei auf Simulationen von motorischen, emotionalen und perzeptuellen Erfahrungen mit der Welt. Als ein Beispiel dafür, dass Simulationen in verschiedensten Bereichen der Kognition eine zentrale Rolle spielen, nennt Barsalou (2008) die Vorstellungskraft mit der Fähigkeit, mentale Bilder zu erstellen[13].

Kognitive Repräsentationen werden aus Sicht der *Embodied Cognition* nicht zu amodalen Symbolen abstrahiert, sie bleiben multimodal und teilen sich die neurofunktionalen Strukturen mit dem perzeptuellen und dem emotionalen System. Kognitive Repräsentationen und Prozesse sind Simulationen, die entweder bewusst bei der Verarbeitung im Arbeitsgedächtnis, oder auch unbewusst erfolgen[14].

4.1 Empirische Belege für *Embodied Cognition*

Zahlreiche psychologische Verhaltensstudien haben eine Verbindung zwischen dem mentalen Konzept und dem sensomotorischen System zeigen können. Dass das Verstehen wahrgenommener Gegenstände, Handlungen oder auch Texte auf mentaler Simulation beruht, wird beispielsweise in einem inzwischen schon berühmten neurowissenschaftlichen Experiment von di Pellegrino et al. (1992)[15] angedeutet: Sie beobachteten, dass bei Primaten die Greif- oder Zerreißbewegung

---

[12] Farina, M. (2021). Embodied cognition. Dimensions, domains and applications. *Adaptive Behavior, 29(1)*, 73–88. https://doi.org/10.1177/1059712320912963.

[13] Barsalou, 2008, S. 619.

[14] ebd.

[15] di Pellegrino, G., Fadiga, L., Fogassi, L., Gallese, V. & Rizzolatti, G. (1992). Understanding motor events: A neurophysiological study. *Experimental Brain Research, 91(1)*, 176–180.

mit einer Aktivierung der entsprechenden sensomotorischen Hirnareale einhergeht. Besonders relevant ist jedoch, dass die sensomotorischen Hirnareale, die für die entsprechenden Bewegungen zuständig sind, auch dann aktiviert werden, wenn die Affen nur jemandem beim Greifen oder Zerreißen zuschauen. Dies wird als neurowissenschaftlicher Beweis für mentale Simulation ausgelegt: Der Affe nimmt eine Bewegung wahr und versteht sie, indem er die Handlung mental simuliert. Diese Beobachtungen mündeten schließlich in die Spiegelneuronentheorie *(mirror neuron theory)*, welche annimmt, dass eine Handlung verstanden wird, indem ihre Wahrnehmung das körpereigene sensomotorische System aktiviert. Diejenigen Neuronen, die bei der mentalen Simulation einer Handlung oder Emotion aktiviert werden, werden Spiegelneuronen genannt. Caramazza et al. (2014)[16] verweisen in einer kritischen Auseinandersetzung mit der Spiegelneuronentheorie allerdings darauf, dass die Funktionsweise von Spiegelneuronen auch mit amodalen kognitionswissenschaftlichen Modellierungen in Einklang zu bringen sei.

Beweismaterial für verkörperte Kognition beim Menschen liefert auch der *action-sentence compatibility effect (*ASC, dt. ‚Kompatibilitätseffekt von Handlung und Satz'). So wurden die Probandinnen und Probanden in einer Studie von Glenberg und Kaschak (2002)[17] gebeten, zu beurteilen, ob die ihnen präsentierten Sätze sinnvoll sind. Die Beurteilung erfolgte durch eine Bewegung, entweder durch das Schieben eines Knopfes von einer neutralen Position in der Mitte vom Körper weg oder durch das Ziehen zum Körper hin. Wenn die Bewegung der Antwort mit der Bewegung, die im Satz beschrieben wurde, übereinstimmte, so war die Reaktionszeit der Probandenkürzer, als wenn die Bewegungsrichtungen nicht kongruent waren. So gelang es den Probandinnen und Probanden beispielsweise schneller, den Satz *Open the drawer* (dt. ‚Öffne die Schublade') als sinnvoll zu beurteilen, wenn dazu eine Bewegung zum Körper hin notwendig war.

Eine weitere Beweiskette aus Verhaltensstudien rankt sich um den *orientation-dependent spatial compatibility effect* (OSC, dt. ‚orientierungsabhängiger räumlicher Kompatibilitätseffekt'). Die Probandinnen und Probanden in einer Studie von Tucker und Ellis (1998)[18] sollten beispielsweise beurteilen, ob ein greifbares

[16] Caramazza, A., Anzellotti, S., Strnad, L. & Lingnau, A. (2014). Embodied Cognition and Mirror Neurons. A Critical Assessment. *The Annual Review of Neuroscience, 37*, 1–15. https://doi.org/10.1146/annurev-neuro-071013-013950.

[17] Glenberg, A. M. & Kaschak, M. P. (2002). Grounding language in action. *Psychon. Bull. Rev., 9*, 558–565. https://doi.org/10.3758/BF03196313.

[18] Tucker, M. & Ellis, R. (1998). On the relations between seen objects and components of potential actions. *Journal of Experimental Psychology: Human Perception and Performance, 24*, 830–846. https://doi.org/10.1037/0096-1523.24.3.830.

Haushaltsobjekt (zum Beispiel eine Teekanne oder ein Messer) richtigherum oder falschherum ist (also auf dem Kopf steht). Die Antwort wurde mittels Knopfdruck gegeben, entweder mit dem linken oder dem rechten Zeigefinger, je nachdem, ob das Objekt richtig- oder falschherum abgebildet war. Die Griffe der Objekte, also etwa der Griff des Messers oder der Teekanne, zeigten entweder nach rechts oder nach links. Es zeigte sich, dass die Probandinnen und Probanden am schnellsten antworteten, wenn die Griffposition (nach links/nach rechts) und der Finger, der zum Antworten einen Knopf drücken sollte (linker/rechter Zeigefinger), übereinstimmten (z. B. Griff zeigt nach rechts, rechter Finger drückt den Knopf). 2007 veröffentlichten Symes et al. eine Studie mit fünf Experimenten, die den OSC-Effekt weiter untermauern[19]. Auch hier waren die Reaktionszeiten für kompatible Objekte (z. B. rechter Finger/Griff zur rechten Seite) besonders kurz, wenn die Griffe in Richtung der Person zeigten.

Sowohl der ASC-Effekt als auch der OSC-Effekt geben Anlass zu der Annahme, dass Konzepte modal gespeichert werden: Wenn man eine Teekanne wahrnimmt, so werden offenbar auch die entsprechenden motorischen Steuerungsareale im Gehirn mitaktiviert.

Auch in zahlreichen neurologischen Studien konnte gezeigt werden, dass bei der Wahrnehmung sprachlicher oder bildlicher Stimuli sensomotorische Bereiche im Gehirn aktiviert werden, die mit entsprechenden Handlungen assoziiert sind. So zeigen Pulvermüller et al. (2001)[20] in einer Kombination aus EEG- und Verhaltensstudie, dass gesprochene oder geschriebene Aktionsverben wie *treten, sprechen* oder *schlagen*, die mit spezifischen Körperregionen assoziiert sind (z. B. *schlagen* – armbezogen, *treten* – beinbezogen, *sprechen* – gesichtsbezogen) den entsprechenden motorischen und prämotorischen Kortex aktivieren können. Die Probandinnen und Probanden sollten in einer deutschsprachigen experimentellen lexikalischen Entscheidungsaufgabe (*lexical decision task*) durch Knopfdruck entscheiden, ob die ihnen gezeigten Buchstabenfolgen sinnvolle Wörter oder Pseudowörter sind. Dabei wurden zum einen verhaltensbezogene Daten wie die Reaktionszeit und die Fehlerrate erhoben, zum anderen wurden mittels EEG-Messung Daten zu zeitgleichen Hirnaktivitäten (*event-related potentials*, ERP) erhoben. Hinsichtlich der behavioralen Daten zeigten sich Unterschiede in der Reaktionszeit bezüglich der drei semantischen Kategorien (armbezogene Verben wurden schneller erkannt als gesichtsbezogene Verben, beinbezogene

---

[19] Symes, E., Ellis, R. & Tucker, M. (2007). Visual Object Affordances: Object Orientation. *Acta Psychologica, 124(2)*, 238–55. https://doi.org/10.1016/j.actpsy.2006.03.005.

[20] Pulvermüller, F., Hummel, F. & Härle, M. (2001). Walking or talking? Behavioral and neurophysiological correlates of action verb processing. *Brain Lang., 78*, 143–168. https://doi.org/10.1006/brln.2000.2390

Verben wurden am langsamsten identifiziert)[21]. Zudem zeigten sich bei den verschiedenen semantischen Verbkategorien im EEG unterschiedlich lokalisierte Hirnaktivitäten[22]. Pulvermüller et al. (2001) demonstrieren damit den Einfluss sprachlicher Stimuli auf motorische Hirnareale.

Pulvermüller et al. (2005)[23] nutzten transkranielle Magnetstimulation (TMS), um zu überprüfen, ob umgekehrt auch Aktivitäten in motorischen Hirnarealen das Sprachverstehen beeinflussen können. Durch magnetische Impulse stimulierten sie hand- und beinbezogene motorische Kortexe im Gehirn während einer englischsprachigen *lexical decision task* mit hand- oder beinbezogenen Verben und Pseudowörtern. Tatsächlich konnte ein solcher kategorienspezifischer Einfluss gezeigt werden: Wenn der armbezogene motorische Kortex stimuliert wurde, so wurden armbezogene Verben schneller erkannt als beinbezogene Wörter. Wurde hingegen der beinbezogene Kortex stimuliert, wurden beinbezogene Verben schneller erkannt als armbezogene Wörter. Pulvermüller et al. (2005) sehen darin einen Beweis dafür, dass nicht nur das sprachverarbeitende System die motorischen Kortexe beeinflussen kann, sondern umgekehrt auch ein kategorienspezifischer Informationsfluss vom motorischen System zum sprachverarbeitenden System vorliegt.

Ebenso werden bei der bloßen Betrachtung von Bildern von Objekten, die mit bestimmten Handlungen assoziiert sind (z. B. Hammer, Stift), die entsprechenden motorischen Hirnareale aktiviert, wie Olivier und Velay (2009)[24] zeigen konnten.

Die Emotionsforschung hat in zahlreichen Studien zu ergründen versucht, ob auch emotionale Konzepte verkörpert sind. Es wird angenommen, dass Emotionen im Hirnareal des limbischen Systems entstehen, doch Studien konnten zeigen, dass auch der sensomotorische Kortex Aktivierung erfährt, wenn beispielsweise Emotionen erkannt werden (vgl. Moseley et al., 2012[25]). Dies könnte

---

[21] Vgl. ebd., S. 150.

[22] Vgl. ebd., S. 159.

[23] Pulvermüller, F., Hauk, O., Nikulin, V. V. & Ilmoniemi, R. J. (2005). Functional links between motor and language systems. *European Journal of Neuroscience, 21*, 793–797. https://doi.org/10.1111/j.1460-9568.2005.03900.x

[24] Olivier, G. & Velay, J. L. (2009). Visual objects can potentiate a grasping neural simulation which interferes with manual response execution. *Acta Psychologica, 130(2)*, 147–152. https://doi.org/10.1016/j.actpsy.2008.11.004.

[25] Moseley, G., Gallace, A. & Spence, C. (2012). Bodily illusions in health and disease: Physiological and clinical perspectives and the concept of a cortical 'body matrix'. *Neuroscience & Biobehavioral Reviews, 36 (1)*, 34–46. https://doi.org/10.1016/j.neubiorev.2011.03.013.

mit der mentalen oder auch tatsächlichen Simulation wahrgenommener Emotionen zusammenhängen. Niedenthal et al. (2014)[26] gehen beispielsweise davon aus, dass die Konzepte abgespeichert oder gelernt werden, indem Gesten, Körperhaltungen oder Gesichtsausdrücke, die man bei anderen Personen beobachtet, in Verbindung gebracht werden mit den Emotionen, die man fühlt, wenn man selbst diese Gesten, Körperhaltungen oder Gesichtsausdrücke aufweist: „[…] we learn what it means to feel "angry" by connecting the gestures and facial expressions we see in others labeled as "angry" with how we feel when we are making those gestures and expressions." (Niedenthal et al., 2014, S. 243)

So hatten die Probandinnen und Probanden in einer Studie von Pitcher et al. (2008)[27] größere Schwierigkeiten, Emotionen anhand von Gesichtsausdrücken zu erkennen, wenn die entsprechenden somatosensorischen Hirnareale mit transkranieller Magnetstimulation gehemmt wurden. Diese Ergebnisse deuten auch darauf hin, dass bei der Prozessierung von Gesichtsausdrücken anderer Personen nicht nur der visuelle, sondern auch der sensomotorische Kortex beteiligt ist.

Es wird jedoch recht hitzig darüber debattiert, ob sensomotorische Aktivitäten einen funktionalen Teil der konzeptuellen Repräsentationen bilden, wie es von Vertreterinnen und Vertretern der *Embodied Cognition* angenommen wird. Kritisiert wird unter anderem, dass in den *Embodied Cognition*-Theorien nicht zwischen dem Konzept, das die reine Bedeutung trägt, und der damit assoziierten Konzeption unterschieden wird[28]. So gibt es auf der einen Seite das Konzept vom *Kind,* und auf der anderen Seite alle damit assoziierten Eigenschaften, die die Konzeption bilden: wie sich Kinderlachen anhört, wie Kinder sich in einem bestimmten Alter bewegen, wie sie sich verhalten und spielen und so fort.

Studien wie die soeben beschriebenen, die zur Untermauerung der *Embodied Cognition*-Theorie herangezogen werden, zeigen im Grunde lediglich eine Aktivierung von sensomotorischen Hirnarealen während der Sprachverarbeitung. Mahon und Caramazza (2008)[29] argumentieren, dass die sensomotorischen Aktivitäten nicht funktionaler Bestandteil der konzeptuellen Repräsentationen im

---

[26] Niedenthal, P., Wood, A. & Rychlowska, M. (2014). Embodied emotion concepts. In: L. Shapiro (Hrsg.), *The Routledge handbook of embodied cognition* (S. 240–249). Taylor & Francis Group. https://doi.org/10.4324/9781003322511-43.

[27] Pitcher, D., Garrido, L., Walsh, V. & Duchaine, B. C. (2008). Transcranial Magnetic Stimulation Disrupts the Perception and Embodiment of Facial Expressions. *Journal of Neuroscience, 28(36)*, 8929–8933; https://doi.org/10.1523/JNEUROSCI.1450-08.2008.

[28] Shapiro, L. (2019). *Embodied Cognition* (2. Aufl.). Routledge.

[29] Mahon, B. Z. & Caramazza, A. (2008). A critical look at the embodied cognition hypothesis and a new proposal for grounding conceptual content. *Journal of Physiology, Paris, 102*(1), 59–70. https://doi.org/10.1016/j.jphysparis.2008.03.004.

Langzeitgedächtnis sind, sondern nur mit der konzeptuellen Verarbeitung einhergehen, und lediglich ein Beiprodukt beziehungsweise eine Konsequenz der Aktivierung der amodalen konzeptuellen Repräsentation durch kaskadierende Aktivierung darstellen. Der motorische Kortex wird bei der Verarbeitung des Wortes *greifen* nicht mit dem Konzept gemeinsam aktiviert, stattdessen verursacht die Aktivierung des Konzeptes *greifen*, dass man an die Greifbewegung denkt, sodass entsprechende Hirnareale aktiviert werden. Den Einfluss sensomotorischer Aktivierung auf die Sprachverarbeitung, den beispielsweise Pulvermüller et al. (2005) zeigen konnten, erklären Mahon und Caramazza (2008) mit kaskadierender Aktivierungsausbreitung sensomotorischer Aktivierung und der Annahme, dass das sensomotorische und das konzeptuelle System zwar zwei getrennte Hirnareale sind, jedoch in der konzeptuellen Verarbeitung interagieren (*grounding by interaction*, siehe auch Mahon, 2015[30]). Barsalou (2016)[31] nimmt diese Annahme wiederum auseinander, andere entwickelten hybride Theorien mit Annahmen sowohl amodaler und modaler Repräsentationsmodelle (vgl. Patterson & Ralph, 2016[32]; Fernandino et al., 2016[33]). Für die vorliegenden Zwecke würde die detaillierte Darstellung des wissenschaftlichen Gefechts zu weit führen, es sei hier nur auf die entsprechende Diskussion verwiesen.

Denn im Grunde ist es für die hier relevante Fragestellung zwar interessant, aber nicht wesentlich, ob die affektiven und sensomotorischen Aktivierungen einen Bestandteil der konzeptuellen Repräsentationen bilden, oder ob sie in enger Interaktion stehen. Relevant ist, dass sensomotorische und affektive Erfahrungen Einfluss auf die Sprachverarbeitung und das Denken nehmen können.

Ein weiterer Einwand gegen die *Embodied Cognition*-Theorie entstammt der Frage, ob abstrakte Konzepte wie *Liebe*, *Demokratie* oder *Veranstaltung* auch verkörpert sein können. Dass sensomotorische Informationen, die dem Konzept *greifen* entsprechen, aktiviert werden, ist leicht vorstellbar. Aber wie verhält es

---

[30] Mahon, B. Z. (2015). The burden of embodied cognition. *Canadian Journal of Experimental Psychology/ Revue canadienne de psychologie expérimentale, 69*(2), 172–178. https://doi.org/10.1037/cep0000060.

[31] Barsalou, L. W. (2016). On staying grounded and avoiding quixotic dead ends. *Psychonomic Bulletin & Review, 23*, 1122–1142. https://doi.org/10.3758/s13423-016-1028-3.

[32] Patterson, K. & Ralph, M. A. L. (2016). The hub-and-spoke hypothesis of semantic memory. In: G. Hickok & S. L. Small (Hrsg.), *Neurobiology of language* (S. 765–775). Academic Press. https://doi.org/10.1016/B978-0-12-407794-2.00061-4.

[33] Fernandino, L., Binder, J. R., Desai, R. H., Pendl, S. L., Humphries, C. J., Gross, W. L., et al. (2016). Concept representation reflects multimodal abstraction: A framework for embodied semantics. *Cerebral Cortex, 26(5)*, 2018–2034. https://doi.org/10.1093/cercor/bhv020.

sich mit *Demokratie* – welche sensomotorischen Informationen enthält dieses abstrakte Konzept? Hier ist die empirische Datenlage nicht eindeutig. Die Daten aus einer Studie um Harpainter et al. (2020)[34] weisen beispielsweise in die Richtung, dass auch abstrakte Konzepte verkörpert sind. Sie zeigen in einem fMRI-Experiment, dass bei der Verarbeitung visueller (z. B. *Schönheit*) und motorischer Abstrakta (z. B. *Kampf*) die jeweiligen Hirnareale aktiviert wurden. Harpainter et al. interpretieren dies als Evidenz für die *Embodied Cognition*-Theorie, sehen die Ergebnisse aber auch als kompatibel mit hybriden Theorien an[35].

4.2 Verkörpertes Schreiben

Auch beim Schreib- und Leseerwerb können einige Beobachtungen mithilfe der *Embodied Cognition*-Theorien erklärt werden. Denn auch die Erkennung von Buchstaben scheint auf sensomotorischen Verbindungen zu beruhen. Anderson et al. (1990)[36] berichten von dem Fall einer Frau, deren Lesefähigkeit nach einer Hirnläsion stark geschädigt war und die auch nicht in der Lage war, erkennbare Buchstaben, Wörter oder Sätze zu schreiben. Zahlen hingegen konnte sie nach wie vor erkennen und aufschreiben, und auch zur Lösung schriftlicher Rechenaufgaben war sie fähig. Diese Domainspezifität der Störung kann mit der engen Verflechtung von Wahrnehmung (Lesen bzw. Buchstabenerkennung) und Handlung (Schreiben) erklärt werden: Wenn die Wahrnehmung gestört ist, so ist auch die Handlung gestört, wenn die motorischen und perzeptuellen Informationen nicht getrennt voneinander gespeichert werden. Gleichermaßen kann das Nachspuren von Buchstaben Patientinnen und Patienten mit Alexie in einigen Fällen

[34] Harpaintner, M., Sim, E.-J., Trumpp, N. M., Ulrich, M. & Kiefer, M. (2020). The grounding of abstract concepts in the motor and visual system: An fMRI study. *Cortex, 124*, 1–22. https://doi.org/10.1016/j.cortex.2019.10.014.

[35] Für eine Übersicht vgl. auch Pulvermüller, F. & Fadiga, L. (2010). Active perception: Sensorimotor circuits as a cortical basis for language. *Nat. Rev. Neurosci. 11:351.* https://doi.org/10.1038/nrn2811

[36] Anderson, S. W., Damasio, A. R. & Damasio, H. (1990). Troubled letters but not numbers: Domain specific cognitive impairments following focal damage in frontal cortex. *Brain, 113(3)*, 749–766. https://doi.org/10.1093/brain/113.3.749.

helfen, Buchstaben zu erkennen, obwohl sie diese ohne Nachspuren nicht erkennen können (vgl. Bartolomeo et al., 2002[37]). Auch hier liegt die Vermutung nahe, dass durch die Aktivierung graphomotorischer Pläne auch die visuelle Repräsentation eines Buchstabens aktiviert wird. Longcamp et al. (2003)[38] zeigen in einer neurologischen Untersuchung, dass die bloße Wahrnehmung von Buchstaben bei rechtshändigen Personen die Aktivierung entsprechender motorischer Areale in der linken Hemisphere zur Folge hat, während bei linkshändigen Personen die rechte Hemisphere aktiviert ist. Longcamp et al. (2003) sehen darin eine Bestätigung, dass durch visuellen Input die motorischen Areale, die mit der Schreibhand verbunden sind, aktiviert werden.

Kiefer und Spitzer (2023)[39] führen zudem eine Reihe von Studien an, in welchen klassische *deep learning*-Algorithmen auf der Basis künstlicher neuronaler Netzwerke das Erkennen und Schreiben von Buchstaben deutlich langsamer lernten als menschliche Probandinnen und Probanden.

Wenn man die Annahmen der Theorien der *Embodied Cognition*, wie der Motor-Theorie und der *Event Coding*-Theorie, auf das Hand- und Tastaturschreiben bezieht, liegt die Vermutung nahe, dass der Schreibmodus unterschiedliche Konsequenzen für kognitive Aktivitäten mit sich bringt. Beim Handschreiben wird jeder einzelne Buchstabe mit einer spezifischen Bewegungsspur der Hand geformt (vgl. Mangen & Velay, 2010). Beim Tastaturschreiben hingegen werden Tasten gedrückt, die sich nur durch ihre Position auf der Computertastatur unterscheiden. Beim Tastaturschreiben fehlt die beim Handschreiben vorhandene Übereinstimmung zwischen der Buchstabenform und der die Buchstabenform nachspurenden Bewegungsausführung (*action-perception coupling*). Daraus folgt, dass beim Handschreiben eine größere Fülle an senso-motorischen Informationen als Feedback in das kognitive System gelangt, da diese graphomotorischen Informationen beim Tippen fehlen. Für die Erkennung von Buchstaben beispielsweise wird beim handschriftlichen Training zusätzlich zur visuellen Gedächtnisspur eine sensomotorische Gedächtnisspur zur Buchstabenform angelegt[40]. Handschreiben könnte dann einerseits zu besseren Leistungen beim Lese- und Schreiberwerb, und andererseits im Allgemeinen zu effektiveren Lernprozessen beim Schreiben

[37] Bartolomeo, P., Bachoud-Lévi, A.-C., Chokron, S. & Degos, J.-D. (2002). Visually- and motor-based knowledge of letters: Evidence from a pure alexic patient. *Neuropsychologia, 40*(8), 1363–1371. https://doi.org/10.1016/S0028-3932(01)00209-3.

[38] Longcamp, M., Anton, J. L., Roth, M. & Velay, J. L. (2003). Visual presentation of single letters activates a premotor area involved in writing. *Neuroimage, 19(4),* 1492–500. https://doi.org/10.1016/s1053-8119(03)00088-0.

[39] Kiefer & Spitzer, 2023, S. 117 f.

[40] ebd., S. 112.

führen, weil handschriftlich gelernte Inhalte durch mehr Gedächtnisspuren beziehungsweise reicheres Feedback an das kognitive System tiefer verarbeitet werden. Zahlreiche empirische Arbeiten untersuchten die unterschiedlichen Konsequenzen von Hand- und Tastaturschreiben bezüglich des Schreibproduktes, des Schreibprozesses, der Konsequenzen für das Lernen und in anderen Bereichen, was wir noch genauer beleuchten werden (vgl. Forschungsstand in Kapitel 6).

4.3 Zusammenfassung: Verkörperte Kognition und ihre Konsequenzen für das Schreiben

Embodied Cognition geht von einer engen Verflechtung von Wahrnehmung, Kognition und Handlung aus. Konzepte, die im semantischen Gedächtnis gespeichert sind, werden gemeinsam mit den damit assoziierten (Sinnes-)Erfahrungen, Emotionen und Handlungen als modale Repräsentationen gespeichert. So werden beim Lesen oder Hören eines Konzeptes (z. B. ‚greifen') die damit gemachten Erfahrungen mental simuliert. Diese Annahmen werden durch zahlreiche neurowissenschaftliche Studien gestützt, die selbst dann eine Aktivierung entsprechender sensomotorischer Bereiche im Hirn nachweisen konnten, wenn die Handlung (z. B. eine Greifbewegung) gar nicht durchgeführt wird, sondern nur bei anderen beobachtet wird. Auch beim Schreiben scheint es eine solche Verbindung zwischen Wahrnehmung und Handlung zu geben. Beispielsweise kann bei einer Alexie das Nachspuren von Buchstaben die Erkennung derselben ermöglichen.

Die empirischen Daten könnten auch mit Modellen amodaler Wissensrepräsentation kompatibel sein, die von einer engen Interaktion der amodalen Repräsentationen mit ihren assoziierten Eigenschaften ausgehen (*grounding by interaction*). Für die Zwecke der vorliegenden Arbeit ist es allerdings unerheblich, ob die Wissensrepräsentationen modaler oder amodaler Natur sind. Dass Konzepte untrennbar mit den damit gemachten perzeptuellen, motorischen und affektiven Erfahrungen verbunden sind und die Informationsverarbeitung von diesen Erfahrungen beeinflusst werden kann, ist für das Hand- und Tastaturschreiben eine wertvolle Erkenntnis.

Beim Handschreiben wird die wahrgenommene Buchstabenform mit der Hand entsprechend für jeden Buchstaben einzigartiger Motorpläne nachgezeichnet (*action-perception coupling*). Stattdessen beinhalten die Motorpläne beim Tippen Informationen dazu, welche Taste mit welchem Finger gedrückt werden muss und wo diese sich befindet, es gibt jedoch keine Übereinstimmung zwischen der Wahrnehmung der Buchstabenform und der Schreibhandlung, und die Schreibhandlung ist feinmotorisch weniger komplex. Beim Handschreiben werden außerdem mehr sensomotorische Informationen an das kognitive System weitergegeben. Da sensomotorische Erfahrungen mental simuliert werden (Motor-Theorie der Wahrnehmung, Liberman & Mattingly, 1985), beziehungsweise gemeinsam mit den anderen *feature codes* eines Konzepts abgespeichert werden (*Event Coding*-Theorie, TEC, Hommel et al., 2001), zeichnet sich das Handschreiben aus dieser Perspektive durch ein reichhaltigeres Feedback an das kognitive System aus.

Im Folgenden wird ein Modell epistemischen Schreibens vorgestellt, das die in Kapitel 2 und 3 diskutierten Ansätze des Schreibens und des Gedächtnisses mit Annahmen der *Embodied Cognition* zusammenführt und die sprachgestützte Verarbeitung von Wissen beim Lernen darstellt. In Kapitel 6 werden zahlreiche empirische Arbeiten diskutiert, die das Hand- und Tastaturschreiben bezüglich unterschiedlicher Aspekte gegenüberstellen und die von den *Embodied Cognition*-Theorien vorhergesagten Vorteile des Handschreibens auf die Probe stellen.

Modell epistemischen Schreibens – Informationsverarbeitung beim verkörperten Schreiben

5

5.1 Grundannahmen – Lernen im Kreislauf von Wahrnehmung, Kognition und Handlung

Zwar geht man allgemein davon aus, dass durch das Schreiben Lernprozesse verstärkt werden können, doch eine umfassende theoretische Modellierung des epistemischen Schreibens liegt bislang nicht vor. Lediglich zur Wissensbildung und -transformation bei der freien Textproduktion (beispielsweise von argumentativen Texten) liegen einige Überlegungen vor (vgl. Abschnitt 2.2 und 2.4), doch dabei geht es vorrangig um die Inhaltsgenerierung für den zu schreibenden Text. Von den zahlreichen Formen epistemischen Schreibens ist das Notieren von Inhalten eines Vortrags, einer Dokumentation oder eines gelesenen Textes eine der wichtigsten Formen des informationsverarbeitenden Schreibens in der Schule. Die Anfertigung von Notizen bildet sowohl im schulischen Deutsch- und Fachunterricht, als auch im akademischen Kontext und teilweise im beruflichen und alltäglichen Leben einen wichtigen Bestandteil von Lernprozessen. Bei Vorträgen und Vorlesungen werden häufig Notizen angefertigt, um sie später wieder einsehen zu können, aber auch eine bessere Informationsverarbeitung erhofft man sich davon (vgl. Abschnitt 3.4.1).

Im Folgenden soll ein Modell epistemischen Schreibens vorgestellt werden, das nicht nur die Generierung und Verarbeitung von Wissen beim Schreiben argumentativer[1] oder erzählender Texte modelliert, sondern allgemein Prozesse der (sprach-) handlungsgestützten Informationsverarbeitung, die auch beim epistemischen Schreiben ablaufen. In dem Modell sollen verschiedene Perspektiven – auf

[1] Beispielsweise kann auch das komplexere materialgestützte argumentative Schreiben mit einem Modell dargestellt werden, bei welchem Informationen von außen berücksichtigt und verarbeitet werden.

E. F. Stephan, *Hand- und tastaturschriftliche Notizen*,
https://doi.org/10.1007/978-3-658-53317-5_5

den Schreibprozess einerseits (Kapitel 2) und auf Gedächtnis- und Lernprozesse andererseits (Kapitel 3) – sinnvoll miteinander in Einklang gebracht werden, um nachzuvollziehen, auf welche Weise beim Schreiben Wissen verarbeitet wird und Lernprozesse unterstützt werden. Damit soll nicht nur der Informationsfluss beim Schreiben modelliert werden, es sollen auch die relevanten Komponenten und Ressourcen, die zentralen Prozesse und ihre Interaktion herauskristallisiert werden. Damit kann es auch der Diagnose von Schwierigkeiten und bei der Förderung von Schreib- und Lernprozessen dienlich sein. Aus dem Modell, das auf einigen Annahmen der *Embodied Cognition* (vgl. Kapitel 4) basiert, können Vorhersagen für unterschiedliche Auswirkungen des Hand- und Tastaturschreibens, aber auch anderer Schreibmodalitäten (Tablet, Smartphone, *dictation-to-speech*) auf Schreib- und Lernprozesse abgeleitet werden, was für die in Teil II erläuterte Studie relevant ist. Es kann jedoch auch bei der Betrachtung anderer Schreibprozesse hilfreich sein, ebenso wie bei der Betrachtung von Lernprozessen im Sinne einer Informationsverarbeitung, bei denen nicht geschrieben wird. Eine zentrale Annahme des Modells besteht nämlich darin, dass die **Sprachproduktion eine wichtige Voraussetzung intentionalen Lernens** ist. Die Verbalisierung von Gedanken mithilfe der inneren Sprache ist für das intentionale Lernen auch dann notwendig, wenn nicht geschrieben oder gesprochen wird, da sie eine bewusste Reflexion, ein inneres Aushandeln, überhaupt erst ermöglicht. Lernprozesse sind hier als **Zusammenspiel von Wahrnehmung, Kognition und Handlung** konzipiert, denn Lernen geschieht durch eine von Wahrnehmung und Handlungserfahrungen beeinflusste Informationsverarbeitung. Beim Lernen ohne Aufschreiben werden drei, beim epistemischen Schreiben vier elementare Schritte der Informationsverarbeitung durchlaufen: Die Informationen werden aufgenommen, konzeptualisiert, verbalisiert und beim Schreiben zusätzlich noch aufgeschrieben, also transkribiert.

Das Modell epistemischen Schreibens stellt sowohl Aspekte des Sprachproduktionsprozesses, als auch die dadurch unterstützte Informationsverarbeitung durch zentrale Gedächtnisprozesse dar, da sie einander beim epistemischen Schreiben bedingen. Es besteht aus zwei unterschiedlichen Ebenen; der Ressourcen- und der Prozessebene (vgl. Abbildung 5.1). Im Innenkreis werden die Schreibsituation, das Langzeitgedächtnis, das Arbeitsgedächtnis und der bisher geschriebene Text aufgeführt. Diese sind die Ressourcen im Zusammenspiel der drei einander ständig beeinflussenden und überlappenden Prozesse der Wahrnehmung, der Kognition und der Schreibhandlung, welche im Außenkreis als Kreislauf dargestellt werden.

Zunächst werden die Ressourcen und ihre Rolle beim epistemischen Schreiben kurz beschrieben. Anschließend soll der epistemische Schreibprozess in seinem

Ablauf dargelegt werden, wobei die beteiligten Prozesse und ihre Interaktion miteinander sowie mit den Ressourcen im Fokus stehen. In Abschnitt 5.4 werden nach einer Zusammenfassung der zentralen Annahmen des Modells epistemischen Schreibens Vorhersagen zum Einfluss des Schreibmodus' auf Schreiben und Lernen abgeleitet.

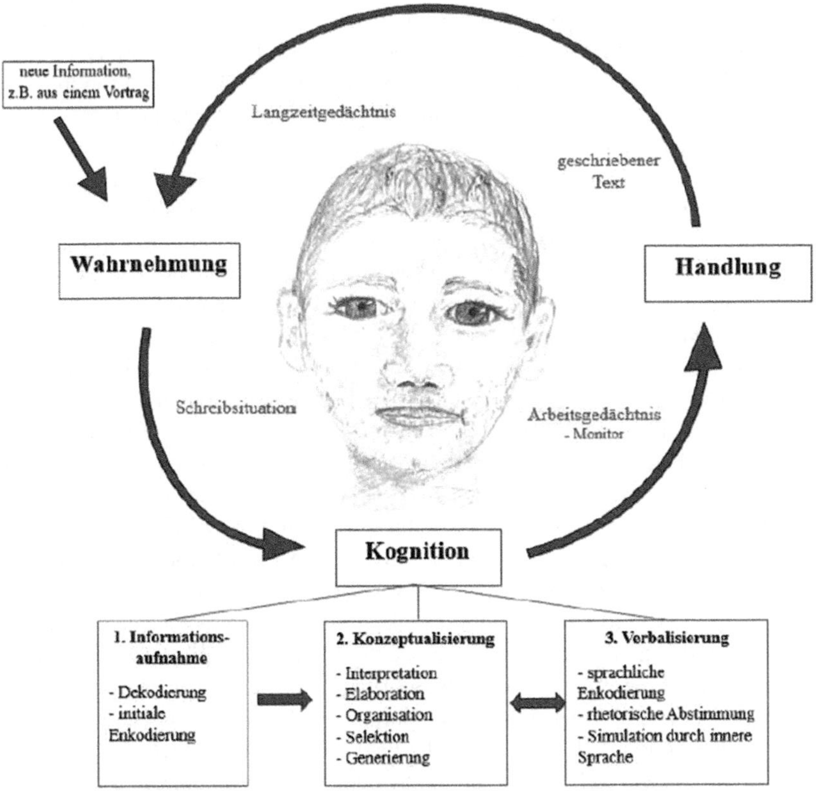

Abbildung 5.1 Modell epistemischen Schreibens

5.2 Die Ressourcen epistemischen Schreibens

Die **Schreibsituation** umfasst alle inneren und äußeren Bedingungen, unter denen geschrieben wird. Zum einen gehören dazu der Schreibanlass und Informationen zur Adressatinnen- und Adressatengruppe. Beim Notieren kann auch die schreibende Person selbst adressiert sein. Innere Bedingungen wie die individuellen Schreiberfahrungen und -kompetenzen, Einstellungen und Neigungen oder auch die tagesaktuelle Stimmung sind in der Schreibsituation ebenso verortet wie die äußeren Bedingungen, unter denen der Text verfasst wird, etwa die Geräuschkulisse, Prüfungs- oder Zeitdruck oder Gesellschaft beim Schreiben. Der Schreibprozess wird fortwährend von der Schreibsituation beeinflusst: Je nachdem, welche Schreiberfahrungen schon gesammelt wurden, in welcher Stimmung geschrieben wird und mit wie viel Zeit- und Prüfungsdruck der Schreibprozess einhergeht, ergeben sich unterschiedliche motivationale und volitionale Zustände, werden unterschiedliche Strategien und Textmuster ausgewählt und so fort. Lärm kann zum Beispiel die Wahrnehmung und damit die Aufnahme von Informationen beeinträchtigen, was wiederum zu einem Gefühl der Überforderung führen kann. Die Motivation, die Volition und die Textziele der oder des Schreibenden, die wahrgenommenen Anforderungen und Herausforderungen (vgl. Dengscherz, 2019, Abschnitt 2.5) sowie gewählte Register, Schreibstrategien und der Grad der konzeptionellen Schriftlichkeit ergeben sich somit erst aus der Interaktion der schreibsituativen Aspekte untereinander sowie mit den anderen Ressourcen und Prozessen des Modells und können sich während des Schreibens verändern.

Der Einfluss, den die jeweilige Schreibsituation auf Wahrnehmung, Kognition und Schreibhandlung, und damit auf die Text- und Lernqualität nimmt, ist nicht zu unterschätzen. Wenn beispielsweise das Thema eines Vortrags, zu dem mitgeschrieben wird, für die schreibende Person interessant ist, kann dies die Motivation deutlich steigern. Aspekte wie die Motivation oder die Selbsteinschätzung bezüglich der eigenen Schreibkompetenz und Schreiben unter Ablenkung, Prüfungs- oder Zeitdruck können wiederum die Leistung erheblich reduzieren oder auch erhöhen (vgl. z. B. Vu et al., 2022[2]; Klatte et al., 2010[3]). Eine geringe Schreibflüssigkeit, welche hier der individuellen Schreibkompetenz zugeordnet ist, kann zu einer Überlastung des Arbeitsgedächtnisses führen, sodass andere

---

[2] Vu, T., Magis-Weinberg, L., B.R.J. Jansen et al. (2022). Motivation-Achievement Cycles in Learning. A Literature Review and Research Agenda. *Educ Psychol Rev, 34*, 39–71. https://doi.org/10.1007/s10648-021-09616-7.

[3] Klatte, M., Hellbrück, J., Seidel, J. & Leistner, P. (2010). Effects of Classroom Acoustics on Performance and Well-Being in Elementary School Children. A Field Study. *Environment and Behavior, 42*. https://doi.org/10.1177/0013916509336813.

Prozesse vernachlässigt werden: Eine mangelnde Automatisierung der Handschrift oder der Tippfertigkeiten, der Rechtschreibung, oder des Einsatzes von Textmustern und Textprozeduren führt zu einer höheren Belastung des Arbeitsgedächtnisses, welches eine begrenzte Kapazität aufweist (vgl. z. B. Alves & Limpo, 2015[4]). Dies raubt Kapazitäten für andere kognitive Prozesse beim epistemischen Schreiben, wie die Verarbeitung und Speicherung von Wissen. Auch im Fachunterricht zeigt sich, dass mangelnde basale Schreibkompetenzen zur Folge haben, dass Schülerinnen und Schüler sich weniger mit den fachlichen Inhalten beschäftigen können (vgl. Roll et al., 2019[5]).

Im **Langzeitgedächtnis** werden alle Wissensbestände in vernetzter Form gespeichert und können bei Bedarf durch einen Abruf in das Arbeitsgedächtnis verschoben werden (vgl. Abschnitt 3.2). Studien aus der Perspektive der *Embodied Cognition* deuten darauf hin, dass ein Konzept in Teilrepräsentationen verteilt entsprechend der perzeptuellen Charakteristika abgespeichert wird (oder dass die sensomotorisch-affektiven Eigenschaften mit dem jeweiligen Konzept zumindest eng interagieren, also damit assoziiert gespeichert sind, vgl. Abschnitt 4.1). Das Langzeitgedächtnis fächert sich in ein implizites und ein deklaratives Gedächtnis auf, wobei das deklarative Gedächtnis weiter in einen semantischen und einen episodischen Speicher unterteilt wird (vgl. Abschnitt 3.1). Aspekte der Schreibsituation werden teilweise im Langzeitgedächtnis gespeichert und je nach Schreibanlass abgerufen. So sind zum Beispiel die Schreibfähigkeiten wie die Schreibflüssigkeit im impliziten Gedächtnis, Wissen zu Textmustern im semantischen deklarativen Gedächtnis und Schreiberfahrungen im episodischen Gedächtnis abgelegt.

Das Langzeitgedächtnis kann durch kognitive Prozesse im **Arbeitsgedächtnis** verändert werden. Erinnerungs- bzw. Abrufprozesse bringen Gedächtnisinhalte ins Bewusstsein. Durch (wiederholtes) Abrufen und Verarbeiten von Wissensbeständen im Arbeitsgedächtnis können diese gefestigt und verändert werden (vgl. Abschnitt 3.3.2). Beim epistemischen Schreiben können neue Informationen aufgenommen, mit dem Vorwissen aus dem Langzeitgedächtnis verknüpft, in selektierter und organisierter Form notiert und gespeichert werden. Alte Informationen werden auf diese Weise gegebenenfalls umstrukturiert und mit neuen

---

[4] Vgl. Alves, R. A. & Limpo, T. (2015). Progress in Written Language Bursts, Pauses, Transcription, and Written Composition across Schooling. *Scientific Studies of Reading, 19(5),* 374–391. https://doi.org/10.1080/10888438.2015.1059838.

[5] Vgl. z. B. Roll, H., Bernhardt, M., Enzenbach, C., Fischer, H. E., Gürsoy, E., Krabbe, H., Lang, M., Manzel, S. & Uluçam-Wegmann, I. (Hrsg.) (2019). *Schreiben im Fachunterricht der Sekundarstufe I unter Einbeziehung des Türkischen. Empirische Befunde aus den Fächern Geschichte, Physik, Technik, Politik, Deutsch und Türkisch.* Waxmann.

Informationen verknüpft. Für die Umstrukturierung und Veränderung der Wissensbestände im Langzeitgedächtnis ist die Interaktion mit dem Arbeitsgedächtnis demnach unerlässlich (vgl. Abschnitt 3.4). Die aus dem Langzeitgedächtnis abgerufenen Wissensbestände werden im Arbeitsgedächtnis daher mit neu aufgenommenen Informationen, den Bedingungen der Schreibsituation und mit dem bislang geschriebenen Text abgestimmt.Das Arbeitsgedächtnis dient als vorübergehender Wissensspeicher und ermöglicht die Prozessierung des abgerufenen Wissens unter Beachtung der neu aufgenommenen Informationen, der Schreibsituation und des bereits geschriebenen Textes. Es besteht aus der zentralen Exekutive zur Verarbeitung des Wissens und Subsystemen zur vorübergehenden Speicherung (vgl. Baddeley & Hitch, 1974; Kellogg (1996, 2013) sowie Abschnitt 3.2 und 3.4.2). Das Arbeitsgedächtnis bildet die Schnittstelle zwischen der Ressourcen- und der Prozessebene. Es ist eine kognitive Ressource zur Verarbeitung von Informationen, die Schaltzentrale bewusster und unbewusster Wissensverarbeitung. So wie von Kellogg (2013) vorgeschlagen ist der Monitor als Kontroll- und Steuerungsinstanz für den Schreibprozess im Modell epistemischen Schreibens als Teil der zentralen Exekutive konzipiert. Durch die exekutiven Funktionen der Aufmerksamkeitsfokussierung (*shifting*), der Unterdrückung irrelevanter oder störender Informationen (*inhibition*) und der Aktualisierung (*updating*) können neu wahrgenommene Informationen, Informationen aus dem Langzeitgedächtnis, der Schreibsituation und der schon geschriebene Text miteinander in Einklang gebracht werden (vgl. Miyake et al., 2000). So wird nach jeder Phrase, die geschrieben wurde, auch die mentale Repräsentation des bereits geschriebenen Textes aktualisiert, um den **Textentwurf** mit den neu aufgenommenen Informationen abgleichen zu können. So erfordert eine durch innere Sprache an sich selbst gestellte Frage wie ‚*Habe ich das schon aufgeschrieben?*' nicht unbedingt ein nochmaliges Lesen des Geschriebenen, sondern kann häufig auch durch Reflexion beantwortet werden.

5.3 Der Prozess epistemischen Schreibens

Da in der ab Kapitel 7 beschriebenen Studie das hand- und tastaturschriftliche Notieren zu einem Vortrag (als eine exemplarische Form epistemischen Schreibens) und die damit einhergehende Gedächtnisleistung untersucht wird, werden hier die allgemeinen Erläuterungen zum Prozess epistemischen Schreibens am Beispiel des Notierens zu einem Vortrag illustriert. Das Modell kann jedoch auch auf andere Formen epistemischen Schreibens angewandt werden.

In einem ersten Schritt werden beim Notieren Informationen wahrgenommen. Die Aufnahme wird durch **Dekodierung** und eine vorübergehende Einspeicherung (**Enkodierung**, vgl. Abschnitt 3.3.1) ermöglicht. Die Wahrnehmung kann beispielsweise akustische oder visuelle Signale betreffen oder auch eine Kombination daraus. Die Signale werden über die Sinnesorgane wahrgenommen und in elektrische Signale umgewandelt. Diese werden dann vom kognitiven System des Gehirns dekodiert, um die Worte zu erkennen und ihre Botschaft verstehen zu können. Es gibt eine Fülle von Theorien zu Sprachwahrnehmung und -verstehen, welche im Rahmen dieser Arbeit nicht im Detail besprochen werden können (vgl. Treiman et al., 2003, für einen Überblick[6]). Wird zum Beispiel die Information ‚*Quallen haben meterlange Tentakel*' aus dem Vortrag der in Teil II vorgestellten Untersuchung wahrgenommen, so kommt es zur Umwandlung der akustischen in elektrische Signale, welche vom Gehirn dekodiert werden, damit sie erkannt und verstanden werden können.

Nachdem die Wörter erkannt wurden, sind die Voraussetzungen für das Verstehen im Rahmen einer **Konzeptualisierung** erfüllt, wobei die Informationen im Arbeitsgedächtnis verarbeitet werden. Angelehnt an Renkl (2009) geschieht dies im Zuge von fünf Prozessen, die miteinander agieren und nicht zwangsläufig linear verlaufen müssen: Die aufgenommenen Informationen werden zunächst interpretiert (**Interpretation**). Das Verständnis der aufgenommenen Informationen aktiviert damit assoziiertes Vorwissen im Langzeitgedächtnis, sodass die neuen Informationen mit dem Vorwissen verknüpft werden können (**Elaboration**). In unserem Beispiel wird das Gefühl des Schmerzes, das die Begegnung mit einer Qualle ausgelöst hat, das Aussehen von Quallen, und sonstiges mit Quallen verbundenes Wissen durch die neu aufgenommene Information aktiviert und damit abgeglichen. Beim Abgleich wird vielleicht festgestellt, dass man beim Baden im Urlaub schon einmal einen plötzlichen brennenden Schmerz verspürt und erst nach einer Suche im weiteren Umfeld eine Qualle entdeckt hat.

Unter Berücksichtigung der Bedingungen, die aus der Schreibsituation resultieren (wahrgenommene Anforderungen und Herausforderungen, Schreibziele u. v. m.), sowie des aktivierten Vorwissens, werden die Informationen bezüglich ihrer Unterschiede und Gemeinsamkeiten geordnet (**Organisation**) und die relevanten Informationen werden ausgewählt (**Selektion**). Beim Abgleich der neuen Informationen mit vorhandenen Wissensbeständen kann es zu Erkenntnissen kommen, sodass neues Wissen generiert wird (**Generierung**). Vielleicht realisiert

[6] Treiman, R., Clifton, C., Meyer, A. S. & Wurm, L. H. (2003). Language Comprehension and Production. In: I. B. Weiner (Hrsg.), *Handbook of Psychology* (S. 527–548). https://doi.org/10.1002/0471264385.wei0419.

man im Quallenbeispiel erst jetzt, dass die Qualle, die man im weiteren Umkreis entdeckt hat (*Vorwissen*), der Urheber des Schmerzes war (*neu generierte Erkenntnis*), weil das Tierchen ja meterlange Tentakel besitzt (*neue Information*). Auch solche Inferierprozesse sind unter dem Dach der Generierung verortet. So kann die ‚Moral einer Geschicht' oder die Kernaussage eines Vortrags durch die vorangegangenen Prozesse der Interpretation, Elaboration, Selektion und Organisation inferiert werden, ohne dass diese im Vortrag oder in der Geschichte explizit genannt wurden (vgl. Hayes, 1996).

Die Überwachung durch den Monitor ermöglicht sowohl unbewusste Kontrolle als auch eine bewusste Reflexion der Konzeptualisierung. Wahrscheinlich wird die Aufnahme der Informationen vorwiegend automatisiert gesteuert und überwacht, wohingegen die Phase der Konzeptualisierung auch durch bewusste Reflexion gekennzeichnet ist, was jedoch eine Verbalisierung voraussetzt.

In einem dritten Schritt werden die konzeptualisierten Informationen in einem teilweise unbewussten Prozess der **Verbalisierung** formuliert. Gemäß der Modellierung von Levelt (1989, vgl. auch Abschnitt 2.3) werden den zu versprachlichenden Wissensbeständen zunächst semantische Funktionen zugewiesen. Das Wissen wird grammatisch und phonologisch **enkodiert**, sodass schließlich ein phonetischer Plan erstellt werden kann. Dieser ermöglicht die bewusste innere Reflexion, das **Mitlesen durch innere Sprache**. Diese ist ein wichtiges Werkzeug sowohl der bewussten Prozessierung als auch der Monitoring-Prozesse, denn hier besteht im Formulierungsprozess die Möglichkeit, die Ergebnisse der vorangegangenen Verarbeitungsschritte zu prüfen und bewusst an der Formulierung und auch an der Konzeptualisierung zu arbeiten. Hierbei kommt es zu einer **rhetorischen Abstimmung** des Inhalts aus der Konzeptualisierungsphase, seiner Versprachlichung in der Formulierungsphase und der Anforderungen und Ziele, die sich aus der Schreibsituation ergeben. Die Formulierung wird daraufhin überprüft, ob die Schreibziele und andere Bedingungen der Schreibsituation (wie der Adressatinnen- und Adressatenkreis, der angestrebte Grad konzeptioneller Schriftlichkeit und ein angemessenes Register) realisiert werden. Werden die Notizen in unserem Beispiel nur für sich selbst angefertigt, könnte die Verbalisierung lauten: ‚*Arme vom Mistvieh meterlang*'. Werden die Mitschriften jedoch später von der Lehrkraft eingesammelt, könnte das die Formulierung in der Phase der rhetorischen Abstimmung stark beeinflussen, sodass vielleicht eher ‚*Quallen haben meterlange Tentakel*' aufgeschrieben wird. Der phonetische Plan wird dann, wenn er die erste Überprüfung durch den Monitor durchlaufen hat, in einen graphomotorischen Plan überführt, welcher in einer Handbewegung (z. B. Handschreiben oder Tippen) realisiert wird (vgl. van Wijk, 1999). Konzeptualisierung und Verbalisierung, die durch die rhetorische Abstimmung und die Reflexion mittels innerer Sprache eng verzahnt sind, verlaufen nicht seriell, sondern **interaktiv**. Die Konzeptualisierung erfolgt nicht unabhängig von den rhetorischen Zielen und unter gleichzeitiger Verbalisierung, sodass die beiden Phasen ständig interagieren (vgl. Galbraith & Baaijen, 2018). Bewusste Prozesse der Konzeptualisierung, wie die Reflexion darüber, ob man schon einmal von einer Qualle gestreift wurde, sind nur möglich, wenn der Gegenstand der Reflexion mittels innerer Sprache fortlaufend verbalisiert wird. Beim bewussten Reflektieren während der Konzeptualisierung müssen durch den Einsatz innerer Sprache die Gedanken verbalisiert werden. Die verbalisierten Gedanken können somit wieder zu einer Konzeptualisierungsphase führen und so fort, bis die gewünschte Passung zwischen Sprache, Inhalt und Schreibsituation erreicht wurde. Konzeptualisierung und Verbalisierung finden bei einer gründlichen Verarbeitung schon während der Enkodierung statt, können aber während der Konsolidierung der Gedächtnisinhalte auch nach dem Notieren durch mehr oder weniger bewusste Reflexion immer wieder durchlaufen werden. Dabei können neue Verküpfungen mit dem Vorwissen entstehen und neues Wissen kann generiert werden.

Besonders zentral für das Bewusstsein und damit für Lernprozesse beim Schreiben ist somit die Funktion der **inneren Sprache**. Sie ist aus Levelts Sicht die erste Möglichkeit, die Formulierungsversuche innerlich bewusst wahrzunehmen: Der erstellte phonetische Plan wird bei Levelt (1989) durch das *Speech Comprehension System* in einer Art Leseprozess dekodiert und so innerlich ‚hörbar'. Innere Sprache wird häufig als eine Art innere Stimme beschrieben, die Gedanken verbalisiert[7]. Aus Sicht der *Embodied Cognition* kann die innere Sprache auch als mentale Simulation der generierten Ideen und Konzepte verstanden werden, als Simulation der geplanten sprachlichen Äußerung[8]. In unserem Modell werden durch innere Sprache Reflexionen während der Konzeptualisierung und Verbalisierung bewusst gemacht und Formulierungen beim Aufschreiben bewusst mental diktiert. Die innere Verbalisierung ist nicht nur beim Notieren ein fester Bestandteil der kognitiven Verarbeitung, sondern findet je nach Verarbeitungstiefe auch ohne anschließendes Notieren statt, wenn

[7] Vgl. Z.B. Langland-Hassan P. (2021). Inner speech. *WIREs Cogn Sci.*12: e1544. https://doi.org/10.1002/wcs.1544.

[8] Fernyhough, C. & Borghi, A. (2023). Inner speech as language process and cognitive tool. *Trends in Cognitive Sciences, 27,* 1180–1193. https://doi.org/10.1016/j.tics.2023.08.014.

eine Person sich vertieft mit wahrgenommenen Informationen auseinandersetzt. Lediglich die graphomotorische Realisierung entfällt in diesem Fall.[9]

Die innere Sprache ist zusätzlich auch ein Instrument des **Monitoring-Systems**, welches vor, während und nach der graphomotorischen Realisierung durch Mitlesen, Aufmerksamkeitsfokussierung, Abgleich mit Text- und Lernzielen und Wissensbeständen, Kontrolle und Aktualisierung die Angemessenheit der sprachlichen und inhaltlichen Darstellung im Text überwacht. Bewusst kann Monitoring mithilfe der inneren Sprache stattfinden. Bei Levelt (1989) wird der phonetische Plan vom *Speech Comprehension System* eingelesen, in unserem Modell wird er vom Monitor eingelesen, welcher auf Leseprozessen basiert (vgl. van Wijk, 1999) und von den exekutiven Funktionen gesteuert wird (vgl. Miyake et al., 2000). Der Monitor ist im Modell epistemischen Schreibens im Arbeitsgedächtnis verortet, als Teil der zentralen Exekutive.

Monitoring ist nicht nur ein reiner Leseprozess, sondern auch ein Prozess des Abgleichens von Informationen unter Berücksichtigung der Schreibsituation, der neu wahrgenommenen Informationen, des Wissens aus dem Langzeitgedächtnis und des bereits geschriebenen Textes, welcher im Arbeitsgedächtnis vorgenommen wird. Diese Prozesse werden durch das Zusammenspiel der exekutiven Funktionen in der zentralen Exekutive koordiniert und bedingt. So werden durch das Monitoring-System nicht nur die Korrektur von Flüchtigkeitsfehlern oder inhaltliche Verbesserungen, sondern auch eine längerfristige Wissenstransformation oder auch neue Erkenntnisse ermöglicht.

Dies geschieht, wenn beispielsweise…

- die abgerufenen Wissensbestände untereinander inkongruent sind (z. B. Weltwissen und Erfahrungswissen nicht übereinstimmen) (vgl. Galbraith & Baaijen, 2018), oder die neu aufgenommene Information nicht mit dem Vorwissen kompatibel ist,
- die abgerufenen Wissensbestände und die kommunikativen Anforderungen aus der Schreibsituation inkongruent sind (z. B. wenn das abgerufene prototypische Textmuster an die Schreibsituation angepasst werden muss, vgl. Bachmann & Becker-Mrotzek, 2017),
- eine gebildete Formulierung die Anforderungen der Schreibsituation nicht erfüllt,

[9] Streng genommen ist schon die innere Verbalisierung eine (Sprach-)handlung. Die kognitiven Prozesse können nur dann bewusst wahrgenommen werden, wenn sie innerlich verbalisiert und so mental ausgehandelt werden.

- der phonetische und/ oder graphemische Plan und der geschriebene Text inkongruent sind (z. B. orthographische, grammatikalische und Flüchtigkeitsfehler) oder
- beim Abgleich neuer Informationen und vorhandener Gedächtnisinhalte inhaltliche oder sprachliche Zweifelsfälle oder Leerstellen festgestellt werden – dann kann durch bewusste Reflexion, den Prozess der Generierung, aber auch durch gezielte Suche nach neuen Informationen, neues Wissen generiert und Vorwissen umstrukturiert werden.
- usw.

Das Arbeitsgedächtnis verarbeitet das aufgenommene und abgerufene Wissen so weit wie möglich automatisiert. Automatisierte Schreibprozesse sind im Idealfall beispielsweise das Erstellen und Ausführen der graphomotorischen Schreibpläne oder die Beachtung orthographischer und grammatikalischer Regeln, aber auch andere Verbalisierungsprozesse laufen größtenteils automatisiert ab. Textmuster beispielsweise können als automatisierte Verarbeitung oder Abkürzung der Konzeptualisierungs- und Verbalisierungsphase verstanden werden, da für bestimmte Schreibanlässe und Textgenres schon inhaltliche und sprachliche Muster vorliegen, die durch den Monitor auf ihre Angemessenheit bezüglich der konkreten Schreibsituation geprüft werden. Textmuster sind auch für das oftmals unter Zeitdruck durchgeführte Notieren relevant. Erst, wenn das Monitoring-System beispielsweise eine Inkongruenz zwischen den abgerufenen Wissensbeständen (in diesem Fall das Textmuster) und den Anforderungen durch die Schreibsituation erkennt, verschiebt es den Fokus der Aufmerksamkeit und damit die bewusste Verarbeitung auf das erkannte Problem. Die automatisiert erstellten ‚Formulierungsgerüste' müssen dann gegebenenfalls noch bewusst ausgewählt, reflektiert und angepasst werden (vgl. Bachmann & Becker-Mrotzek, 2017, bzw. Abschnitt 2.5).

Wenn dem Monitoring-System eine Inkongruenz oder ein Zweifelsfall auffällt, so werden diese ‚Problemfälle' mithilfe der inneren Sprache mental ausgehandelt und, wenn nötig, durch Nachfragen oder Recherchieren gelöst. Die innere Sprache wird hier demnach als zentrales Werkzeug bewusster Reflexion konzipiert. Die durch das Zusammenspiel von den exekutiven Funktionen des Monitoring-Systems und der inneren Sprache reanalysierten und -organisierten Wissensbestände (vgl. Karmiloff-Smith, 1986; Bialystok, 2010[10]) werden in ihrer veränderten Form wieder in das Langzeitgedächtnis eingespeist, welches dadurch

[10] Bialystok, E. (2010). Metalinguistic Dimensions of Bilingual Language Proficiency. Cambridge Books Online. https://doi.org/10.1017/CBO9780511620652.008.

ebenfalls Änderungen erfährt. Durch die Abrufprozesse sowie die bewusste Auseinandersetzung mit den betreffenden Wissensbeständen sind diese zudem durch stärkere Konsolidierung womöglich bewusster zugänglich als vorher und auch leichter abrufbar (vgl. Abschnitt 3.3.2).

Das Modell erlaubt es, Unterschiede im Lernerfolg auf die **Verarbeitungstiefe** zurückzuführen. Nach van Dijk und Kintsch (1983) werden Informationen nur oberflächlich enkodiert, wenn lediglich der wörtliche Text verarbeitet wird (Oberflächenform), etwas tiefer enkodiert, wenn ihre propositionale semantische Struktur analysiert wird (Textbasis) und am tiefsten enkodiert, wenn eine mentale Simulation der Bedeutung vorgenommen wird (Situationsmodell), vgl. Abschnitt 3.3.1. Das Modell epistemischen Schreibens nimmt an, dass aufgenommene Informationen bereits während der Enkodierung unterschiedlich tief verarbeitet werden. Wenn die Informationen nur aufgenommen werden, aber nicht oder kaum durch Interpretation, Elaboration, Organisation, Selektion oder Generierung verarbeitet werden, kann man von einer oberflächlichen Verarbeitung sprechen und davon ausgehen, dass die Informationen nicht lange behalten werden. Wenn die Informationen jedoch in Notizen umgewandelt werden, müssen die Phasen der Konzeptualisierung und Verbalisierung (mehr oder weniger gründlich) durchlaufen werden, sodass Notizen besonders geeignet sind, eine tiefe Verarbeitung der Informationen zu erreichen. Dabei ergibt sich für das wörtliche Mitschreiben möglicherweise eine weniger tiefe Verarbeitung als für das Notieren in eigenen Worten, da letzteres eine Verbalisierung und auch eine Interpretation und Selektion zwingend erforderlich macht. Beim wörtlichen Notieren könnte sich die Verarbeitung somit auf die Oberflächenform beschränken, während beim Notieren in eigenen Worten eine tiefere Verarbeitung der semantischen Struktur notwendig ist. Wenn ganze Phrasen wörtlich notiert werden, muss lediglich ein graphomotorischer Plan erstellt werden, wobei andere Phasen der Konzeptualisierung und Verbalisierung ausgespart oder weniger gründlich durchlaufen werden könnten.

Die Prozesse im Arbeitsgedächtnis, also die Aufnahme von Informationen, ihre Konzeptualisierung, die Verbalisierung und die Monitoring-Prozesse, ermöglichen letztendlich die **graphomotorische Realisierung** der Formulierung. In den klassischen Modellen des Schreibprozesses ist die Niederschrift lediglich das Produkt der vorangegangenen kognitiven Prozesse und nimmt selbst kaum Einfluss auf das kognitive System des Schreibprozesses. Bei Levelt (1989), Flower und Hayes (1980) und Hayes (2012) gibt es zwar im Anschluss an die sprachliche Realisierung eine Feedbackmöglichkeit durch das Monitoring-System, doch diese wird nicht genauer ausdifferenziert. Es wird dadurch kontrolliert, ob die Verschriftlichung korrekt ist, was gegebenenfalls Überarbeitungsmechanismen aktiviert. In dem hier vorgestellten Modell wird darüber hinaus davon ausgegangen, dass die graphomotorische Realisierung Teil des kognitiven Systems ist und als solcher auch Einfluss auf andere beteiligte Prozesse nehmen kann, wie in Abschnitt 5.4 ausgeführt wird. Denn die **Schreibhandlung selbst wird ebenfalls durch Wahrnehmung kognitiv verarbeitet** (vgl. Abbildung 5.1).

Das Aufschreiben, die Wahrnehmung und die Verarbeitungsprozesse finden beim epistemischen Schreiben oftmals parallel statt. Während zum Beispiel beim Mitschreiben zu einem Vortrag eine verbalisierte Phrase notiert wird, werden gleichzeitig neue Informationen aus dem Vortrag gehört, sodass die Vortragsinformationen und das Aufschreiben gleichzeitig wahrgenommen werden. Außerdem sind die kognitiven Verarbeitungsprozesse während des Wahrnehmens und Aufschreibens nicht unterbrochen. Neue Informationen vom Vortrag und von der Schreibhandlung werden beständig aufgenommen, verarbeitet und notiert. Das Zentrum des Modells ist der Mensch selbst, der seinen Wahrnehmungs- und Denkapparat sowie sein Handeln steuert. Hier wird deutlich, wie komplex das epistemische Schreiben ist und wie herausfordernd es ist, sich Notizen anzufertigen.

5.4 Zusammenfassung und Vorhersagen zum Hand- und Tastaturschreiben

Die in Teil II erläuterte Studie untersucht den Gedächtnisbehalt nach hand- und tastaturschriftlichem Notieren, eine vor allem in der Sekundarstufe häufig genutzte Form epistemischen Schreibens.

Da bisherige Modellierungen des Schreibprozesses die Informationsverarbeitung durch das Schreiben nicht berücksichtigen, wurde hier ein Modell epistemischen Schreibens entwickelt. Dieses dient als theoretischer Rahmen für die empirische Untersuchung. Das Modell stellt am Beispiel des Notierens dar, auf welche Weise Prozesse des Lernens und der Informationsverarbeitung durch Sprachhandlungen unterstützt werden.

Eine zentrale Annahme ist die gegenseitige Abhängigkeit von Wahrnehmung, Kognition und Handlung (vgl. Abbildung 5.1). Der Lern- und Schreibprozess verläuft nicht linear von der Wahrnehmung neuer Informationen über die kognitive Verarbeitung zum Lern- oder Textprodukt. Stattdessen sind Wahrnehmung, Kognition und Handlung hier als offener Kreislauf konzipiert. Zusätzlich finden Wahrnehmung, Kognition und Handlung meist parallel statt, sodass mehrere Informationen gleichzeitig verarbeitet werden. Bei der Anfertigung von Notizen kann beispielsweise während des Aufschreibens bereits neue Information wahrgenommen und verarbeitet werden und zugleich die gerade aufgeschriebene Phrase überprüft und reflektiert werden. Das Notieren stellt demnach hohe kognitive Anforderungen an Schreibende.

Für die kognitiven Prozesse stehen das Langzeitgedächtnis, das Arbeitsgedächtnis, der Textentwurf und die Schreibsituation als Ressourcen zur Verfügung.

Wahrgenommene Informationen werden zunächst durch Dekodierung und initiale Enkodierung aufgenommen. Anschließend werden sie konzeptualisiert, indem sie interpretiert, mit Vorwissen verknüpft, organisiert und selektiert werden, wobei gegebenenfalls neues Wissen generiert wird. Parallel werden die verarbeiteten Informationen durch sprachliche Enkodierung und rhetorische Abstimmung mit der Schreibsituation verbalisiert und können mithilfe der inneren Sprache bewusst reflektiert werden. Je nachdem, wie gründlich diese Verarbeitungsprozesse durchlaufen werden, werden die Informationen unterschiedlich tief verarbeitet. Nach der Erstellung graphemischer Pläne können die Informationen schließlich aufgeschrieben werden. Überwacht werden all diese Prozesse durch den Monitor der zentralen Exekutive des Arbeitsgedächtnisses. Gemäß der Natur eines Kreislaufes ist der Lern- und Schreibprozess hier jedoch nicht beendet, denn auch die Schreibhandlung wird wiederum wahrgenommen und nimmt Einfluss auf die kognitiven Aktivitäten. Wird die verarbeitete Information nicht aufgeschrieben, findet lediglich eine mentale Simulation der Verbalisierungshandlung mit innerer Sprache statt. Auch diese Simulation mittels innerer Sprache wird als Sprachhandlung wahrgenommen.

Durch die Wahrnehmung von neuen Informationen oder einer eigenen (Schreib-) Handlung wird der Ablauf der kognitiven Prozesse beeinflusst, wodurch wiederum die Schreibhandlung unterschiedlich verlaufen kann. Das bedeutet, dass das Modell unterschiedliche Vorhersagen für den Lern- und Schreibprozess macht, wenn die Schreibhandlung unterschiedlich wahrgenommen wird.

Da beim Hand- und Tastaturschreiben eine unterschiedliche Wahrnehmung der Schreibhandlung vorliegt, können sich daraus zum einen Unterschiede für die kognitive Verarbeitung beim Lernen, andererseits auch Unterschiede im Schreibprozess ergeben, die wiederum die kognitive Verarbeitung beeinflussen.

Wird der Text mit der Hand geschrieben, kommt es zu einer komplexeren Handbewegung und damit zu anderem sensomotorischem Feedback als beim Schreiben auf der Tastatur (vgl. Abschnitt 4.3). Beim Handschreiben werden die Buchstaben mit dem Stift nachgespurt, sodass die visuell wahrgenommene Buchstabenform mit der Schreibbewegung übereinstimmt (*action-perception coupling*).

Die Schreibbewegung der Hand sendet nicht nur visuelles, sondern auch sensomotorisches Feedback zum Aussehen der Buchstaben und Wörter an das Gehirn, beziehungsweise das Arbeitsgedächtnis, zurück. Beim Tastaturschreiben fällt das Feedback durch weniger reichhaltige sensomotorische Wahrnehmung nicht so umfangreich aus, da sich die Buchstaben nicht durch einen derart komplexen Bewegungsablauf unterscheiden.

Aber auch innerhalb eines Schreibmodus fallen Unterschiede auf. Wird der Text digital mit der Hand auf dem Tablet geschrieben, ist das Schreibsubstrat, auf welchem geschrieben wird, von anderer Textur und bietet ein anderes haptisches oder propriokinästhetisches Feedback als Papier, was anscheinend auch den Schreibprozess beeinflussen kann (vgl. Alamargot & Morin, 2015[11]).

Das Tastaturschreiben weist in der Regel außerdem eine höhere Schreibgeschwindigkeit auf als das Handschreiben[12]. Das bedeutet, dass die zeitliche Zerdehnung beim Tastaturschreiben geringer ist als beim Handschreiben. Dadurch ist die Zeit, die man für innere Konzeptualisierungs- und Verbalisierungsprozesse, Reflexion und Monitoring mittels innerer Sprache für einzelne Informationen hat, beim Tastaturschreiben reduziert, da die Verarbeitung hier schneller vorbei ist. Das kann sich auch auf die Qualität des Schreibproduktes und auf die Höhe des Lernerfolgs auswirken, wenn eine geringere Verarbeitungstiefe vorliegt. Beim nicht automatisierten Tastaturschreiben ist die zeitliche Zerdehnung zwar höher, doch durch die mangelnde Automatisierung wird das Arbeitsgedächtnis stärker belastet, wodurch Kapazitäten für andere kognitive Prozesse (z. B. Monitoring der sprachlichen Qualität und der Rechtschreibung) eingebüßt werden.

Eine Besonderheit, die beim Tastaturschreiben immer wieder auffällt und vermutlich mit der höheren Schreibgeschwindigkeit zusammenhängt, ist das wörtlichere Notieren (vgl. Abschnitt 6.5). Wenn beim Notieren zu einem gehörten Vortrag die wahrgenommenen Phrasen fast wörtlich aufgeschrieben werden, könnte dies eine weniger tiefe Verarbeitung bedeuten, da auf die eigene Verbalisierung und Konzeptualisierung teilweise verzichtet wird. Wenn Informationen in eigene Worte umgewandelt werden, wie es beim Handschreiben – vielleicht wegen der langsameren Ausführung und damit verbundenem Zeitdruck – der Fall ist, so müssen zwangsläufig die Konzeptualisierungsphasen der Interpretation, Selektion, Organisation und Elaboration durchlaufen werden, um eine Verbalisierung zu ermöglichen. Wenn die Informationen jedoch nicht oder nur

---

[11] Alamargot, D. & Morin, M.-F. (2015). Does handwriting on a tablet screen affect students' graphomotor execution? A comparison between Grades Two and Nine. *Hum.Mov.Sci.44*, 32–41. https://doi.org/10.1016/j.humov.2015.08.011.

[12] Vgl. Abschnitt 6.1

teilweise selbst verbalisiert werden, so kann eine weniger tiefe Verarbeitung die Folge sein. Dies wird auch gestützt durch die Daten einer Studie von Park und Baron (2017), in der einige Probanden berichteten, dass das Tastaturschreiben vom Denken und Zuhören getrennt vollzogen werden kann, wohingegen beim Handschreiben die Aufmerksamkeit und Konzentration auf dem Schreibprozess und seinem Inhalt liegen muss[13]. Auch van Dijk und Kintsch (1983) postulieren in ihrem empirisch gut belegten Stufenmodell des Diskursverstehens, dass eine wörtliche Verarbeitung von Informationen weniger tief ausfällt, als eine Verarbeitung der propositionalen Struktur oder eine mentale Simulation in einem Situationsmodell. Durch das wörtliche Mitschreiben entfällt die Notwendigkeit, die Informationen tiefer zu verarbeiten, was jedoch nicht ausschließt, dass eine tiefere Verarbeitung dennoch vorgenommen werden kann.

Aus all diesen Überlegungen ergibt sich, dass die graphomotorische Realisierung nicht nur ein Produkt des kognitiven Formulierungsprozesses ist, welches allenfalls durch Überwachungsprozesse auf Richtigkeit überprüft wird (vgl. Hayes, 2012; van Wijk, 1999) sondern auch selbst Einfluss auf kognitive Prozesse beim Schreiben und sogar auf Lernprozesse nimmt. Der Schreibmodus und andere Aspekte der Verschriftlichung (z. B. Sorgfalt, Schriftart, Schreibsubstrat) können somit durch unterschiedliche Wahrnehmung und wegen Unterschieden im Schreibprozess Einfluss auf Lernprozesse nehmen.

In Teil II wird daher eine Studie vorgestellt, in welcher sowohl Unterschiede im Notierprozess als auch unterschiedliche Gedächtnisleistungen nach hand- und tastaturschriftlichen Notizen untersucht werden. Zunächst soll aber bei einer detaillierten Besprechung des Forșchungsstands dargestellt werden, welche Erkenntnisse bezüglich des Unterschieds zwischen Hand- und Tastaturschreiben bereits vorliegen.

---

[13] Park, S. & Baron, N. S. (2017). Experiences of writing on smartphones, laptops and paper in the digital age. In: J. Vincent & L. Haddon (Hrsg.), *Smartphone Cultures* (S. 150–162). Routledge. https://doi.org/10.4324/9781315307077al, hier S. 155 f.

Hand- und Tastaturschreiben im Vergleich

6

> The combined effects on writing of the dominance of the mode of image and of the medium of screen will produce deep changes in the forms and functions of writing. This in turn will have profound effects on human, cognitive/affective, cultural and bodily engagement with the world, and on forms and shapes of knowledge. (Kress, 2003, S. 3[1])

Die Schreib- und Lesekultur hat in letzter Zeit einen dramatischen Wandel erlebt. Zum einen wird das Handschreiben immer mehr und in rasanter Geschwindigkeit durch Tippen auf analogen oder digitalen Tastaturen verdrängt, sodass häufig auch ganz alltägliche Kalendereinträge, Notizen und Einkaufslisten getippt werden. Zum anderen findet die (schriftliche) Kommunikation zunehmend in digitaler Umgebung statt (E-Mail und Messenger-Dienste statt Brief, Online-Zeitungen, E-Books und Blogs statt Printmedien usw.). Wie wir im zweiten Kapitel gesehen haben, machen die gängigen Schreibprozessmodelle jedoch keine differenzierten Vorhersagen zum Unterschied des Hand- und Tastaturschreibens und das epistemische Schreiben wurde bislang kaum berücksichtigt.

Die Frage, welche Unterschiede sich durch das jeweilige Schreibwerkzeug für den Schreibprozess, die Schreibentwicklung oder allgemein für das kognitive System ergeben, ist viele Jahre weitgehend vernachlässigt worden und erst mit dem Aufkommen der *Embodied Cognition*-Theorien in den Fokus geraten (vgl. Mangen & Velay, 2010; Kress, 2003). Dies erstaunt auch insofern, da die rasante technische Weiterentwicklung digitaler Schreibwerkzeuge und die schulpolitisch-gesellschaftliche Forderung nach dem Einzug der Digitalisierung ins Klassenzimmer die Entwicklung und Umsetzung zahlreicher digitaler Schreibkonzepte für den Deutschunterricht nach sich gezogen hat (vgl. z. B. Wampfler,

---

[1] Kress, G. (2003). *Literacy in the new media age*. Routledge.

E. F. Stephan, *Hand- und tastaturschriftliche Notizen*,
https://doi.org/10.1007/978-3-658-53317-5_6

2020; Wiesner, 2014[2]). Das Schreiben in Blogs, sozialen Netzwerken, Messengerdiensten, Wikis und anderen zum Teil kollaborativen Schreibforen ist heutzutage schon in vielen Klassenzimmern ein fester Bestandteil des Deutschunterrichts (vgl. Endres, 2014[3]). Es liegen inzwischen einige Studien vor, die das Potenzial digitaler Schreibumgebungen zur Motivierung schwächerer Schreibender[4] und Vorteile für das Schreibenlernen durch kollaboratives digitales Schreiben belegen[5]. Außerdem scheinen junge Schreibende digitale Schreibumgebungen beim Schreiben zu bevorzugen (vgl. King et al., 2008[6]; Harrington et al., 2000[7]).

Dies ist aber nur ein Aspekt digitalen Schreibens. In den letzten zehn bis fünfzehn Jahren wurden zunehmend Untersuchungen dazu veröffentlicht, inwiefern Schreibprodukte, Lernprozesse und die Entwicklung der Feinmotorik durch das Schreibwerkzeug beeinflusst werden. Allerdings gibt es nur wenige Untersuchungen an Kindern und Jugendlichen. Um sich ein Urteil darüber bilden zu können, zu welchem Zweck welcher Schreibmodus im Unterricht sinnvoll eingesetzt werden kann, ist es sinnvoll, Unterschiede zwischen den Schreibmodi und ihre jeweiligen Konsequenzen für das Lernen und Schreiben aus verschiedenen Perspektiven auch an den jüngeren Altersgruppen zu untersuchen.

Aus theoretischer Sicht sind einige elementare Unterschiede zwischen Hand- und Tastaturschreiben herauszustellen: So sind die Möglichkeiten, einen Text graphisch zu gestalten, zu überarbeiten oder zum Beispiel auf orthographische Fehler zu kontrollieren, je nach Schreibmodus unterschiedlich. In der Regel fällt

---

[2] Wiesner, E. (2014). Schreiben mit digitalen Medien. Über Kontext und Kooperation zu Kompetenz. In: F. Wagner & U. Kleinberger (Hrsg.), *Sprachbasierte Medienkompetenz von Kindern und Jugendlichen* (Sprache in Kommunikation und Medien – SKM, S. 181–211). Lang Verlag.

[3] Endres, O. (2014). Kompetenzen für das kollaborative Schreiben in Wikis – am Beispiel von Greifswald Virtuell. In: F. Wagner & U. Kleinberger (Hrsg.), *Sprachbasierte Medienkompetenz von Kindern und Jugendlichen* (Sprache in Kommunikation und Medien – SKM, S. 83–102). Lang Verlag.

[4] Für einen Überblick zur Motivierung von Schreibenden durch digitale Lernumgebungen vgl. Camacho, A., Alves, R. A. & Boscolo, P. (2021). Writing Motivation in School. A Systematic Review of Empirical Research in the Early Twenty-First Century. *Educational Psychology Review, 33*, 213–247.

[5] vgl. Williams, C. & Beam, S. (2019). Technology and writing: Review of research. Computers & Education, 128, 227–242. https://doi.org/10.1016/j.compedu.2018.09.024.

[6] King, F. J., Rohani, F., Sanfilippo, C. & White, N. (2008). *Effects of Handwritten Versus Computer-Written Modes of Communication on the Quality of Student Essays*. CALA Report.

[7] Harrington, S., Shermis, M. D., Rollins, A. L. (2000). The influence of word processing on English placement test results. *Computers and Composition, 17(2),* 197–210. https://doi.org/10.1016/S8755-4615(00)00029-3

es leichter, eine *Mind Map* mit dem Stift zu erstellen oder beim Notizenmachen mit unterschiedlichen Farben Pfeile zwischen einzelnen Gedanken per Hand zu malen, um Zusammenhänge darzustellen. Das Schreiben auf der Tastatur hingegen wird in Textverarbeitungsprogrammen häufig durch Rechtschreibprogramme und automatische Korrektur erleichtert und beim Überarbeiten erspart man sich das Durchstreichen und Neuschreiben durch die Löschtaste und durch Hin- und Herschieben ganzer Textteile. Tablets eröffnen durch Kombinationen von digitaler Tastatur und digitalem Stift noch weitere ganz neue Möglichkeiten.

Beim Handschreiben wird in der Regel einhändig mit der dominanten Schreibhand geschrieben. Beim Tastaturschreiben variiert die Zahl der involvierten Finger und Hände je nach Automatisierungs- und Professionalisierungsgrad und je nach Schreibanlass[8]. Während Anfängerinnen und Anfänger beim Tastaturschreiben häufig mit dem Zeigefinger einer Hand zu tippen beginnen und später oft den Zeigefinger der anderen Hand hinzunehmen, werden beim Zehnfingerschreiben alle Finger beider Hände eingesetzt. Es existieren noch zahlreiche Zwischenformen, wie das Schreiben mit vier, fünf oder sechs Fingern. Das Zehnfingerschreiben wird, wenn überhaupt, in der Schule, in freiwilligen Kursen oder auch autodidaktisch gelernt.

Beim Handschreiben ist die Aufmerksamkeit auf die Spitze des Stifts fokussiert. Demgegenüber wird die Aufmerksamkeit zumindest bei weniger automatisierten Tastaturschreiberinnen und -schreibern zwischen dem Bildschirm und der Tastatur aufgeteilt, da die Schreibbewegung und die Richtigkeit der auf dem Bildschirm erscheinenden Zeichen überwacht werden muss[9]. Wenn die Schreibbewegung beim Tippen voll automatisiert ist, liegt die Aufmerksamkeit in der Regel auf dem Bildschirm. Beim Handschreiben wird die Schreibbewegung daher visuell gemeinsam mit den geschriebenen Zeichen wahrgenommen, wohingegen die Schreibbewegung und die Zeichen beim Tippen visuell getrennt voneinander wahrgenommen werden.

Wird ein Buchstabe mit der Hand geschrieben, muss die Form des Buchstabens Strich für Strich nachgezeichnet werden. Jeder Buchstabe ist mit einer spezifischen komplexen Bewegung assoziiert und besteht aus mehreren Strichen, sodass sich für jeden Buchstaben ein einzigartiger Motorplan ergibt[10], der mehrere Bewegungen kombinieren kann. Beim Tippen muss die räumliche Position der zugehörigen Taste gelernt werden sowie die Information, welcher Finger

[8] vgl. Mangen & Velay, 2010, S. 396.

[9] vgl. ebd.

[10] vgl. ebd.

die Taste zu drücken hat. Mangen und Velay (2010) sprechen von einem *key-press schema*, einem Motorplan, in dem die notwendige Bewegung spezifiziert wird, um eine bestimmte Tastenposition zu erreichen. Die Schreibbewegung hat somit wenig mit der geschriebenen Buchstabenform gemeinsam, während beim Handschreiben die wahrgenommene Buchstabenform mit der Schreibbewegung übereinstimmt (*action-perception coupling*).

Mangen und Velay (2010) mahnen, dass die zahlreichen empirischen Befunde, die die Annahmen der *Embodied Cognition* inzwischen untermauern, auf einen möglicherweise erheblichen Einfluss des Schreibwerkzeugs auf den Schreibprozess und die Entwicklung der Schreibkompetenz hindeuten:

> Generally speaking, the process of text production, sensomotorically as well as cognitively and phenomenologically, is radically different in a print writing environment compared to a digital environment. Such a change might plausibly have considerable educational implications, the understanding of which mandates a thorough investigation of the currently changing role of haptics in writing. [...] Considering the major ongoing changes in how we write, and – perhaps even more importantly – how children, in our age of digital technology, learn to write (and might learn to write in the near future), the haptics of writing is an aspect in urgent need of scientific scrutiny. (Mangen & Velay, 2010, S. 390)

Betrachtet man die Frage, wie das Schreibwerkzeug den Schreibprozess beeinflusst, aus der Perspektive der *Embodied Cognition*, kann das *action-perception coupling* beim Handschreiben zu einem reicheren Feedback an das kognitive System führen (vgl. z. B. Kiefer & Velay, 2016[11]). Beim Handschreiben werden die Buchstaben in ihrer tatsächlichen, wahrgenommenen Form nachgespurt. Durch diese sensomotorische Erfahrung beim Handschreiben werden zusätzliche *memory traces* angelegt, sodass das Handschreiben mehr Informationen liefern könnte als das Tastaturschreiben, welches weniger vielfältiges sensomotorisches Feedback bietet.

Wird die Fragestellung hingegen aus der Perspektive der motorischen Komplexität betrachtet, könnte man annehmen, dass durch die geringere motorische Komplexität des Tippens das Arbeitsgedächtnis entlastet wird, insbesondere bei schwächeren Schreibenden, deren motorische Grundfertigkeiten des Handschreibens noch nicht automatisiert sind. Das Handschreibenlernen ist ein jahrelanger Prozess der Automatisierung. Kinder sind im Umgang mit digitalen Schreibmedien zunehmend sozialisiert und lernen schon früh auf der Tastatur zu tippen oder auf dem Bildschirm zu tippen und zu wischen. Beim Tippen könnte es daher zu

[11] Kiefer, M. & Velay, J.-L. (2016). Writing in the digital age. *Trends in Neuroscience and Education, 5(3),* 77–81. https://doi.org/10.1016/j.tine.2016.07.008.

einer geringeren Belastung des Arbeitsgedächtnisses kommen, sodass mehr Kapazität für Lernprozesse verfügbar ist. Diese Sicht lässt die Vermutung zu, dass das Tippen den Schreibprozess erleichtert und zu besseren Lernergebnissen führen könnte als das Handschreiben (vgl. MacArthur, 2000[12]; Calhoun, 1985).

Durch das schnellere Tastaturschreiben werden außerdem oftmals mehr Informationen mitgeschrieben. Bui et al. (2013) verweisen daher auf die Transkriptionshypothese (vgl. Conway & Gathercole, 1990), welche besagt, dass durch die Übersetzung der phonologischen in orthographische Prozesse beim Mitschreiben zu Vorträgen die Erinnerung der Informationen untergestützt wird. Wenn beim Tastaturschreiben mehr aufgeschrieben wird, ist daher ein höherer Gedächtnisbehalt nach getippten Notizen möglich. Dies wird auch durch positive Korrelationen zwischen der Menge notierter Informationen und der Gedächtnisleistung gestützt (vgl. Peverly et al., 2007).

Anhand zahlreicher empirischer Untersuchungen wird in den folgenden Unterkapiteln der aktuelle Forschungsstand zum Einfluss des Schreibwerkzeugs auf Schreibgeschwindigkeit und -flüssigkeit (Abschnitt 6.1), Textquantität und -qualität (Abschnitt 6.2) sowie auf verschiedene Lernprozesse dargestellt. Dabei werden Einflüsse auf nicht-sprachliche Fähigkeiten (Abschnitt 6.3) ebenso thematisiert wie neurowissenschaftliche Befunde zum Lernen durch Schreiben (Abschnitt 6.4), der Lese- und Schreiberwerb (Abschnitt 6.5.1) und das Lernen der Orthographie (Abschnitt 6.5.2) sowie das Lernen von Wörtern (Abschnitt 6.5.3). Schließlich soll das Lernen von inhaltlichen Sachverhalten durch Notizen fokussiert werden (Abschnitt 6.5.4). Diese Untersuchungen zum Lernen teils komplexer Sachverhalte durch Mitschriften sind für die in Teil II geschilderte Studie besonders relevant.

6.1 Schreibflüssigkeit und Schreibgeschwindigkeit

Schreibflüssigkeit und Schreibgeschwindigkeit stehen in einer engen Beziehung zueinander und werden oft synonym verwendet. Der Begriff der Schreibgeschwindigkeit beschreibt, wie schnell Buchstaben oder Wörter in einer bestimmten Zeit aufgschrieben werden. Das komplexere Konzept der Schreibflüssigkeit wird jedoch unterschiedlich verwendet, mal im Kontext der Fähigkeit Buchstaben und Wörter aufzuschreiben, mal bezogen auf das elaborierte Formulieren

[12] MacArthur, C. A. (2000). New tools for writing: Assistive technology for students with writing difficulties. *Topics in Language Disorder, 20(4),* 85–100.

von Argumenten in einem Essay. Nach Stephany et al. (2020)[13] beinhaltet Schreibflüssigkeit die basale Transkriptionsflüssigkeit und die Formulierungsflüssigkeit. Die Transkriptionsflüssigkeit ist die automatisierte, orthographisch und grammatikalisch korrekte und leserliche Verschriftung sprachlicher Einheiten, wohingegen die Formulierungsflüssigkeit die kohärente Formulierung auf der Textebene umfasst.

Bezüglich der Schreibgeschwindigkeit beim Hand- beziehungsweise Tastaturschreiben hat sich in zahlreichen Studien gezeigt, dass ältere Kinder und (computersozialisierte) Erwachsene in der Regel schneller auf der Tastatur schreiben als mit dem Stift auf Papier, auch wenn sie keine professionelle Tastaturschreibtechnik wie die 10-Finger-Technik erlernt haben (vgl. Mogey & Hartley, 2013[14]; Beers et al., 2017[15]).

Bei jüngeren Schreibenden, insbesondere bei Kindern im Grundschulalter, sind die Untersuchungsergebnisse uneinheitlich. Jüngere Schreibende schrieben in einigen Untersuchungen schneller mit der Hand als auf der Tastatur (vgl. Connelly et al., 2007[16]; Wollscheid et al., 2016[17]; Alves et al., 2016[18]). Doch in manchen Studien schrieben auch Grundschulkinder schneller mit der Tastatur als

---

[13] Stephany, S., Lemke, V., Linnemann, M., Goltsev, E., Bulut, N., Claes, P., Roth, H.-J. & Becker-Mrotzek, M. (2020). Lese- und Schreibflüssigkeit diagnostizieren und fördern. In: C. Titz, S. Geyer, A. Ropeter, H. Wagner, S. Weber & M. Hasselhorn (Hrsg.), *Sprach- und Schriftsprachförderung wirksam gestalten: Innovative Konzepte und Forschungsimpulse* (S. 156–181). Kohlhammer, hier S. 163.

[14] Mogey, N. & Hartley, J. (2013). To write or to type? The effects of handwriting and wordprocessing.

on the written style of examination essays. *Innovations in Education and Teaching International, 50(1),* 85–93.

[15] Beers, S. F., Mickail, T., Abbott, R. & Berninger, V. W. (2017). Effects of transcription ability and transcription mode on translation: Evidence from written compositions, language bursts and pauses when students in grades 4 to 9, with and without persisting dyslexia or dysgraphia, compose by pen or by keyboard. *Journal of Writing Research, 9(1),* 1–25.

[16] Connelly, V., Gee, D. & Walsh, E. (2007). A comparison of keyboarded and handwritten compositions and the relationship with transcription speed. *British Journal of Educational Psychology, 77(2)*, 479–492. https://doi.org/10.1348/000709906X116768.

[17] Wollscheid, S., Sjaastad, J. & Tomte, C. (2016). The impact of digital devices vs. Pen(cil) and paper on primary school students' writing skills – A research review. *Computers and Education, 95*, 19–35. https://doi.org/10.1016/j.compedu.2015.12.001

[18] Alves, R. A., Limpo, T., Fidalgo, R., Carvalhais, L., Pereira, L. A. & Castro, S. L. (2016). The impact of promoting transcription on early text production: Effects on bursts and pauses, levels of written language, and writing performance. *Journal of Educational Psychology, 108(5)*, 665.

mit der Hand (z. B. Berninger et al., 2009[19]). In der Untersuchung von Jung und Möller (2021)[20] mit Kindern der 5. bis 7. Klasse wurde für Kinder mit und ohne Lese-Rechtschreibschwäche (LRS) in der freien Textproduktion festgestellt, dass die handgeschriebenen Texte, gemessen an der Schreibdauer, langsamer geschrieben wurden als die tastaturgeschriebenen Texte. In einer Abschreibaufgabe wurden die Texte von den Kindern mit LRS schneller mit der Hand als mit der Tastatur abgeschrieben, wohingegen die Kinder ohne LRS beim Abschreiben mit der Tastatur schneller waren als mit der Hand. Feng et al. (2019) berichten in ihrer Meta-Analyse einer Auswahl von Studien, die bis 2015 veröffentlicht wurden, dass Kinder schon im Schul- und Vorschulalter mit der Tastatur schneller schreiben als mit der Hand. Sie stellten außerdem eine interessante Korrelation zwischen handschriftlicher und tastaturschriftlicher Schreibgeschwindigkeit fest: Kinder mit einer höheren Schreibgeschwindigkeit beim Handschreiben wiesen tendenziell auch eine höhere Schreibgeschwindigkeit beim Tastaturschreiben auf.

Die Schreibflüssigkeit wird häufig durch die relativ einfache Messung der Schreibgeschwindigkeit operationalisiert, sodass in Studien oft die Transkriptionsflüssigkeit erhoben wird (vgl. z. B. Feng et al., 2019; Frahm & Blatt, 2015[21]; Kim et al., 2015[22]).

Die Formulierungsflüssigkeit ist nicht so leicht messbar, aber Pause-Burst-Analysen können Aufschluss darüber geben, wann im Verlaufe einer Textproduktion längere Pausen aufgetreten sind (vgl. Alves & Limpo, 2015). Bei der Auswertung können die Pausen zudem genauer kategorisiert werden (z. B. Pausen innerhalb eines Wortes, zwischen Wörtern oder zwischen (Teil-)Sätzen), um Aufschluss über Prozesse der Formulierung und Kohärenzbildung zu geben. Schreibpausen und *language bursts* können mithilfe digitaler Stifte und *keylogging*-Software gemessen werden und beschreiben im Grunde die Struktur des Schreibprozesses. Dabei sind Bursts (*language bursts)* sprachliche Segmente

[19] Berninger, V. W., Abbott, R. D., Augsburger, A. & Garcia, N. (2009). Comparison of Pen and Keyboard Transcription Modes in Children with and without Learning Disabilities. *Learning Disability Quarterly, 32(3)*, 123–141. https://doi.org/10.2307/27740364.

[20] Vgl. Jung, S. & Moeller, K. (2021). Hand vs. Tastatur: Einflüsse des Schreibmediums in der Untersuchung der Schriftsprache bei Kindern mit und ohne LRS. *Forschung Sprache, 2*, 57–70, hier S. 65.

[21] Frahm, S. & Blatt, I. (2015). Gibt es überhaupt einen Unterschied zwischen Hand- und Computerschreiben? Zu Mode Effects bei der Rechtschreibtestung in Klasse 5. *Didaktik Deutsch* 20 *(39*), 3–6.

[22] Kim, Y.-S., Al Otaiba, S., Wanzek, J. (2015). Kindergarten predictors of third grade writing. *Learning and Individual Differences*, *37*, 27–37. https://doi.org/10.1016/j.lindif.2014.11.009.

von durchschnittlich 6 bis 10 Wörtern (*W*) (vgl. Kaufer et al., 1986[23]; Chenoweth & Hayes, 2001), die – abhängig von der Definition des Schwellenwerts einer Pause – von mindestens zweisekündigen Pausen (*P*) vom nächsten *Burst* abgetrennt werden:

WWWWWWWWW P WWWWWWW P WWWWWW P ...

Die Länge von Pausen und Bursts scheint eng mit der Schreibflüssigkeit, der Sprachkompetenz und den Kapazitäten des Arbeitsgedächtnisses zu korrelieren. So zeigte sich in den Studien von Chenoweth und Hayes (2003[24], 2007[25]), dass die Länge der Bursts durch eine zusätzliche Belastung des Arbeitsgedächtnisses reduziert wurde. Chenoweth und Hayes (2001) berichten von längeren Bursts in der Erst- als in der weniger gut beherrschten Zweitsprache bei mehrsprachigen Schreibenden. In der Studie von Kaufer et al. (1986) schrieben schreiberfahrenere Teilnehmerinnen und Teilnehmer längere Bursts als weniger erfahrene Schreibende. Bei Chenoweth und Hayes (2007) korrelierte eine größere Schreibflüssigkeit mit längeren Bursts. Die Ergebnisse bisheriger empirischer Studien zu Pausen und Bursts sprechen also dafür, dass eine größere Sprach- und Schreibkompetenz mit längeren Bursts einhergeht (vgl. auch Alves & Limpo, 2015).

Alves et al. (2007)[26] verglichen den Einfluss von geringen gegenüber hohen Tippfähigkeiten auf Bursts. Die Tippfähigkeiten wurden anhand der Tippgeschwindigkeit operationalisiert. Schreibende mit geringerer Tippgeschwindigkeit hatten einen deutlich höheren Anteil von Pausen an der gesamten Schreibzeit, aber die Dauer der gesamten Burst-Zeit war vergleichbar. Dabei waren nicht etwa die Pausen länger, sondern es wurden häufiger Pausen gemacht. Es gab also mehr Wechsel zwischen Pausen und Bursts (*Pause-Burst-Intervalle*). Auch, wenn die Gesamtdauer der Bursts sich nicht sehr unterschied, dauerten die einzelnen Bursts deutlich weniger lang und waren bezüglich der Wortanzahl halb so lang wie bei den schnelleren Tastaturschreibern. Die entstandenen narrativen Bildergeschichten wurden bezüglich der allgemeinen, sprachlichen (Wortlänge, lexikalische

---

[23] Kaufer, D. S., Hayes, J. R. & Flower, L. (1986). Composing written sentences. *Research in the Teaching of English, 20*, 121–140.

[24] Chenoweth, N. A. & Hayes, J. R. (2003). The inner voice in writing. *Written Communication, 20*, 99–118.

[25] Hayes, J. R. & Chenoweth, N. A. (2007). Working memory in an editing task. *Written Communication, 24*, 283–294. https://doi.org/10.1177/0741088307304826.

[26] Alves, R. A., Castro, S. L., de Sousa, L. & Strömqvist, S. (2007). Influence of Typing Skill on Pause–Execution Cycles in Written Composition. In: M. Torrance, L. van Waes & D. Galbraith (Hrsg.), *Writing and Cognition* (Studies in Writing, Bd. 20, S. 55–65). https://doi.org/10.1163/9781849508223_005

Vielfalt, Anteil von Inhaltswörtern u. a.) und inhaltlichen (Informationsfülle) Qualität bewertet. Es zeigte sich, dass die langsameren Tastaturschreibenden kürzere Texte produzierten, aber signifikante Qualitätsunterschiede gab es nur bei der inhaltlichen Textqualität, da die Texte von langsameren Tastaturschreibenden weniger Informationen aufwiesen als die Texte der schnelleren Schreibenden.

Beers et al. (2017) verglichen das Hand- vs. Tastaturschreiben bei Kindern mit und ohne Dysgraphie und Dyslexie unter anderem bezüglich der Länge und Zahl von Pausen und Bursts und der Schreibgeschwindigkeit. Die Schülerinnen und Schüler der vierten bis neunten Klasse schrieben in der Handschreibbedingung mit dem Stift auf dem Tablet. Die Kinder aller drei Gruppen (typische Schreibentwicklung, Dysgraphie und Dyslexie) schrieben mit der Tastatur schneller und bezüglich der gesamten Schreibdauer länger als mit der Hand[27]. Beim Handschreiben waren die Bursts allerdings durchschnittlich um 2 Wörter länger und es wurden deutlich weniger Pausen gemacht. Nach Beers et al. könnte dieses Phänomen damit zusammenhängen, dass die Schreibenden sich beim Handschreiben zusehen, wohingegen weniger versierte Tastaturschreibende beim Tippen auf die Tastatur schauen und erst in einer Pause kontrollieren, was sie geschrieben haben. Dadurch braucht das Tastaturschreiben mehr Arbeitsgedächtniskapazität, da das Schreiben nicht visuell unterstützt wird, sodass weniger Wörter ‚in einem Rutsch' niedergeschrieben werden[28].

Durch den Einsatz verschiedener Erhebungsinstrumente und unterschiedlicher Definitionen von Schreibflüssigkeit liegen insbesondere zu Kindern und Jugendlichen wenige Daten dazu vor, wie flüssig und wie schnell sie in welchem Alter durchschnittlich schreiben können.

In einer der wenigen Meta-Analysen der Tastaturtranskriptionsflüssigkeit bei Schulkindern (Freeman et al., 2005[29]) wird von einer Transkriptionsflüssigkeit von 9 bis 30 Wörtern pro Minute (wpm) in der ersten bis dritten Klasse, 7 bis 30 wpm in der vierten Klassenstufe und 4 bis 70 wpm in der fünften Klasse berichtet. Die einbezogenen Studien verwendeten jedoch sehr unterschiedliche Messmethoden, woraus sich vermutlich die große Varianz der Messungen ergibt.

Ähnliche methodische Unterschiede zeigen sich auch bei der Untersuchung der handschriftlichen Transkriptionsflüssigkeit. Bei Amundson (1995)[30] wird von

---

[27] vgl. Beers et al., 2017, S. 17.

[28] ebd., S. 18 f.

[29] Freeman, A. R., Mackinnon, J. R. & Miller, L. T. (2005). Keyboarding for Students with Handwriting Problems: A Literature Review. *Physical & Occupational Therapy In Pediatrics, 25(1–2),* 119–147. https://doi.org/10.1080/J006v25n0108, hier S. 122 f.

[30] Amundson, S. J. (1995). *Evaluation tool of children's handwriting.* O.T. Kids, P.O. Box 1118, Homer, Alaska 99603.

5 wpm in der ersten Klassenstufe bis hin zu 10 bis 12 wpm in der fünften bis sechsten Klasse berichtet, wobei die Schülerinnen und Schüler in ihrem normalen Tempo schrieben. Andere ließen die Probandinnen und Probanden in einer Minute so schnell wie möglich abschreiben, was durchschnittliche Werte von 4 wpm in der ersten Klassenstufe über 10 wpm in der dritten Klassenstufe, 20 wpm in der siebten, 23 wpm in der achten und 24 wpm in der neunten Klassenstufe zu Tage förderte (vgl. Graham et al., 1998[31]; Kim et al., 2015).

Für ältere Kinder der Mittel- und Oberstufe wurden die Transkriptionsflüssigkeiten nur selten umfassend berichtet. Außerdem könnte es schwierig sein, die Ergebnisse der englischsprachigen Untersuchungen auf deutschsprachige Kinder zu übertragen. Deutsche Wörter sind teilweise länger als englische und dadurch könnten sich geringere Messwerte der Einheit *wpm* ergeben.

Großangelegte deutschsprachige Erhebungen der Transkriptionsflüssigkeit in beiden Schreibmodalitäten oder Meta-Analysen, aus denen Normen oder Durchschnittswerte für die Altersgruppen der Über-12-Jährigen abgeleitet werden könnten, liegen nach meiner Kenntnis nicht vor. Dies wäre für die Einordnung eigener Stichproben, beispielsweise für die in Teil II vorgestellte Untersuchung, eine wertvolle Orientierung. So vermuten Frahm und Blatt (2015) eine geringe durchschnittliche Transkriptionsflüssigkeit beim Tippen in ihrer Stichprobe, weil die Kinder langsamer tippten als sie mit der Hand schrieben[32]. Doch wenn die Kinder etwas schneller tippen als handschreiben würden, gäbe es kaum Anhaltspunkte, ob sie unter-, über- oder aber durchschnittlich schnell tippen können. Insbesondere vor dem Hintergrund der Tatsache, dass die Schreibflüssigkeit mit der schulischen Leistung, der Textqualität und der Schreibkompetenz korreliert (vgl. Santangelo & Graham, 2015[33]), bildet die umfassende Erhebung der hand- und tastaturschriftlichen Schreibflüssigkeit auch für die Mittel- und Oberstufe ein wichtiges Desiderat.

---

[31] Graham, S., Berninger, V., Weintraub, N. & Schafer, W. (1998). Development of handwriting speed and legibility in grades 1–9. *Journal of Educational Research, 92*, 42–52. http://dx.doi.org/10.1080/00220679809597574.

[32] vgl. Frahm & Blatt, 2015, S. 4.

[33] Santangelo, T. & Graham, S. (2016). A comprehensive meta-analysis of handwriting instruction. *Educational psychology review*, *28*, 225–265.

6.2 Textquantität und Textqualität

In einer 2003 veröffentlichten Meta-Analyse von zwischen 1992 und 2002 durchgeführten Untersuchungen berichten Goldberg et al.[34] von einer höheren Textqualität und -quantität in tastaturgeschriebenen Texten. Bei Beers et al. (2017)[35] und Reble et al. (2020)[36] waren die tastaturgeschriebenen Texte gemessen an der Wortzahl ebenfalls länger als die handschriftlich produzierten Texte. Jung und Möller (2021) fanden bei Kindern der 5. bis 7. Klasse mit und ohne LRS hingegen keine Korrelation zwischen der Schreibmodalität (Hand/Tastatur) und der Textlänge. Einige Untersuchungen mit jüngeren Kindern fanden eine größere Textquantität und -qualität bei handgeschriebenen Texten (vgl. z. B. Connelly et al., 2010; Berninger et al., 2009).

In ihrer Meta-Analyse verglichen Feng et al. (2019) Hand- und Tastaturschreiben und ihre Korrelation mit Merkmalen der Textqualität und -quantität in 7 Studien. Sie mussten feststellen, dass die einbezogenen Studien zwar alle die beiden Schreibmodalitäten (Tastatur und Hand) gegenüberstellten, jedoch in Bezug auf ganz unterschiedliche Merkmale der Textqualität. Mit der Tastatur geschriebene Texte waren durchschnittlich länger, als wenn sie mit der Hand geschrieben wurden. Bezüglich der inhaltlichen und sprachlichen Qualität der Texte konnte kein Unterschied festgestellt werden. Auch King et al. (2008) und Harrington et al. (2000) fanden keine Unterschiede in der Textqualität. Die Untersuchung an Jugendlichen von Reble et al. (2020) belegte zwar eine höhere Textmenge bei tastaturgeschriebenen Texten, doch diese enthielten deutlich mehr Rechtschreibfehler als die handgeschriebenen Aufsätze[37]. Bei Ransmayer et al. (2020) hingegen, die ebenfalls die Rechtschreibgenauigkeit bei Jugendlichen untersuchten, gab es mehr Rechtschreibfehler in den handgeschriebenen Texten[38].

Unterschiede hängen zudem vermutlich eng mit unterschiedlichen Automatisierungsgraden des Schreibens zusammen. Die Schreibflüssigkeit zählt als ein wichtiger Einflussfaktor auf die Textqualität und beeinflusst auch den Erfolg der

---

[34] Goldberg, A., Russell, M. & Cook, A. (2003). The effect of computers on student writing. A meta-analysis of studies from 1992 to 2002. *The Journal of Technology, Learning and Assessment, 2(1),* 2–51. https://doi.org/10.1057/palgrave.jibs.8400136

[35] Beers et al., 2017, S. 17.

[36] Reble, R., Meyer, J., Fleckenstein, J. & Köller, O. (2020). Am Computer oder handschriftlich schreiben? In: K. Kaspar, M. Becker-Mrotzek, S. Hofhues, J. König & D. Schmeinck (Hrsg.), *Bildung, Schule, Digitalisierung* (S. 51–56). Waxmann.

[37] Reble et al., 2020, S. 54.

[38] Ransmayr, J. (2020). Eine Frage des Schreibmediums. Deutschmatura mit dem Stift oder am Computer schreiben? *Informationen zur Deutschdidaktik, 1*, 61–70.

weiteren Schreibentwicklung. So zeigte sich in einer Untersuchung von Graham et al. (2000)[39], dass die Schreibflüssigkeit einen erheblichen Einfluss auf die Textqualität handschriftlicher Texte und auf die Schreibentwicklung an sich nehmen kann. In ihrer Meta-Analyse untersuchten Feng et al. (2019) den Einfluss der Schreibflüssigkeit auf die Textqualität beim Handschreiben. Dabei wurden nur Studien berücksichtigt, die Kinder einbezogen. Die Autoren fanden eine signifikante Korrelation zwischen der Schreibflüssigkeit und der Textqualität (u. a. Komplexität, Orthographie, Grammatik, Wortwahl), aber auch eine Korrelation von Schreibflüssigkeit und inhaltlicher Qualität in den 19 einbezogenen Studien, die jedoch nur handschriftliche Textproduktionen untersuchten.

Außerdem deuten die Ergebnisse von Beers et al. (2017) darauf hin, dass Tastaturschreibende mit geringen bis moderaten Tippfähigkeiten womöglich beim Tippen auf die Tastatur schauen und erst in den zwischengeschalteten Pausen auf dem Bildschirm kontrollieren, was sie geschrieben haben. Dies führe nicht nur zu häufigeren Pausen und damit Unterbrechungen des Formulierungsprozesses, sondern möglicherweise auch zu kürzeren sprachlichen Bursts und einer Veränderung des Korrekturverhaltens und des Erfolgs von Revisionen. Wenn das Geschriebene erst im Nachhinein kontrolliert wird, so werden vielleicht mehr Fehler übersehen und weniger strukturelle oder inhaltliche Überarbeitungen vorgenommen. Auch die Generierung von Ideen könnte dadurch beeinträchtigt werden: Wenn man sich beim Schreiben nicht zusehen kann, werden die Ideen nicht zusätzlich visuell wahrgenommen, was das Arbeitsgedächtnis belasten könnte[40]. So fanden Johansson et al. (2010)[41] heraus, dass erwachsene Schreibende, die beim Tippen auf die Computertastatur schauten, ihre Texte seltener überarbeiteten als jene, die beim Tippen auf den Bildschirm schauten.

Jung et al. (2021)[42] untersuchten bei Kindern mit und ohne (Lese-) Rechtschreibschwäche ($n = 52$), ob unterschiedliche Schreibmodalitäten (Hand vs. Computertastatur) auch Unterschiede bei der Rechtschreibgenauigkeit und beim Korrekturverhalten mit sich bringen. Kinder der 5. bis 7. Klasse schrieben

[39] Graham, S., Harris, K. R. & Fink, B. (2000). Is handwriting causally related to learning to write? Treatment of handwriting problems in beginning writers. *Journal of Educational Psychology, 92(4)*, 620–633. https://doi.org/10.1037/0022-0663.92.4.620.

[40] vgl. Beers et al., 2017, S. 17 f.

[41] Johansson, R., Wengelin, A., Johansson, V. & Holmqvist, K. (2010). Looking at the keyboard or the monitor: Relationship with text production processes. *Reading and Writing: An Interdisciplinary Journal, 23*, 835–851. https://doi.org/10.1007/s11145-009-9189-3.

[42] Jung, S., Moeller, K., Klein, E. & Heller, J. (2021). Mode effect: An issue of perspective? Writing mode differences in a spelling assessment in German children with and without developmental dyslexia. *Dyslexia, 27(2)*, 373–410. https://doi.org/10.1002/dys.1675.

diktierte Einzelwörter mit der Hand oder Tastatur auf und erledigten eine Abschreibaufgabe. In der handschriftlichen Bedingung schrieben die Kinder auf einem Blatt Papier, das auf einem graphischen Tablet befestigt war. Auf diese Weise wurden störende Einflüsse der glatten Tabletoberfläche vermieden[43] und relativ natürliche Schreibbedingungen geschaffen, und zugleich konnten die Schreibaktivitäten aufgezeichnet werden. In der Auswertung der Daten zeigte sich, dass den Kindern in der Tastaturschreibbedingung mehr Rechtschreibfehler unterliefen und dass mehr Selbstkorrekturen vorgenommen wurden, als wenn sie mit der Hand schrieben.

Auch in der Metaanalyse von Goldberg et al. (2003) deutete sich an, dass beim Schreiben am Computer mehr Revisionen vorgenommen werden als beim Handschreiben[44].

In der Studie von Jung und Möller (2021) wurden Unterschiede zwischen den Schreibmodalitäten im Hinblick auf das Korrekturverhalten und die Rechtschreibgenauigkeit bei Kindern mit und ohne LRS auf der Textebene untersucht. Einbezogen wurden die Kinder derselben Stichprobe wie bei Jung et al. (2021). Sie schrieben über zwei Sitzungen verteilt jeweils einen Text mit der Hand und einen Text mit der Tastatur ab und schrieben ebenfalls in beiden Schreibmodalitäten je einen freien Text, in welchem sie das Ende einer Bildergeschichte erzählten. Wie bei Jung et al. (2021) schrieben die Kinder mit der Hand auf einem Blatt Papier, das auf einem Tablet befestigt war. Die Rechtschreibgenauigkeit erfassten Jung und Möller mittels regelspezifischer Analysen von zwei Fehlerschwerpunkten: Sie schauten sich besonders die Groß- und Kleinschreibung sowie die Vokallängendiskrimination (Konsonantendopplung und Vokaldehnung) in entsprechenden Zielwörtern an, andere Rechtschreibfehler wurden als sonstige Fehler aufgenommen. Dabei ist die Groß- und Kleinschreibung mit motorischen Besonderheiten beim Tastaturschreiben assoziiert, da hier eine Kombination von Tasten gedrückt werden muss, um einen Großbuchstaben zu erzeugen. Auf diese Weise war es möglich, Fehler, die aufgrund des größeren motorischen Aufwands unterlaufen, von anderen Fehlern getrennt zu analysieren. Im Ergebnis zeigte die Gruppe der Kinder mit LRS insgesamt erwartungsgemäß eine signifikant geringere Rechtschreibgenauigkeit als die Kinder ohne LRS. Beim Tastaturschreiben wiesen alle Gruppen (mit/ohne LRS) in der Gesamtauswertung der Schreibaufgaben bezüglich der Groß- und Kleinschreibung und sonstiger orthographischer

---

[43] vgl. Alamargot & Morin, 2015.

[44] Goldberg et al. (2003), S. 16 f.

Fehler eine signifikant geringere Rechtschreibgenauigkeit auf, auch die Vokallängendiskrimination fiel tendenziell, jedoch nicht signifikant, schwächer aus als in den handschriftlichen Texten[45].

In der isolierten Auswertung der freien Textproduktion zeigte sich eine interessante Interaktion von Gruppe (mit/ohne LRS) und Schreibmodus (Hand/Tastatur): Bei denKindern ohne LRS war hier die Rechtschreibgenauigkeit beim Tastaturschreiben geringer als beim Handschreiben, während bei den Kindern mit LRS die Rechtschreibgenauigkeit beim Tastaturschreiben größer war als beim Schreiben mit der Hand.

Auch das Korrekturverhalten korrelierte mit dem Schreibmodus. Allgemein fiel auf, dass die Kinder orthographische Fehler beim Tastaturschreiben oftmals sofort korrigierten, aber beim Handschreiben erst später, beim nochmaligen Lesen des Textes. In der Gesamtauswertung der Kinder mit und ohne LRS zeigte sich, dass beim Tastaturschreiben mehr Selbstkorrekturen vorgenommen wurden als beim Handschreiben, was jedoch auch auf eine Häufung von Tippfehlern zurückzuführen sein könnte. Zudem lag eine interessante Interaktion der Gruppe (mit vs. ohne LRS) mit dem Schreibmedium (Hand vs. Tastatur) vor: Beim Handschreiben korrigierten die Kinder ohne LRS mehr Fehler als die Kinder mit LRS, beim Tastaturschreiben hingegen korrigierten die Kinder ohne LRS weniger Fehler als die Kinder mit LRS.

Die Studie zeichnet also ein recht komplexes Bild des Einflusses des Schreibmodus auf die Rechtschreibgenauigkeit und die Selbstkorrektur. Zwar scheint das Tastaturschreiben besonders für Kinder mit LRS Potenzial zu haben, da sie beim Tippen nicht nur bessere Rechtschreibleistungen erbracht haben, sondern auch mehr Korrekturen vorgenommen bzw. Fehler gefunden haben. Dies könnte auch am klaren gedruckten Schriftbild liegen, welches das Lesen bei der Überarbeitung vereinfacht.

Für die Kinder ohne LRS zeichnet sich ein Vorteil handschriftlicher Textproduktion für die Rechtschreibgenauigkeit ab. Die Untersuchung von Jung und Möller bezieht allerdings nur orthographische Aspekte ein. Aufschlussreich für Vergleiche der Textqualität wäre auch die Untersuchung des Korrekturverhaltens und der Fehlerhäufung bzw. -verteilung bei grammatikalischen Fehlern. Außerdem wird nicht angegeben, wie viele der Korrekturen erfolgreich waren, und auch das Verhältnis von unterlaufenen Fehlern (Anzahl der Fehler vor Korrektur) und korrigierten Fehlern (Anzahl der Fehler nach Korrektur) wäre ein interessanter Anknüpfungspunkt für weitere Untersuchungen. Des Weiteren wurde die hand-

[45] vgl. ebd., S. 64.

und tastaturschriftliche Schreibflüssigkeit nicht erfasst, welche ebenfalls einen Einfluss auf die Textqualität haben könnte.

Bahr et al. (2020)[46] untersuchten in einem Within-Subjects-Design die Rechtschreibgenauigkeit in mehreren Texten von 29 Schülerinnen und Schülern mit spezifischen Lernstörungen (Dyslexie, Dysgraphie, schriftliche und mündliche Sprachlernstörungen) der fünften bis neunten Klassenstufe. Die Autorinnen und Autoren analysierten die Art der enthaltenen Fehler in fehlerhaften Wörtern, wobei auch mehrere Fehlerarten enthalten sein konnten. Je nach Art und Anzahl der in einem Wort enthaltenen Fehler wurde dem fehlerhaften Wort ein entsprechender Grad der Fehlerkomplexität bzw. ein Fehlerschweregrad zugeteilt[47]. In der Auswertung wurden bezüglich des Fehlerschweregrads keine statistisch relevanten Unterschiede zwischen handgeschriebenen und tastaturgeschriebenen Texten gefunden. Hier sollte jedoch auch beachtet werden, dass die Kinder in der handschriftlichen Bedingung auf einem iPad schrieben, was womöglich andere Schreibprozesse und -ergebnisse nach sich zieht als das Schreiben auf Papier (vgl. Alamargot & Morin, 2015).

Auch Spilling et al. (2021)[48] fanden in ihrer Untersuchung mit Schreibanfängerinnen und -anfängern einer ersten Klasse keine Unterschiede in der Textqualität hand- und tastaturgeschriebener Texte.

Alles in allem scheint es, ähnlich wie bei der Schreibgeschwindigkeit, Unterschiede in den Altersgruppen zu geben: Jüngere Schreibende scheinen mit der Hand teilweise längere Texte zu schreiben als mit der Tastatur, während die Untersuchungen mit Erwachsenen recht einheitlich zu dem Schluss kommen, dass am Computer eine höhere Textquantität erreicht wird. Die Effekte des Schreibmodus auf die Textqualität sind weniger einheitlich belegt, wie wir am Beispiel der Rechtschreibgenauigkeit gesehen haben. Jedoch scheint das Tastaturschreiben bei schwächeren Schreibenden ein Potenzial für qualitativ hochwertigere Texte zu besitzen, was möglicherweise mit der besseren Lesbarkeit, einfacheren Überarbeitungsprozessen sowie mit Rechtschreibkorrekturhilfen in Textverarbeitungsprogrammen zusammenhängt. Außerdem scheint der Überarbeitungsprozess am Computer anders zu verlaufen als beim Handschreiben.

---

[46] Bahr, R. H., Lebby, S. & Wilkinson, L. C. (2020). Spelling error analysis of written summaries in an academic register by students with specific learning disabilities. Phonological, orthographic, and mor-phological influences. *Reading and Writing 33*, 121–142. https://doi.org/10.1007/s11145-019-09977-0.

[47] ebd., S. 130 f.

[48] Spilling, E., Rønneberg, V., Rogne, W., Torrance, M. & Roeser, J. (2022). Handwriting versus keyboarding: Does writing modality affect quality of narratives written by beginning writers? *Reading and Writing, 35(3)*, 129–153. https://doi.org/10.1007/s11145-021-10169-y.

Besonders wichtig ist die Feststellung, dass die Textqualität mit der Schreibflüssigkeit korreliert. Wenn das Tastaturschreiben nicht voll automatisiert ist und die Schreibenden beim Tippen auf ihre Finger statt auf den Bildschirm schauen, scheint es weniger Korrekturen und damit fehlerhaftere Texte zu geben. Zu diesem Schluss kommen auch Frahm und Blatt (2015), die in ihrer Untersuchung mehr Rechtschreibfehler in der Tastaturgruppe gefunden haben. Sie stellten fest, dass die untersuchten Schülerinnen und Schüler der fünften Klassenstufe ($n = 531$) langsamer tippten als mit der Hand schrieben. Daraus folgerten die Autorinnen, dass die Kinder in ihrer Stichprobe nur eine geringe Tastaturschreibflüssigkeit aufwiesen, was möglicherweise zu mehr Rechtschreibfehlern geführt hat[49].

6.3 Förderung der Feinmotorik

Nicht nur das Schreibprodukt kann vom Schreibwerkzeug beeinflusst werden. Während beim Handschreiben für jeden Buchstaben einzigartige Bewegungsabläufe vollzogen werden müssen, sind die Schreibbewegungen beim Tippen bei allen Buchstaben sehr ähnlich. Dadurch könnte der Erwerb des Handschreibens die allgemeinen visuell-räumlichen Fähigkeiten mehr fördern als der Schreiberwerb auf der Tastatur (vgl. Mayer et al., 2020[50]). Mayer et al. fanden einen größeren Zuwachs visuell-räumlicher Fähigkeiten beim Handschreiben auf Papier im Vergleich zum Handschreiben auf einem Tablet. In einer Studie zur Kontrolle von Arm-Hand-Bewegungen fanden Sulzenbrück et al. (2011)[51] zudem einen negativen Zusammenhang zwischen häufigem Tastaturschreiben und der Entwicklung der Feinmotorik. In einer Umfrage unter Lehrkräften an deutschen Grund- und Sekundarschulen im Jahr 2016 gaben die Lehrkräfte durchschnittlich an, dass 30 Prozent der weiblichen und 50 Prozent der männlichen Schülerinnen und Schüler Probleme in den Bereichen Handschreiben und Feinmotorik aufweisen (Marquardt et al., 2016). 40 Prozent seien nicht in der Lage, ohne Probleme

[49] vgl. Frahm & Blatt, 2015, S. 4.

[50] Mayer, C., Wallner, S., Budde-Spengler, N., Braunert, S., Arndt, P. A. & Kiefer, M. (2020). Literacy Training of Kindergarten Children with Pencil, Keyboard or Tablet Stylus. The Influence of the Writing Tool on Reading and Writing Performance at the Letter and Word Level. *Frontiers in. Psychology, 10*: 3054. https://doi.org/10.3389/fpsyg.2019.03054.

[51] Sulzenbrück, S., Hegele, M., Rinkenauer, G. & Heuer, H. (2011). The death of handwriting: Secon-dary effects of frequent computer use on basic motor skills. *Journal of Motor Behavior, 43*, 247–251.

mehr als eine halbe Stunde am Stück mit der Hand zu schreiben. Als mögliche Ursache wurde neben mangelnder Übung die übermäßige Nutzung digitaler Medien genannt.

Martzog und Suggate (2022)[52] untersuchten die Vermutung, dass Tipp- und Wischbewegungen, die bei der Bedienung digitaler Geräte zum Einsatz kommen, weniger für die Entwicklung der Feinmotorik erforderliche haptische und sensomotorische Erfahrungen ermöglichen, in einer Langzeituntersuchung mit 141 Vorschulkindern. Sie erhoben die tägliche Dauer der Mediennutzung sowie die feinmotorischen Fähigkeiten zweimal im Abstand von einem Jahr. Dabei zeigte sich ein negativer Einfluss der Mediennutzung auf die Entwicklung der feinmotorischen Fähigkeiten. Interessanterweise war der negative Einfluss neuerer, aktiv genutzter Medien wie Tablets und Smartphones größer als der Einfluss von passivem Fernsehen, obwohl man intuitiv eher davon ausgehen würde, dass feinmotorische Aktivitäten (beispielsweise beim Gaming) die Entwicklung der Feinmotorik mehr fördern als passive Bildschirmzeit[53].

Kiefer und Spitzer (2023) führen eine Reihe von Untersuchungen an, die nahelegen, dass das Handschreiben nicht nur für den Erwerb von Feinmotorik bedeutsam ist, sondern auch für andere kognitive Fähigkeiten, denn mit größeren feinmotorischen Fähigkeiten gehen offenbar auch bessere mathematische und sprachliche Fähigkeiten einher (vgl. ebd. für einen Überblick). Auch in einer kürzlich veröffentlichten Studie berichten Suggate et al. (2023)[54], dass die feinmotorischen Fähigkeiten neben der Kapazität des Arbeitsgedächtnisses wichtige Prädiktoren für den Erfolg des Leseerwerbs sind. Martzog und Suggate (2019)[55] zeigen außerdem, dass die feinmotorischen Fähigkeiten mit der Fähigkeit mentaler Simulation zusammenhängen. Dies ist insbesondere im Hinblick auf die Theorien der *Embodied Cognition* interessant, da mentale Simulation dort für kognitive Prozesse zentral ist.

---

52 Martzog, P. & Suggate, S. P. (2022). Screen media are associated with fine motor skill development in preschool children. *Early Childhood Research Quarterly,* 60, 363–373. https://doi.org/10.1016/j.ecresq.2022.03.010.

53 vgl. ebd., S. 370.

54 Suggate, S. P., Karle, V., Kipfelsberger, T. & Stoeger, H. (2023). The effect of fine motor skills, handwriting and typing on reading development. *Journal of experimental child psychology, 232:*105674. https://doi.org/10.1016/j.jecp.2023.105674.

55 Martzog, P. & Suggate, S. P. (2019). Fine motor skills and mental imagery. Is it all in the mind? *Journal of Experimental Child Psychology,* 186, 59–72. https://doi.org/10.1016/j.jecp.2019.05.002.

6.4 Hirnaktivitäten beim Hand- und Tastaturschreiben

Longcamp et al. (2008)[56] zeichneten mithilfe funktioneller Magnetresonanztomographie (fMRI) auf, dass beim Erkennen von handgeschriebenen Buchstaben und Zeichen andere Hirnregionen aktiviert sind als beim Erkennen getippter Buchstaben und Zeichen[57]. Zudem stützen die fMRI-Daten die Vermutung, dass bei der visuellen Verarbeitung der handgeschriebenen Zeichen sensomotorisches Wissen mitaktiviert wird, wenn diese mit der Hand gelernt wurden[58].

Auch James und Atwood (2009)[59] untersuchten, ob die Art der sensomotorischen Erfahrung beim Erlernen neuer Buchstaben beeinflusst, wie die Zeichen im Gehirn verarbeitet werden, beziehungsweise welche Hirnregionen beim Erkennen der Zeichen aktiviert werden. In entweder handschriftlichen, tastaturgeschriebenen oder rein visuellen Trainingseinheiten brachten sie 18 Studierenden Pseudobuchstaben bei. Anschließend nahmen sie mittels fMRI-Technik in einem Buchstabenerkennungstest Messungen der Hirnaktivitäten vor. Die Ergebnisse deuten darauf hin, dass die neuronalen Aktivierungsmuster nur nach dem handschriftlichen Training dem neuronalen Aktivierungsmuster entsprechen, das beim Erkennen von Buchstaben typischerweise vorzufinden ist. Auch nach dem Einüben der Pseudobuchstaben mit der Tastatur (aber nicht nach visuellem Training) vergrößerten sich Aktivitäten in einigen Hirnregionen, sodass auch diese motorischen Erfahrungen die (visuelle) Verarbeitung der Zeichen zu beeinflussen scheinen. Die Autoren sehen darin einen weiteren Hinweis für die enge Verflechtung senso-motorischer Erfahrungen und visueller Verarbeitung (zum Beispiel beim Lesen von Buchstaben).

---

[56] Longcamp, M., Boucard, C., Gilhodes, J.-C., Anton, J.-C., Roth, M., Nazarian, B. & Velay, J.-L. (2008). Learning through Hand- or Typewriting Influences Visual Recognition of New Graphic Shapes. Behavioral and Functional Imaging Evidence. *J Cogn Neurosci 20(5)*, 802–815. https://doi.org/10.1162/jocn.2008.20504.

[57] ebd., S. 812. Die Befunde sind auch hinsichtlich genereller Lernprozesse interessant. So wurden Aktivitäten in unterschiedlichen Hirnregionen beim Erkennen von im Langzeitgedächtnis verfestigten Buchstaben versus ganz neu gelernten Zeichen gefunden.

[58] ebd., S. 813.

[59] James, K. H. & Atwood, T. P. (2009). The role of sensorimotor learning in the perception of letter-like forms. Tracking the causes of neural specialization for letters. *Cognitive Neuropsychology, 26(1)*, 91–110.

James und Engelhardt (2012)[60] zeigten in ihrer fMRI-Studie, dass sich bei Vorschulkindern nur nach handschriftlichem Schreibtraining von Buchstaben der typische neuronale Kreis herausbildet, der bei Erwachsenen beim Lesen aktiviert ist. Dies könnte ein Hinweis darauf sein, dass durch handschriftlichen Schreiberwerb eine bessere Leseförderung erzielt werden kann.

Die bislang genannten Studien mit bildgebenden Verfahren (z. B. fMRI) basieren größtenteils auf Buchstabenerkennungstests, also auf Tests, die sich vorrangig auf die Rezeption von Sprache, auf das Lesen beziehen. In einer 2017 veröffentlichten EEG-Studie untersuchten van der Meer und van der Weel, ob auch während der Produktion von Sprache je nach Schreibmodus unterschiedliche Aktivitäten im Gehirn vorliegen[61]. Erwachsenen Probandinnen und Probanden wurden, ähnlich wie im populären Tabu-Spiel, Wörter gezeigt, die sie entweder durch Tippen aufschreiben, durch Tippen beschreiben, oder aber mit der Hand durch Zeichnen auf einem Tablet darstellten sollten. Zwischen dem Abschreiben der Wörter und der Beschreibung der Wörter wurde interessanterweise kein Unterschied festgestellt, trotz der Unterschiede in der Aufgabenkomplexität. Beim Vergleich der Gruppe, die die Wörter durch Tippen beschreiben sollte, mit der zeichnenden Gruppe zeigte sich jedoch, dass in der zeichnenden Gruppe neuronale Aktivitäten messbar waren, die erfahrungsgemäß mit Lernprozessen korrelieren. Es waren höhere und desynchronisierte[62] Aktivitäten in Hirnregionen (Parietal- und Occipitallappen) zu verzeichnen, die mit kognitiven Informationsverarbeitungsprozessen assoziiert sind: „The more widespread and increased desynchronization found in the present study could indicate that a larger neural network is involved in information processing when drawing as opposed to describing the words, thereby facilitating and optimizing learning […].“ (ebd., S. 7)

---

[60] James, K. H. & Engelhardt, L. (2012). The effects of handwriting experience on functional brain development in pre-literate children. *Trends in Neuroscience and Education, 1(1)*, 32–42.

[61] van der Meer, A. L. H. & van der Weel, F. R. (2017). Only three fingers write, but the whole brain works. A high-density EEG study showing advantages of drawing over typing for learning. *Frontiers in Psychology, 8*:706. https://doi.org/10.3389/fpsyg.2017.00706.

[62] Zu ereigniskorrelierten desynchronisierten Aktivitäten bzw. Schwingungen (ERD) im Gehirn kommt es, wenn der synchronisierte Ruhezustand der neuronalen Zellpopulationen durch einen Reiz, kognitive Aktivitäten oder die Veranlassung motorischer Tätigkeiten unterbrochen wird. Diese Desynchronisierung wird in den Neurowissenschaften als Aufmerksamkeit bzw. Gehirnaktivität gewertet. Vgl. hierzu Pfurtscheller, G. (2001). Functional brain imaging based on ERD/ERS. *Vision Research, 41*, 1257–1260.

Des Weiteren gehen die gemessenen Aktivitäten in der bisherigen Literatur und auch in der Studie von van der Meer und van der Weel (2017) mit sensomotorischer Integration einher. Bei der sensomotorischen Integration hängen der sensorische Input (z. B. eine Sinneswahrnehmung) und der motorische Output (z. B. eine Handbewegung als Reaktion auf die Wahrnehmung) eng zusammen und beeinflussen einander. Die Autoren nehmen an, dass reiche sensomotorische Erfahrungen wie beim Zeichnen das Lernen erleichtern und empfehlen handschriftliche Notizen mit kleinen Zeichnungen oder graphischen Darstellungen vorzunehmen, um das Lernen effektiv zu gestalten[63].

In einer weiteren EEG-Studie im Within-Subjects-Design untersuchten Askvik, van der Weel und van der Meer (2020)[64] Unterschiede in den Hirnaktivitäten bei jungen Erwachsenen sowie 12-jährigen Kindern, die wie in der Studie von 2017 visuell präsentierte Wörter entweder mit dem Stift auf ein Tablet schrieben, mit der Tastatur aufschrieben oder mit dem Stift auf dem Tablet zeichnend darstellten. Beim Handschreiben fanden die Autoren unter anderem eine ereigniskorrelierte Synchronisierung der Theta-Schwingungen im zentralen Bereich sowie im Bereich der Parietallappen. Beim Tippen zeigte sich demgegenüber eine Dominanz desynchronisierter Theta-Wellen sowie, in geringerer Stärke, desynchronisierte Alpha-Wellen. Theta-Synchronisierung steht offenbar im Zusammenhang mit Arbeitsgedächtnisprozessen und der Fähigkeit, neue Informationen aufzunehmen. Bei den Kindern waren die Messungen ähnlich, aber nicht ganz so deutlich wie bei den erwachsenen Probandinnen und Probanden. Daraus schließen sie, dass dem Handschreiben besonders viel Potenzial für Lernprozesse innewohnt:

> Event-related synchronization within the theta (4–8 Hz) band has been found to correlate with working memory performance and the ability to encode new information [...]. Therefore, our findings seem to support the potential benefits of handwriting activity for learning. (ebd., S. 11)

Zwar konnte die Alpha-Desynchronisierung beim Handschreiben, die in der Studie von 2017 gemessen wurde, diesmal nicht nachgewiesen werden, doch die Autoren werten die Ergebnisse dennoch als Bestätigung der Interpretation der

[63] van der Meer & van der Weel, 2017, S. 7 f.

[64] Askvik, E. O., van der Weel, F. R. & van der Meer, A. L. H. (2020). The importance of cursive handwriting over typewriting for learning in the classroom. A high-density EEG study of 12-year-old children and young adults. *Frontiers in Psychology, 11:*1810. https://doi.org/10.3389/fpsyg.2020.01810.

Daten von 2017. Demnach gehe Alpha-Desynchronisierung (wie sie 2017 gemessen wurde) mit Theta-Synchronisierung (wie sie in der Studie von 2020 gemessen wurde) einher[65].

Dass beim Tastaturschreiben eine eher geringfügige niedrigfrequente Alpha-Desynchronisierung auftrat, werten die Autoren als Hinweis auf nicht aufgabenspezifische kognitive Aktivitäten wie Wachsamkeit und Aufmerksamkeit, die womöglich durch die ungewohnten und erschwerenden Schreibbedingungen beim Tastaturschreiben ausgelöst wurden. Denn die Probanden mussten ausschließlich mit dem Zeigefinger schreiben und zudem erschien das getippte Wort nicht auf dem Bildschirm[66]. Der Umstand, dass die getippten Worte nicht auf dem Bildschirm zu sehen waren, kann jedoch die Ergebnisse auch verfälschen, denn das visuelle Feedback könnte eine große Rolle beim Schreiben spielen. Die künstliche Laborsituation kann den realen Schreibprozess mit den damit verbundenen Hirnaktivitäten so womöglich nicht wiedergeben.

Handschreiben und Zeichnen wiesen zwar durchaus Unterschiede auf, doch diese waren geringfügiger als die Unterschiede zum Tastaturschreiben. Die ähnlichen Aktivitätsmuster der gezeichneten und der handgeschriebenen Prozesse im Vergleich zum Tastaturschreiben sind auch insofern erstaunlich, da die Aufgabenkomplexität unterschiedlich war: Während die Teilnehmer beim Handschreiben und beim Tippen das dargestellte Wort nur abschreiben mussten, kamen beim Zeichnen höhere kognitive Prozesse ins Spiel. Auch beim Zeichnen wurde im Bereich der Parietallappen Theta-Synchronisierung gemessen, zusätzlich jedoch noch Alpha- und Beta-Desynchronisierung, was auf einen Anstieg der kognitiven Anstrengung und der Informationsverarbeitungsaktivitäten hinweist. Dies könnte von der erhöhten Aufgabenkomplexität herrühren[67].

Alles in allem deuten neurowissenschaftliche Studien darauf hin, dass beim Hand- und Tastaturschreiben Unterschiede bei der kognitiven Verarbeitung auftreten. Die gemessene elektrische Aktivität scheint beim Handschreiben, aber nicht beim Tastaturschreiben, verstärkt mit Prozessen der Informationsverarbeitung und des Lernens zu korrelieren.

---

[65] ebd., S. 12.

[66] ebd.

[67] ebd.

6.5 *Durch die Hand in den Kopf?* Lernen durch Hand- versus Tastaturschreiben

Beim Schreiben findet nicht nur reine Textproduktion statt. Wie in Abschnitt 3.4 erläutert wurde, kann man mit der Schreibhandlung auch das Ziel verfolgen, aufgeschriebene Inhalte durch das Aufschreiben tiefer zu verarbeiten und zu lernen. Neben der Feinmotorik könnten auch Lernprozesse je nach Schreibmodus unterschiedlich beeinflusst werden, wenn sie während des Schreibens stattfinden. Im Folgenden liegt der Fokus auf Studien, die den Einfluss des Schreibwerkzeugs auf Lernprozesse untersuchen. Zunächst werden die Schreibmodalitäten in Studien zum Schreiberwerb (Abschnitt 6.5.1), zum orthographischen Lernen (Abschnitt 6.5.2) und zum Lernen von Wortlisten (Abschnitt 6.5.3) gegenübergestellt. In Abschnitt 6.5.4 beschäftigen wir uns detailliert mit Studien, die das Erinnerungsvermögen nach hand- versus tastaturgeschriebenen Notizen unter die Lupe genommen haben, da diese für die in Teil II beschriebene Studie unmittelbar relevant sind.

6.5.1 Die Rolle des Schreibmodus im Schreib- und Leseerwerb

Sollten Kinder das Schreiben und Lesen besser durch Handschreiben oder durch Tippen lernen? Im Zuge der anhaltenden Debatte darüber, welches Schreibwerkzeug für den Schreib- und Leseerwerb im Anfangsunterricht der Grundschule geeignet ist, wurden in den vergangenen Jahren zahlreiche Studien veröffentlicht.

In einer Studie von Castles et al. (2013) zeigte sich bei vierjährigen Kindern eine kleine, positive Korrelation zwischen der Häufigkeit der Computerbenutzung und der Buchstabenkenntnis. Die Daten von 1539 Vorschulkindern wurden mittels Elternfragebögen (u. a. zur Häufigkeit der Computerbenutzung, des Fernsehens, und des Bücherlesens) und einigen kognitiven Tests erhoben. Die hier gefundene Korrelation lässt jedoch kaum Schlussfolgerungen zu einem kausalen Verhältnis zwischen der Computerbenutzung und der Buchstabenkenntnis zu. Die Autorinnen und Autoren gestehen auch selbst ein, dass möglicherweise ein dritter, nicht kontrollierter Faktor eine entscheidende Rolle gespielt hat[68]. So könnten auch literale Vorerfahrungen wie das Vorlesen von Büchern durch die Eltern oder Mal- und Schreibversuche Einfluss nehmen. Des Weiteren wurden keine

[68] Castles et al., 2013, S. 197.

Daten zu verschiedenen Arten und der jeweiligen Häufigkeit von Computerbenutzung erhoben (Lese- und Schreiblernsoftware und -spiele, Unterhaltungsspiele ohne Schriftsprache oder ganz ohne Sprache, Textverarbeitungsprogramme, Ansehen von Videos auf Youtube o.ä.). Eine solche Differenzierung wäre jedoch aufschlussreich für die Frage, ob die Korrelation zwischen der Computerbenutzung und der Buchstabenbenennung vorliegt oder aber beispielsweise zwischen sprachfokussierenden digitalen Aktivitäten wie Sprachlernspielen und der Buchstabenbenennung besteht[69]. In letzterem Fall wäre nicht klar, ob die digitale Lernumgebung für bessere Buchstabenkenntnisse ausschlaggebend ist, oder aber an sich die Beschäftigung mit und Wahrnehmung von (Schrift-) Sprache.

Suggate et al. (2023) untersuchten unter anderem, ob handschriftliches oder aber tastaturschriftliches Schreibtraining bei Vorschulkindern zu einem besseren Leseerwerb führt. Sie fanden keinen Unterschied zwischen den Schreibmodalitäten.

Kiefer et al. (2015) führten eine Interventionsstudie mit Vorschulkindern durch[70]. 23 Vorschulkindern wurden in 16 Trainingseinheiten acht Buchstaben beigebracht, wobei 12 Kinder die Übungen handschriftlich absolvierten und die anderen Kinder auf der Tastatur. Vor und nach der Intervention wurden die Kinder bezüglich ihrer Fähigkeiten, die erlernten Buchstaben zu erkennen, zu benennen und mit der Hand zu schreiben getestet. Die Tests zum Lesen und Schreiben ganzer Wörter, die nur aus den gelernten Buchstaben bestanden, sowie zum Schreiben im jeweiligen Trainingsmodus wurden ausschließlich nach der Intervention durchgeführt. Die Tests zum Erkennen und Benennen von Buchstaben zeigten keine Unterschiede zwischen der handschreibenden Gruppe und der tastaturschreibenden Gruppe, weder in den beiden Tests (vor und nach der Intervention), noch bezüglich des Lernzuwachses durch Training (Trainingseffekt). Das Lesen von Wörtern war in der handschriftlich trainierenden Gruppe tendenziell besser als in der tastaturschreibenden Gruppe und auch das Schreiben von Wörtern im jeweiligen Schreibmodus fiel in der handschreibenden Gruppe besser aus. Das Schreiben der einzelnen Buchstaben hingegen wies keine Unterschiede zwischen der hand- und der tastaturschreibenden Gruppe auf.

Im Großen und Ganzen stützen die Ergebnisse die Annahme, dass das Handschreiben für den Schreib- und Leseerwerb von Vorteil ist. Dass in einigen Tests

---

[69] vgl. ebd.

[70] Kiefer, M., Schuler, S., Mayer, C., Trumpp, N. M., Hille, K. & Sachse, S. (2015). Handwriting or Typewriting? The Influence of Pen- or Keyboard-Based Writing Training on Reading and Writing Performance in Preschool Children. *Advances in Cognitive Psychology, 11(4),* 136–146.

kein Unterschied zwischen den Schreibmodalitäten festgestellt werden konnte, beeinträchtigt diese Sicht nach Kiefer et al. keineswegs:

> Even in tasks such as single letter writing, in which the easier motor program associated with typing could be most advantageous, accuracy was not higher in the typing than in the handwriting training group. Instead, performance did not differ across groups. Thus, our results are entirely inconsistent with the notion that the easiness of the motor program associated with typing is beneficial for written language training, at least in children without disabilities. (Kiefer et al., 2015, S. 143 f.)

Anschließend untersuchten Kiefer und Kollegen in einer 2020 veröffentlichten Studie (vgl. Mayer et al., 2020) den Einfluss des Schreibmediums auf den Schreiberwerb bei Vorschulkindern in einer größeren Stichprobe ($n = 147$). In ihrer Intervention gab es interessanterweise nicht nur eine Handschreib- und eine Tastaturschreibgruppe, sondern zusätzlich noch eine Gruppe, die das Schreibtraining mit einem Stift auf dem Tablet absolvierte. Anders als in bisherigen Studien schrieben die Kinder in der Tastaturschreibgruppe nicht auf einer gewöhnlichen Laptop-Tastatur, sondern auf einer virtuellen Bildschirmtastatur (Touchbildschirm) auf dem Tablet. Innerhalb von 7 Wochen wurden den Kindern unter Nutzung des jeweiligen Schreibmediums (Bleistift auf Papier, Stift auf Tablet, Tastatur) 16 Buchstaben im Rahmen eines intensiven Trainings beigebracht. Die insgesamt 28 Lerneinheiten (à 25 Minuten) fanden an vier Tagen pro Woche statt. Wie in der zuvor besprochenen Untersuchung von 2015 unterschieden sich die Übungsaufgaben durch den Schreibmodus, waren aber sonst fast identisch. Die Lese- und Schreibfähigkeit für diese 16 Buchstaben wurde vor, direkt nach und vier bis fünf Wochen nach der Intervention in einer Reihe von Tests erhoben. Darunter war ein Buchstabenerkennungstest, Tests zum Lesen einzelner Buchstaben sowie vollständiger Wörter, die aus den gelernten Buchstaben bestehen, Tests zum Schreiben einzelner Buchstaben sowie vollständiger Wörter, sowie ein Test zur Erhebung der räumlich-visuellen Fähigkeiten.

Die Ergebnisse zeichnen ein komplexes Bild der Einwirkung des Schreibinstruments auf den Schreib- und Leseerwerb. Im Buchstabenerkennungstest unterschieden sich die Kinder, die mit dem Stift auf dem Tablet schrieben, nicht signifikant von den beiden anderen Gruppen. Zwar zeigten die Kinder in der Bleistiftgruppe einen größere Lernzuwachs vom Test vor der Intervention zum zweiten Test sowie eine höhere Wissensstabilität (vom zweiten zum dritten Test) als die tastaturschreibenden Kinder, diese Unterschiede erreichten jedoch nicht die statistische Signifikanz. Der Lernzuwachs vom ersten bis zum dritten Test war in der Bleistiftgruppe jedoch signifikant größer als in der Tastaturgruppe. Beim Lesen und Schreiben ganzer Wörter hingegen zeigten die tastaturschreibenden

Kinder einen signifikant größeren Lernzuwachs als die auf dem Tablet handschreibenden Kinder. Der Unterschied der Bleistiftgruppe war jedoch weder zur Tastaturgruppe noch zu der auf dem Tablet handschreibenden Gruppe signifikant.

Die beobachteten Unterschiede sind insgesamt eher klein. Dennoch können die Daten weder die Vermutung, dass die geringere motorische Komplexität beim Tippen zu mehr Lese- und Schreiblerneffekten führt, bestätigen, noch die Vermutung, dass durch *memory traces*, die beim Handschreiben angelegt werden, das Lesen- und Schreibenlernen erleichtert wird. Im Test zum Schreiben einzelner Buchstaben gab es keine signifikanten Unterschiede zwischen den Gruppen. Beim Lesen und Schreiben ganzer Wörter gab es zwischen hand- und tastaturschreibenden Kindern keinen statistisch relevanten Unterschied, was der Vermutung zum Einfluss der motorischen Komplexität des Schreibmodus auf den Schreiberwerb widerspricht. Die Ergebnisse stützen jedoch die Annahme der *Embodied Cognition*-Theorie zumindest teilweise, denn bei der Buchstabenerkennung war der Lernzuwachs vom ersten bis zum dritten Test in der Bleistiftgruppe größer als in der Tastaturgruppe. Der Unterschied zwischen den beiden Gruppen war erst nach dem dritten Test signifikant, woraus die Mayer et al. den Schluss ziehen, dass das durch handschriftliches Schreibtraining erworbene Wissen womöglich länger behalten wird als nach dem Tastaturtraining. Sie vermuten, dass beim Tastaturschreiben nur visuelle Repräsentationen der Buchstaben, beim Handschreiben aber zusätzlich noch sensomotorische Repräsentationen gespeichert werden[71].

Auch die räumlich-visuellen Fähigkeiten verbesserten sich durch die Intervention in den Handschreibgruppen deutlich, in der Tastaturgruppe hingegen gab es keine Verbesserung. Mayer et al. deuten dies als Hinweis darauf, dass nicht nur der Schreib- und Leseerwerb, sondern auch nichtsprachliche kognitive Fähigkeiten vom Handschreiben in besonderem Maße profitieren[72] (vgl. auch Abschnitt 6.3).

Warum das Handschreiben auf dem Tablet tendenziell mit einem geringeren Lernzuwachs einherging als das Schreiben mit dem Bleistift auf Papier, ist eine offene Frage. Mayer et al. stellen die Vermutung an, dass das Schreiben auf der rutschigen, glatten Oberfläche der Tablets eine größere Belastung für das Arbeitsgedächtnis darstellt, weil die motorische Kontrolle der Schreibbewegung schwieriger ist[73].

---

[71] Mayer et al., 2020, S. 14.

[72] ebd.

[73] ebd., S. 13.

> At least given the current technological state of tablet touchscreens and styluses, writing with a stylus on a touchscreen of a tablet computer seems to be the least favorable writing tool [for writing practice, E.S.]. (Mayer et al., 2020, S. 15 f.)

Zu ähnlichen Ergebnissen bezüglich des Unterschieds zwischen dem Schreiben auf dem Tablet und dem Schreiben auf Papier kommen im Übrigen auch Gerth et al. (2016)[74] und Alamargot und Morin (2015).

Auch Longcamp et al. (2005)[75] gingen der Frage nach, ob der hand- versus tastaturschriftliche Schriftspracherwerb unterschiedliche Erfolge mit sich bringt. Im Detail untersuchten sie, ob drei- bis fünfjährige Vorschulkinder ($n = 76$), die entweder mit der Hand oder auf der Tastatur 12 Buchstaben schreiben lernten, sich die Buchstaben unterschiedlich gut einprägen konnten. Sie führten neben zahlreichen Vortests drei Buchstabenerkennungstests durch, einmal vor der Intervention, einmal direkt nach der Intervention und einmal eine Woche nach der Intervention. Bei den drei- bis vierjährigen Kindern wurde bei beiden Schreibmodalitäten kein Lernzuwachs festgestellt, was die Autorinnen und Autoren auf geringere kognitive Reife zurückführen. Bei den fünf- bis sechsjährigen Kindern gab es in der tastaturschreibenden Gruppe keinen Lerneffekt, aber die handschreibende Gruppe wies trotz der geringen Interventionszeit einen deutlichen Lernzuwachs auf.

2008 veröffentlichten Longcamp et al. eine Studie, in der sie die Rolle des Schreibmodus für das Lesen- und Schreibenlernen bei Erwachsenen untersuchten. Sie brachten den Probandinnen und Probanden entweder durch handschriftliches oder tastaturschriftliches Training neue Zeichen bei und testeten anschließend die Wiedererkennung der korrekten Form in einem ähnlichen Test wie schon 2005 mit Buchstaben sowie den neu gelernten Zeichen. Dabei zeigte sich, dass die Gruppe, die das Training der Zeichen handschriftlich absolviert hatte, eine bessere Wiedererkennungsrate aufwies als die Tastaturgruppe, vor allem einige Wochen nach dem Training, was auch auf länger anhaltende Lernerfolge durch handschriftliches Training hindeutet.

---

[74] Gerth, S., Klassert, A., Dolk, T., Fliesser, M., Fischer, M. H., Nottbusch, G., et al. (2016). Is handwriting performance affected by the writing surface? Comparing preschoolers', second graders', and adults' writing performance on a tablet vs. paper. *Front. Psychol.* 7:1308. https://doi.org/10.3389/fpsyg.2016.01308

[75] Longcamp, M., Zerbato-Poudou, M. T. & Velay, J.-L. (2005). The influence of writing practice on letter recognition in preschool children: A comparison between handwriting and typing. *Acta psychologica, 119(1)*, 67–79. https://doi.org/10.1016/j.actpsy.2004.10.019.

Rapp und Wiley (2021)[76] bestätigen den Vorteil handschriftlichen Schreiberwerbs in einer kleinen Stichprobe mit Erwachsenen ($n = 42$). Nach handschriftlichem Schreibtraining arabischer Schriftzeichen erreichten die Probandinnen und Probanden höhere Punktzahlen in Tests zur Buchstabenerkennung, zum Lesen und Buchstabieren von Wörtern und zum Buchstabenschreiben, wobei die Unterschiede beim Lesen von Wörtern und beim Schreiben von Buchstaben nicht signifikant waren. Sie ziehen daraus den Schluss, dass handschriftliches Training sowohl beim Schreiberwerb als auch beim Leseerwerb zu besseren Lernergebnissen führen könnte als ein Schreibtraining auf der Tastatur[77].

6.5.2 Orthographisches Lernen

Cunningham und Stanovich (1990)[78] untersuchten in einer viel zitierten Studie, ob es auf der Wortebene bezüglich des orthographischen Lernens Unterschiede zwischen den Schreibmodalitäten gibt. Dazu absolvierten Kinder einer ersten Klasse ein Rechtschreibtraining, indem sie einen Teil der Übungswörter mit der Hand aufschrieben, einen Teil mit der Tastatur und einen Teil durch Anordnen von Buchstabenplättchen darstellten. Dabei buchstabierten sie die Wörter mündlich und lasen dann das ganze Wort noch einmal vor. Bei dem Rechtschreibtest nach dem Training stellte sich heraus, dass mehr handschriftlich gelernte Wörter orthographisch korrekt geschrieben wurden als die auf der Tastatur gelernten oder mit Buchstabenplättchen gelegten Wörter.

Diese Ergebnisse konnten bei Vaughn et al. (1992[79],1993[80]) allerdings nicht bestätigt werden. Auch Ouellette und Tims (2014)[81] konnten keinen Unterschied zwischen dem orthographischen Lernen durch Tippen versus Handschreiben bei

---

[76] Rapp, B. & Wiley, R. W. (2021). The Effects of Handwriting Experience on Literacy Learning. In: *Psychological Science, 32(7),* 1086–1103. https://doi.org/10.1177/095679762 1993111.

[77] vgl. ebd., S. 1097.

[78] Cunningham, A. E. & Stanovich, K. E. (1990). Early spelling acquisition: Writing beats the computer. *J. Educ.Psychol., 82,* 159–162. https://doi.org/10.1037/0022- 0663.82.1.159.

[79] Vaughn, S., Schumm, J. S. & Gordon, J. (1992). Early spelling acquisition: Does writing really beat the computer? *Learn.Disabil., 15,* 223–228. https://doi.org/10.2307/1510245.

[80] Vaughn, S., Schumm, J. S. & Gordon, J. (1993). Which motoric condition is most effective for teaching spelling to students with and without learning disabilities? *Learn.Disabil., 26,* 191–198. https://doi.org/10.1177/002221949302600306.

[81] Ouellette, G. & Tims, T. (2014). The write way to spell: Printing vs. typing effects on orthographic learning. *Frontiers in Psychology, 5*:117.

Kindern der zweiten Klasse feststellen. Im Gegensatz zu Cunningham und Stanovich trainierten sie mit den Kindern das Schreiben von Pseudowörtern, um nicht die phonologische Bewusstheit oder eventuell schon vorhandene Vorkenntnisse zu Einzelwörtern zu erfassen, sondern ausschließlich die orthographischen Lernprozesse.

6.5.3 Das verbale Gedächtnis nach Tippen versus Handschreiben

Mangen et al. (2015) untersuchten Unterschiede zwischen Hand- und Tastaturschreiben bezüglich des verbalen Erinnerungsvermögens. Dazu ließen sie die Probandinnen und Probanden diktierte Wortlisten mit dem Stift auf Papier, mit der Touchscreen-Tastatur auf dem Tablet oder mit der mechanischen Laptop-Tastatur aufschreiben. Den Probandinnen und Probanden wurde zuvor mitgeteilt, dass sie sich möglichst viele Wörter merken sollten. Jede Versuchsperson schrieb in allen drei Schreibmodalitäten je eine Wortliste auf. Nach jeder der drei Wortlisten wurde das verbale episodische Gedächtnis getestet, indem die Probandinnen und Probanden zunächst alle Wörter, an die sie sich erinnern konnten, mündlich wiedergeben sollten (freier Abruf) und anschließend noch einen Wiedererkennungstest durchliefen. Hierbei sollten sie signalisieren, ob die im Test vorgelesenen Wörter in der niedergeschriebenen Wortliste vorgekommen sind oder nicht. Auch ein Test zur Geschwindigkeit des Tastaturschreibens auf beiden Tastaturarten wurde durchgeführt.

Die so erhobenen Daten zeigen für den Wortwiedererkennungstest und für die freie Wiedergabe, dass in der handschriftlichen Modalität tendenziell die meisten Wörter behalten wurden, wobei aber nur die Unterschiede zwischen Hand- und mechanischem Tastaturschreiben sowie, im Test zur freien Wiedergabe, zwischen Hand- und digitalem Tastaturschreiben statistisch signifikant waren. Die Autorinnen und Autoren sehen darin die Tendenz, dass mit der Hand geschriebene Wörter besser ins verbale episodische Gedächtnis aufgenommen und von dort wieder abgerufen werden können als getippte Wörter. Als mögliche Erklärung führen sie an, dass durch die Kongruenz zwischen der Schreibbewegung und der wahrgenommenen Buchstabenform (*action-perception coupling*) beim Handschreiben eine reichhaltigere Enkodierung der zu lernenden Wörter stattfinde, wodurch diese besser abgerufen werden können[82].

[82] Mangen et al., 2015, S. 240.

Die Ergebnisse sind auch ein Hinweis darauf, dass beim Tastaturschreiben nicht unbedingt mehr Raum für lernrelevante kognitive Prozesse zur Verfügung steht. Die Vermutung, dass das Tastaturschreiben durch seine geringere motorische Komplexität zu mehr Kapazitäten im Arbeitsgedächtnis führen könnte, wird in einer Studie von Bouriga und Olive (2021)[83] weiter in Frage gestellt. Sie untersuchten in einem ersten Experiment direkt, ob das Handschreiben mehr kognitive Ressourcen beansprucht als das Tastaturschreiben. 30 junge Erwachsene (davon 27 Frauen) wurden gebeten, einen Text mit dem Stift auf Papier und einen Text mit der Tastatur abzuschreiben, während sie in unregelmäßigen Abständen schnellstmöglich auf auditive Störstimuli reagieren sollten. Unterschiede in den Reaktionszeiten auf diese Stimuli, die beim Schreiben mit der Hand und beim Schreiben mit der Tastatur auftreten, werden als Hinweis auf die unterschiedliche kognitive Belastung des Arbeitsgedächtnisses gewertet. Ist das Handschreiben also eine größere Belastung für das Arbeitsgedächtnis, so müssten die Reaktionszeiten auf die Störstimuli länger sein als beim Tippen. In dem Experiment zeigte sich hingegen, dass die Probanden beim Handschreiben kürzere Reaktionszeiten aufwiesen als beim Tastaturschreiben, sodass das Tastaturschreiben sogar eine höhere Belastung des Arbeitsgedächtnisses darstellen könnte als das Schreiben mit der Hand.

Problematisch ist allerdings, dass die Versuchspersonen nicht auf ihre Automatisierung beim Hand- und Tastaturschreiben getestet wurden. Wie die Autorinnen und Autoren selbst anmerken[84], stellt eine geringe Automatisierung der Tastaturschreibung in der Regel eine Belastung für das Arbeitsgedächtnis dar, da mehr kognitive Ressourcen für die motorische Ausführung des Tippens benötigt werden. Daher ist es nicht eindeutig geklärt, ob die höhere kognitive Belastung, auf die die längeren Reaktionszeiten beim Tastaturschreiben hindeuten, nicht lediglich auf die Kompetenz im jeweiligen Schreibmodus zurückzuführen ist. Es muss allerdings auch beachtet werden, dass die Versuchspersonen allesamt angaben, täglich mit der Computertastatur zu arbeiten, über 90 % machen nach eigener Angabe üblicherweise mit der Tastatur Notizen. Und auch die Schreibgeschwindigkeit lässt darauf schließen, dass die Versuchspersonen keine Novizen beim Tastaturschreiben sind, da sie mit der Tastatur deutlich schneller abschrieben als mit der Hand. Dennoch bräuchte es eine Replikationsstudie, um sichere Aussagen zum Einfluss des Schreibmodus auf die Belastung des

---

[83] Bouriga, S. & Olive, T. (2021). Is typewriting more resources-demanding than handwriting in undergraduate students? *Reading and Writing, 34*, 2227–2255. https://doi.org/10.1007/s11145-021-10137-6.

[84] vgl. ebd., S. 2231 & 2236.

Arbeitsgedächtnisses zu treffen. Interessant wäre es beispielsweise, professionelle Tastaturschreibende daraufhin zu untersuchen, ob sie beim Tippen eine höhere Arbeitsgedächtnisbelastung aufweisen als beim Handschreiben. Dies könnte dann auch mit der höheren Schreibgeschwindigkeit zusammenhängen, da der Formulierungsprozess und die Verarbeitung sprachlicher Wissensbestände schneller ablaufen als beim Handschreiben und so womöglich eine größere Belastung des Arbeitsgedächtnisses auftritt.

In einem weiteren Experiment, von welchem Bouriga und Olive (2021) berichten, wurde getestet, ob die Versuchspersonen sich Wörter besser merken können, wenn diese beim Abruf der Wortlisten mit der Hand oder aber mit der Tastatur aufgeschrieben wurden. Die Wörter wurden ihnen in unterschiedlich großen Blöcken (mit je verschieden vielen Wörtern) präsentiert. Anders als Mangen et al. (2015) baten Bouriga und Olive (2021) die Teilnehmerinnen und Teilnehmer, die gelernten Wörter möglichst in der gezeigten Reihenfolge mit der Hand oder mit der Tastatur aufzuschreiben. Es zeigte sich, dass beim Tastaturschreiben tatsächlich weniger Wörter wiedergegeben wurden, allerdings nur bei einer sehr hohen Belastung des Arbeitsgedächtnisses durch eine zeitliche Beschränkung der Aufgabe[85]. Zu beachten ist bei der Einordnung der Ergebnisse auch die geringe Stichprobengröße.

Ihara et al. (2021)[86] untersuchten in einem EEG-Experiment Unterschiede beim Lernen von Wörtern durch Schreiben auf Papier, Schreiben auf dem Tablet und Tastaturschreiben. Den (japanischsprachigen) Versuchspersonen wurden Wortlisten präsentiert, auf denen die zu lernenden indonesischen Wörter mit den zugeordneten japanischen Übersetzungen standen. Die Probandinnen und Probanden schrieben die indonesischen Wörter im jeweiligen Schreibmodus wiederholt ab. Direkt nach dieser Lernaktivität sollten sie in einem Test die japanische Übersetzung hinter die vorgegebenen indonesischen Wörter schreiben. Zwar schrieben die tastaturschreibenden Personen jedes Wort innerhalb des Zeitlimits durchschnittlich öfter ab als die handschreibenden Personen, aber in dem Test waren keine Lernunterschiede ersichtlich. Allerdings wurde der Test nur direkt im Anschluss an das Aufschreiben getestet und nicht noch einmal nach längerer Zeit.

---

[85] vgl. ebd., S. 2240.

[86] Ihara, A. S., Nakajima, K., Kake, A., Ishimaru, K., Osugi, K. & Naruse, Y. (2021). Advantage of Handwriting Over Typing on Learning Words. Evidence From an N400 Event-Related Potential Index. *Front. Hum. Neurosci., Sec. Cognitive Neuroscience, 15:*679191. https://doi.org/10.3389/fnhum.2021.679191

Ihara und Kollegen stellten jedoch fest, dass beim Schreiben auf Papier größere lernrelevante neuronale Aktivitäten messbar waren als beim Tastaturschreiben. Das Schreiben auf dem Tablet ging ebenfalls mit höheren lernrelevanten Hirnaktivitäten einher, sofern die Versuchspersonen im Umgang mit dem digitalen Stift geübt waren[87].

6.5.4 Lernen durch hand- und tastaturschriftliche Notizen

Umejima et al. (2021)[88] stellten hingegen eine höhere Hirnaktivierung beim Schreiben auf Papier als beim Schreiben auf einem Tablet fest, obwohl sie der Tabletgruppe vor allem Versuchspersonen zugeteilt hatten, die oft auf einem Tablet schrieben[89]. Sie untersuchten, wie gut japanische Studierende ($n = 48$) nach dem Lesen von Dialogen, zu denen sie sich mit der Hand auf Papier, mit der Hand auf dem Tablet oder auf dem Smartphone Notizen anfertigten, die Inhalte wiedererkennen konnten. In den Dialogen wurden Termine vereinbart, welche die Studierenden sich in einem Kalender notierten. Nach einer Stunde, in welcher Zwischenaufgaben gelöst wurden, wurde die Gedächtnisleistung mithilfe eines MC-Tests ermittelt. Während die Teilnehmerinnen und Teilnehmer die Testfragen beantworteten, wurden ihre Hirnaktivitäten mittels fMRI-Scanner aufgezeichnet. Die handschreibenden Studierenden wiesen nicht nur höhere Hirnaktivitäten auf, sie erreichten bei den leichten Testfragen auch eine signifikant höhere Punktzahl als die anderen beiden Gruppen. Bei der Gesamtauswertung aller Testfragen waren die Unterschiede jedoch nicht signifikant[90].

Vor allem seit einer viel beachteten Studie von Mueller und Oppenheimer aus dem Jahr 2014 wurde der für diese Arbeit zentralen Frage zunehmend Beachtung geschenkt, inwiefern die Gedächtnisleistung nach hand- beziehungsweise tastaturgeschriebenen Notizen variiert. Der bei Mueller und Oppenheimer gefundene Vorteil handgeschriebener Notizen wurde in der Medienlandschaft mit einer Welle von Artikeln verbreitet, die ausschließlich handschriftliches Mitschreiben im schulischen, beruflichen und universitären Kontext empfahlen[91]. Einige

---

[87] ebd., S. 8.

[88] Umejima, K., Ibaraki, T., Yamazaki, T. & Sakai, K. L. (2021). Paper Notebooks vs. Mobile Devices. Brain Activation Differences During Memory Retrieval. In: *Front. Behav. Neurosci.*, *15*:634158. https://doi.org/10.3389/fnbeh.2021.634158.

[89] ebd., S. 2 f.

[90] ebd., S. 6 f.

[91] Vgl. z. B. Astheimer, S. (2016, 12. Februar). Wer schreibt, der bleibt. *Frankfurter Allgemeine Zeitung*. https://www.faz.net/aktuell/karriere-hochschule/campus/warum-handschriftliche-notizen-besser-sind-als-computermitschriften-14065048.html (Zugriff am 19.07.2024).

Studien fanden zudem eine negative Korrelation zwischen der Nutzung einer Laptop-Tastatur bei Vorlesungsmitschriften und dem Erfolg in Lehrveranstaltungen (z. B. van der Velden, 2021[92]) weshalb für den Vorlesungssaal bereits eine Verbannung von Laptops gefordert wurde (vgl. Elliott-Dorans, 2018[93]).

Aber kann man Informationen wirklich besser im Gedächtnis behalten, wenn man sie zuvor mit der Hand aufgeschrieben hat? Die Ergebnisse von Untersuchungen fielen seitdem in Wahrheit sehr heterogen aus: Während wenige Studien einen Vorteil tastaturgeschriebener Mitschriften gefunden haben (vgl. Bui et al., 2013; Fiorella & Mayer, 2017[94]), zeigten sich in zahlreichen Studien Vorteile nach handgeschriebenen Notizen, oftmals jedoch nur unter bestimmten Bedingungen (z. B. Mueller & Oppenheimer, 2014; Morehead et al., 2019; Flanigan et al., 2023[95]). Einige Untersuchungen konnten gar keinen signifikanten Unterschied entdecken (vgl. Shell et al., 2021[96]; Urry et al., 2021).

Im Folgenden werden empirische Untersuchungen beschrieben, die die Gedächtnisleistung nach hand- und tastaturgeschriebenen Notizen vergleichen, um im Anschluss eine kritische Einordnung und Reflexion der Ergebnisse vorzunehmen. Auch die Notizen selbst wurden bezüglich der Wortzahl, der Zahl notierter Informationseinheiten (*idea units*) und anderer Merkmale in einigen der vorgestellten Studien analysiert. Für einen Überblick vgl. Tabelle 6.1.

In den drei viel diskutierten Experimenten von Mueller und Oppenheimer (2014) wurde untersucht, ob es Unterschiede beim inhaltlichen Lernen gibt, je nachdem, ob Notizen mit der Hand oder mit dem Laptop geschrieben werden. In

/ Kohlmeier, M. (2015, 12. Januar). Tastatur schlägt Stift- oder umgekehrt? *Süddeutsche Zeitung*. https://www.sueddeutsche.de/bildung/handschrift-in-der-grundschule-tastatur-schlaegt-stift-oder-umgekehrt-1.2296730 (Zugriff am 19.07.2024).

[92] van der Velden, M. (2021). 'I felt a new connection between my fingers and brain'. A thematic analysis of student reflections on the use of pen and paper during lectures. *Teaching in Higher Education, 28(4)*, 784–801. https://doi.org/10.1080/13562517.2020.1863347.

[93] Elliott-Dorans, L. R.(2018). To ban or not to ban? The effect of permissive versus restrictive laptop policies on student outcomes and teaching evaluations. *Computers & Education, 126(4)*, 183–200. https://doi.org/10.1016/j.compedu.2018.07.008.

[94] Fiorella, L. & Mayer, R. E. (2017). Spontaneous spatial strategy use in learning from scientific text. *Contemporary Educational Psychology, 49(4),* 66–79. https://doi.org/10.1016/j.cedpsych.2017.01.002.

[95] Flanigan, A., Kiewra, K. A., Lu, J. & Dzhuraev, D. (2023). Computer versus longhand note taking. Infuence of revision. In*: Instructional Science*, 51, 251–284. https://doi.org/10.1007/s11251-022-09605-5.

[96] Shell, M. D., Strouth, M. & Reynolds, A. M. (2021). Make a Note of It. Comparison in Longhand, Keyboard, and Stylus Note-Taking Techniques. *Learning Assistance Review,* 26(2), 1–21.

einem ersten Experiment sollten 67 Studierende mit der Hand oder der Laptop-Tastatur Notizen zu einem TED-Talk (einem kurzen Video-Vortrag zu einem bestimmten Thema) anfertigen. Die Studierenden sollten so Notizen anfertigen, wie sie es für gewöhnlich tun und wurden entsprechend des Between-Subjects-Designs in eine Laptop-Gruppe und eine Hand-Gruppe aufgeteilt. Nach etwa 30 Minuten, die sie mit der Lösung ablenkender Zwischenaufgaben (*distractor tasks*) zubrachten, beantworteten die Versuchspersonen fakenbezogene und konzeptuell-anwendungsbezogene Fragen zu Sachverhalten, die im Vortrag eine Rolle spielten. Es zeigte sich, dass die handschreibenden und die tastaturschreibenden Studierenden ein ähnlich gutes Faktenwissen vorweisen konnten, während bei konzeptuell-anwendungsbezogenen Fragen die handschreibenden Personen deutlich besser abschnitten[97].

In einem zweiten Experiment mit einer größeren Stichprobe ($n = 151$) konnten diese Befunde bestätigt werden. Zusätzlich untersuchten Mueller und Oppenheimer, ob die Tastaturschreibenden bei konzeptuellen Fragen besser abschneiden, wenn sie explizit dazu aufgefordert werden, ihre Mitschriften in ihren eigenen Worten aufzuschreiben. Damit sollte die Vermutung getestet werden, dass die weniger erfolgreiche Beantwortung konzeptueller Fragen nach Tastaturschreiben durch das wortwörtliche Mitschreiben und eine damit einhergehende oberflächigere Verarbeitung der Konzepte verursacht wird. Daher gab es drei Gruppen; eine handschreibende und eine tastaturschreibende Gruppe, die aufgefordert wurden, wie gewohnt ihre Mitschriften anzufertigen, und eine tastaturschreibende Interventionsgruppe, in welcher die Teilnehmenden explizit instruiert wurden, nicht wortwörtlich, sondern in ihren eigenen Worten mitzuschreiben. Beim Faktenwissen zeigte sich wieder kaum ein Unterschied zwischen den Gruppen. Bei den konzeptuellen Fragen schnitt die tastaturschreibende Gruppe ohne Intervention wieder signifikant schlechter ab als die handschreibende Gruppe, während die Leistung der tastaturschreibenden Gruppe mit Intervention zwischen den anderen beiden Gruppen zu verorten war und sich nicht signifikant von den anderen unterschied.

Mueller und Oppenheimer untersuchten in einem dritten Experiment, ob die umfangreicheren tastaturgeschriebenen Mitschriften vielleicht dann von Vorteil sind, wenn die Probandinnen und Probanden ihre Mitschriften vor dem Test noch einmal anschauen dürfen. In einem zweifaktoriellen Untersuchungsdesign (handschriftlich/tastaturschriftlich **x** lesen/nicht lesen) wurden 109 Studierende gebeten, im ihnen zugeordneten Schreibmedium Mitschriften zu vier kurzen Vorträgen

---

[97] vgl. Mueller & Oppenheimer, 2014, S. 1161 f.

anzufertigen. Nach einer Woche erfolgte der Test mit konzeptuellen und faktenbezogenen Fragen. Zwar konnte ein genereller Effekt des Schreibmediums auf die Beantwortung konzeptueller Fragen diesmal nicht repliziert werden, doch sowohl bei faktenbezogenen als auch bei konzeptuellen Fragen wiesen die handschreibenden Studierenden, die kurz vor dem Test noch einmal ihre Mitschriften studieren durften, eine signifikant bessere Leistung auf als die Studierenden der anderen drei Gruppen[98]. Interessant ist auch, dass die handschreibenden Versuchspersonen in allen drei Studien deutlich weniger Wörter schrieben als die Tastaturgruppen. Außerdem gab es bei handschriftlichen Mitschriften deutlich weniger Überlappungen in der Wortwahl (*verbatim overlap*), es wurde also weniger wörtlich mitgeschrieben. Der Anteil wörtlich mitgeschriebener Notizen korrelierte negativ mit der Testleistung.

Morehead et al. (2019) bestätigten die Befunde von Mueller und Oppenheimer in ihrer Untersuchung nur teilweise. Sie bezogen in einer ersten Studie nicht nur die Schreibmodalitäten Hand- und Tastaturschreiben mit ein, sondern auch das Handschreiben auf einem eWriter. In jeder Schreibmodalitätsgruppe (Laptop, Hand auf Papier, eWriter) waren über 60 Probandinnen und Probanden. Diese fertigten Mitschriften zu Videos an und wurden einmal 30 Minuten nach dem Test (T1) und/oder einmal nach zwei Tagen (T2) durch faktenbezogene und konzeptuelle Fragen getestet: Eine Hälfte der Teilnehmer wurde zweimal getestet, die andere Hälfte nur einmal nach zwei Tagen. Anders als bei Mueller und Oppenheimer beantworteten die handschreibenden Personen faktenbezogene Fragen deutlich besser als die Tastaturschreibenden, wohingegen die konzeptuellen Fragen keinen signifikanten Unterschied zwischen den Schreibmodalitäten aufwiesen (obwohl die Handschreibenden in T1 tendenziell, aber nicht statistisch signifikant, eine höhere Punktzahl erreichten als die Tastaturschreibenden). Auch im zweiten Test wurden keine signifikanten Unterschiede zwischen den Schreibmodalitäten gefunden. Die von Mueller und Oppenheimer berichtete höhere Textquantität sowie die stärkere Überlappung in der Wortwahl zwischen dem Originaltext und den tastaturgeschriebenen Mitschriften konnte bestätigt werden[99]. Zwischen dem eWriter und den anderen beiden Schreibmodalitäten konnten keine signifikanten Unterschiede bei der Beantwortung der Fragen gefunden werden.

In einer zweiten Studie mit 222 Studierenden bezogen die Autorinnen und Autoren zusätzlich eine Gruppe ein, die keine Notizen anfertigte. Sie erhofften sich davon Hinweise darauf, ob das Handschreiben an sich zu besseren Leistungen führt oder ob das Tastaturschreiben an sich die Leistung beeinträchtigt:

---

[98] ebd., S. 1162 f.

[99] vgl. Morehead et al., 2019, S. 765.

> For instance, if a longhand-superiority effect is found yet taking notes by longhand is no better than not taking notes, it would suggest that taking notes by laptop is detrimental to performance (and not that longhand note-taking improves it). (Morehead et al., 2019, S. 765)

Des Weiteren erhielten die Versuchspersonen die Möglichkeit, vor dem zweiten Test Einsicht in ihre Notizen zu nehmen. Den zweiten Test absolvierten somit nur diejenigen, die sich Notizen gemacht hatten. Im ersten Test wurden keine signifikanten Unterschiede zwischen den Schreibmodalitäten (Hand auf Papier, eWriter, Laptop, keine Notizen) gefunden, weder für faktenbezogene noch für konzeptuelle Fragen. Dies ist auch deshalb ein interessanter Befund, da die Studierenden der Gruppe, die keinerlei Notizen anfertigte, zum Teil sogar besser als die Studierenden der Gruppen mit Notizen abschnitten. Die Ergebnisse suggerieren, dass die Anfertigung von Notizen (zumindest in dieser spezifischen Bedingung des Videoschauens) keine größeren Vorteile für die (kurzfristige) Informationsverarbeitung oder -enkodierung mit sich bringt. Bei den faktenbezogenen Fragen zeigte sich wie in der ersten Studie die Tendenz, dass handschriftliche Notizen vorteilhafter waren, doch bei den konzeptuellen Fragen war die Laptopgruppe numerisch im Vorteil[100]. Vor dem zweiten Test durften die Versuchspersonen ihre Notizen für einige Minuten einsehen. Es zeigten sich keine signifikanten Unterschiede zwischen den Schreibmodalitäten. Die Ergebnisse von Morehead et al. zeigen, dass die Hintergründe für die unterschiedlichen Leistungen beim Hand- und Tastaturschreiben womöglich komplexer sind als zuvor vermutet: Die Unterscheidung zwischen konzeptuellen und faktenbezogenen Fragen führte in ihrer Studie im Vergleich zu Mueller und Oppenheimer (2014) zu gegensätzlichen Ergebnismustern. Interessant wäre hier eine Testung auch der Gruppe ohne Notizen gewesen, wenn alle Gruppen nicht noch einmal die Notizen lesen dürfen. Dies hätte womöglich Klarheit darüber gebracht, ob das Handschreiben an sich die Gedächtnisleistung verbessert, oder ob das Tastaturschreiben möglicherweise die Gedächtnisleistung sogar verschlechtert (gegenüber der Kontrollgruppe ohne Notizen).

Auch Luo et al. (2018)[101] untersuchten Unterschiede in der Informationsverarbeitung und -speicherung Studierender ($n = 126$) beim Anfertigen von Notizen mit der Tastatur versus mit der Hand. Mit wenigen Abweichungen replizierten sie das dritte Experiment von Mueller und Oppenheimer (2014), indem sie die

---

[100] ebd., S. 767 f.

[101] Luo, L., Kiewra, K. A., Flanigan, A. E. et al. (2018). Laptop versus longhand note taking: effects on lecture notes and achievement. *Instr Sci, 46*, 947–971. https://doi.org/10.1007/s11251-018-9458-0.

Testleistung von Laptop- und Handschreibenden mit und ohne Zeit zum vorherigen Studieren der angefertigten Notizen verglichen. Die Versuchspersonen sahen sich einen PowerPoint-gestützten Vortrag an, in welchem auch Graphiken vorkamen. Im Test wurden sowohl bildbezogene als auch textbezogene Fragen gestellt, da die Erstellung von Graphiken auf dem Laptop umständlicher ist als mit der Hand. Der Test wurde jedoch, anders als bei Mueller und Oppenheimer (Exp.3), die den Test nach 7 Tagen durchführten, im Anschluss an den Vortrag durchgeführt, beziehungsweise in der Gruppe, die die Notizen 15 Minuten lang lesen darf, direkt nach dem Lesen der Notizen. Die Ergebnisse deuten darauf hin, dass die Handschreibenden bei den bildbezogenen Fragen eine signifikant höhere Punktzahl erreichten, wenn beide Gruppen die Möglichkeit hatten, ihre Notizen noch einmal anzusehen. Wenn diese Möglichkeit nicht gegeben wurde, gab es keinen signifikanten Unterschied[102]. Bei den textbezogenen Fragen war die Tendenz genauso, doch die Unterschiede erreichten keine statistische Signifikanz[103]. Die Befunde deuten darauf hin, dass Handschreibende hauptsächlich dann im Vorteil sind, wenn sie ihre Notizen noch einmal zu Rate ziehen, um sich an Inhalte zu erinnern, vor allem dann, wenn Graphiken einbezogen wurden, die durch Handschreiben womöglich effizienter wiedergegeben oder dargestellt werden können als auf der Tastatur.

Bui et al. (2013) fanden in ihrer Untersuchung mit 80 Studierenden hingegen einen Vorteil tastaturgeschriebener Notizen. Die Studierenden wurden direkt nach der Anfertigung ihrer Notizen getestet. Zum einen sollten sie im Rahmen einer *free recall*-Aufgabe möglichst viele Inhalte der Vorlesung frei wiedergeben. Zum anderen sollten einige Fragen beantwortet werden. Bei der freien Wiedergabe wurden mehr Informationen (*idea units)* wiedergegeben, wenn die Mitschriften mit dem Laptop angefertigt worden waren und auch bei der Beantwortung der Fragen erreichten die tastaturscheibenden Personen eine höhere Punktzahl. Besonders vorteilhaft war es interessanterweise, wenn die Studierenden mit der Tastatur möglichst wörtlich abschrieben. Aber auch, wenn auf der Tastatur organisierte Notizen angefertigt wurden, die also eher in eigenen Worten und zusammenfassend gestaltet werden sollten, wurden mehr *idea units* wiedergegeben als beim Handschreiben. Ein verzögerter zweiter Test wurde nicht durchgeführt.

Diese Befunde zeichnen ein ganz anderes Bild als die bislang besprochenen. Die Autorinnen und Autoren fanden nicht nur einen Vorteil tastaturgeschriebener Notizen, sondern machten auch die Beobachtung, dass tastaturgeschriebene,

---

[102] vgl. ebd., S. 956 f.

[103] ebd., S. 958 f.

möglichst wörtliche Transkriptionen zu den besten Testergebnissen führten[104]. Interessant wäre hier eine zweite Erhebung zu einem späteren Zeitpunkt gewesen, da fraglich bleibt, ob die größere Textmenge dieser Notizen auch langfristig besser verarbeitet werden konnte. Zudem wurden die Versuchspersonen direkt nach dem Notieren getestet, wohingegen beispielsweise Mueller und Oppenheimer den Test nach 30 Minuten und einigen ablenkenden Aufgaben oder noch später durchführten.

Auch in einem Experiment von Fiorella und Mayer (2017) (Exp. 2) erreichten die Versuchspersonen, die Notizen auf der Tastatur tippten, eine höhere Punktzahl im Test als die handschreibende Gruppe. Die Probandinnen und Probanden studierten Karteikarten mit Informationen zum menschlichen Atmungsapparat und machten sich hand-oder tastaturschriftliche Notizen. Anschließend konnten sie sich die Notizen noch einige Minuten anschauen, bevor direkt im Anschluss der Test durchgeführt wurde. Die Tastaturgruppe zeigte signifikant bessere Testleistungen als die Handschreibgruppe[105].

Shell et al. (2021) fanden keinen Unterschied in der Gedächtnisleistung nach hand- und tastaturgeschriebenen Notizen. Die 97 teilnehmenden Studierenden verfassten Mitschriften zu Power Point-gestützten Vorträgen. Die Studie basierte auf einem Between-Subjects-Design, sodass die Studierenden entweder mit einem Stift auf Papier, mit einem Stift auf dem Tablet oder auf der Computertastatur schrieben. Der MC-Test wurde direkt nach jedem Kurzvortrag durchgeführt und es gab keine Möglichkeit, die Notizen nach dem Vortrag zu ergänzen. Es zeigten sich keinerlei Unterschiede in der Testleistung[106].

Auch in der Studie von Urry et al. (2021) konnte kein signifikanter Unterschied zwischen der Hand- und der Tastaturgruppe festgestellt werden. Die Studierenden ($n = 145$) notierten sich Informationen zu TED-talks mit der Hand oder mithilfe der Computertastatur. Die Autorinnen und Autoren stellten fest, dass in den tastaturgeschriebenen Notizen deutlich mehr Wörter verwendet wurden und auch wörtlicher mitgeschrieben wurde[107]. Der Test wurde nach einer *distractor task* durchgeführt und enthielt offene Fragen. Die Unterschiede zwischen den Schreibmodusgruppen waren nicht signifikant, doch numerisch

---

[104] vgl. Bui et al., 2013, S. 4 f.

[105] vgl. Fiorella & Mayer, 2017, S. 26 f.

[106] vgl. Shell et al., 2021, S. 10 f.

[107] vgl. Urry et al., 2021, S. 332 f.

erreichte die Tastaturgruppe sowohl bei faktenbezogenen als auch bei konzeptuell-anwendungsbezogenen Fragen eine etwas höhere Punktzahl im Test als die Handgruppe[108].

In einem zweifaktoriellen Between-Subjects-Design mit 100 Studierenden untersuchten Flanigan und Titsworth (2020)[109] neben dem Schreibmodus auch den Einfluss ablenkender Aktivitäten wie dem Schreiben von Textnachrichten beim Mitschreiben in einer Vorlesung (Hand/Tastatur x Texting/No Texting). Die Studierenden verfassten Notizen mit der Hand oder auf der Tastatur zu einem Video-Vortrag, während die Personen in der Texting-Gruppe alle 40 Sekunden auf Fragen antworteten, die an ihr Mobiltelefon versendet wurden und keinen inhaltlichen Bezug zu den Themen des Vortrags hatten. Alle Versuchspersonen erhielten nach dem Vortrag 5 Minuten Zeit, um ihre Notizen zu ergänzen. Im Anschluss lösten sie eine *distractor task,* der sogleich ein Test zu Inhalten des Vortrags im MC-Format folgte. Es zeigte sich ein signifikanter Unterschied der *Texting/No Texting*-Gruppen zugunsten der *No Texting*-Gruppe. Die ständige Ablenkung durch die Beantwortung der Fragen auf dem Mobiltelefon führte demnach zu schlechteren Testleistungen. Die Hand- und Tastaturgruppen unterschieden sich in der Testleistung nicht signifikant voneinander[110]. Die Analyse der Notizen ergab, dass in den tastaturgeschriebenen Mitschriften viel mehr Wörter und auch etwas mehr vollständige *idea units* aufgeschrieben wurden, bei der Zahl unvollständig notierter *idea units* unterschieden sich die Hand- und Tastaturgruppe nicht. Flanigan und Titsworth (2020) fanden eine positive Korrelation zwischen der Zahl notierter Informationen und der Testleistung. Die Handschreibenden wiesen eine deutlich höhere Effektivität des Notierens (*note-taking efficiency*) auf, das heißt, sie haben eine Information durchschnittlich in weniger Worten notiert als die Tastaturschreibenden.

Flanigan et al. (2023) verglichen den Einfluss hand- und tastaturgeschriebener Mitschriften auf die Gedächtnisleistung in einem Experiment mit 189 Studierenden. Neben dem Schreibmodus wurde auch die Ergänzung der Notizen nach dem Vortrag als Einflussfaktor einbezogen (Hand/Tastatur x ergänzen/nicht ergänzen). Die Studierenden machten Notizen zu demselben Vortrag wie bei Flanigan und Titsworth (2020), doch der MC-Test fand erst nach 2 Tagen statt. Es wurde ein

[108] ebd., S. 331 f.

[109] Flanigan, A. E. & Titsworth, S. (2020). The impact of digital distraction on lecture note-taking and student learning. In: *Instructional Science*, 48, 495–524. https://doi.org/10.1007/s11251-020-09517-2.

[110] ebd., S. 514.

signifikanter Unterschied zwischen der Hand- und der Tastaturgruppe zugunsten handgeschriebener Notizen gefunden, unabhängig davon, ob die Notizen ergänzt werden konnten oder nicht und auch unabhängig davon, ob die Informationen faktenbezogen oder konzeptuell-anwendungsbezogen waren[111]. Die Zahl der notierten *idea units* unterschied sich bei den hand- und tastaturgeschriebenen Mitschriften nicht, aber innerhalb der Gruppe, die 3 Minuten Zeit hatte, um die Notizen zu ergänzen, wurden bei den Handschreibenden mehr *idea units* ergänzt.

Mit einer großen Stichprobe ($n = 295$) untersuchten auch Mitchell und Zheng (2019)[112] die Gedächtnisleistung nach hand- und tastaturgeschriebenen Notizen Studierender. Wie bei Mueller und Oppenheimer (2014), Morehead et al. (2019) und Urry et al. (2021) sahen Studierende audio-visuelle TED-talks an, und machten sich dazu Notizen. Nach 30 Minuten, in welchen die Studierenden anderen Seminaraktivitäten nachgingen, wurde ein Test mit offenen Fragen zu den Vortragsinhalten ausgefüllt. Die Notizen der Tastaturschreibenden enthielten deutlich mehr Wörter als diejenigen der Handschreibenden, doch bei der Wörtlichkeit (*verbatim overlap*) gab es keine signifikanten Unterschiede[113]. In der Handgruppe wurden bessere Testleisungen nachgewiesen als in der Tastaturgruppe. Der Unterschied zugunsten der Handschreibenden wurde für konzeptuell-anwendungsbezogene Fragen nicht signifikant, bei den faktenbezogenen Fragen hingegen schon.

Die besprochenen Studien zum inhaltlichen Lernen durch Schreiben bezogen sich allesamt auf Studierende, also junge Erwachsene. In einer kürzlich veröffentlichten Studie untersuchten Horbury und Edmonds (2021)[114] den Einfluss des Schreibmodus auf die Gedächtnisleistung bei Kindern. Die zehn- bis elfjährigen Schüler der relativ kleinen und ausschließlich männlichen Stichprobe ($n = 26$ in Exp.1, $n = 23$ in Exp.2) fertigten in einer Geschichtsstunde (Exp.1) und in einer Biologiestunde (Exp. 2) Mitschriften zu fachbezogenen Dokumentationen an, wobei die Biologiesitzung einen Monat später stattfand. Je nach Gruppe schrieben die Schüler in der Geschichtsstunde mit der Hand und in der Biologiestunde auf der Tastatur, oder umgekehrt. Da bei beiden Experimenten dieselben Schüler teilnahmen, liegen für fast jeden Schüler zwei Datenpunkte

[111] vgl. Flanigan et al., 2023, S. 272.

[112] Mitchell, A. & Zheng, L. (2019). Examining Longhand vs. Laptop Debate. A Replication Study. *AIS Transactions on Replication Research,* 5, 1–15. https://doi.org/10.17705/1atrr.00041.

[113] vgl. Mitchell & Zheng, 2019, S. 4 f.

[114] Horbury, S. R. & Edmonds, C. J. (2021). Taking Class Notes by Hand Compared to Typing. Effects on Children's Recall and Understanding. *Journal of Research in Childhood Education, 35(1)*, 55–67, https://doi.org/10.1080/02568543.2020.1781307.

vor, sodass Horbury und Edmonds von einem Within-Subjects-Design sprechen. Mit einem Multiple-Choice-Test, der sowohl faktenbezogene als auch konzeptuelle Fragen enthielt, wurden die Kinder direkt nach der ersten Sitzung und dann noch einmal nach einer Woche getestet, wobei sie ermuntert wurden, sich ihre Notizen zu Hause noch einmal anzuschauen. Da die Kinder die Notizen nicht während der zweiten Sitzung studierten, ist allerdings nicht klar, welche Kinder sich die Notizen tatsächlich angesehen haben, was die Ergebnisse womöglich verzerrt. Bei der Testung direkt nach der Anfertigung der Notizen wurden keine Unterschiede zwischen den Schreibmodalitäten gefunden, doch nach einer Woche konnten die Lernenden konzeptuelle Fragen signifikant besser beantworten, wenn sie mit der Hand mitgeschrieben hatten[115]. Bei faktenbezogenen Fragen gab es auch nach einer Woche keinen signifikanten Unterschied. Zudem berichten die Horbury und Edmonds von der Tendenz, dass die Kinder, die mit der Hand schrieben, nach einer Woche bei den konzeptuellen Fragen besser abschnitten als im ersten Test. Dies könnte zwar auf Trainingseffekte zurückgeführt werden, da für beide Erhebungszeitpunkte der gleiche Test verwendet wurde, aber bei den tastaturschreibenden Kindern gab es diese Tendenz nicht. Die Befunde der zweiten Sitzung in Experiment 1 und 2 sind jedoch mit Vorsicht zu interpretieren, da nicht klar ist, ob der Vorteil der handschreibenden Kinder womöglich damit zusammenhängt, dass einige ihre Notizen vorher studiert haben und andere Kinder nicht.

Im Folgenden sollen die besprochenen Studien kritisch beleuchtet und bezüglich methodischer Unterschiede und Gemeinsamkeiten verglichen werden. Dazu wurden methodische Aspekte und Ergebnisse der besprochenen Studien übersichtlich in einer Tabelle dargestellt (vgl. Tabelle 6.1).

Wie Tabelle 6.1 zusammenfassend illustriert, lassen die bisherigen Studienergebnisse keine klaren Schlussfolgerungen darüber zu, wie der Schreibmodus das Lernen und Verstehen der geschriebenen Inhalte beeinflusst. Die Unterschiedlichkeit der Studienbefunde ist womöglich auch auf methodische Aspekte zurückzuführen. Hierzu zählt neben der unterschiedlichen Größe der Stichproben und verschiedenen Testanzahlen (ein Test oder zwei Tests) auch, dass der Zeitpunkt für den Test sehr unterschiedlich gewählt wurde, was die Messung der Gedächtnisleistung erheblich beeinflussen kann. Während Mueller und Oppenheimer (2014, Exp.3), und Horbury und Edmonds (2021) den Test nach 7 Tagen durchführten, wurden die Teilnehmenden in den Untersuchungen von Morehead et al. (2019) und Flanigan et al. (2023) nach zwei Tagen zum Test gebeten

[115] ebd., S. 59 f.

und in den anderen Studien fand der Test entweder direkt nach der Anfertigung der Notizen oder nach Zwischenaktivitäten (*distractor tasks*) statt. Ein Vergleich der Ergebnisse der Studien ist problematisch, denn die Einflüsse des Schreibwerkzeugs auf Lang- und Kurzzeitgedächtnis könnten möglicherweise sehr unterschiedlich ausfallen. Einflüsse auf das Langzeitgedächtnis sind zudem kaum messbar, wenn der Gedächtnistest direkt nach der Anfertigung der Notizen erfolgt, da die Inhalte womöglich noch nicht konsolidiert werden konnten (vgl. Abschnitt 3.3.2).

Auch die Unterscheidung verschiedener Fragearten hat uneinheitliche Ergebnisse hervorgebracht. Während bei Mueller und Oppenheimer (2014) der Vorteil handgeschriebener Notizen vor allem bei konzeptuellen Fragen zu verorten war, haben Morehead et al. (2019) und Mitchell und Zheng (2019) einen Vorteil handgeschriebener Notizen bei faktenbezogenen, aber nicht bei konzeptuellen Fragen gefunden.

Auch bezüglich der Art des Zugriffs auf Gedächtnisinhalte im Gedächtnistest sind die bisherigen Untersuchungen uneinheitlich. Teilweise konnten die Fragen durch Wiedererkennung beantwortet werden, wie in MC-Fragen (vgl. z. B. Flanigan & Titsworth, 2020; Umejima et al., 2021), in anderen Tests mussten die Informationen gestützt durch gezielte Fragen abgerufen werden (vgl. z. B. Mueller & Oppenheimer, 2014) und manchmal wurde der freie Abruf von Informationen verlangt (vgl. Bui et al., 2013). Der Abruf erfordert jedoch eine tiefere Verarbeitung als die Wiedererkennung, sodass sich ein Vorteil handgeschriebener Notizen vielleicht nur beim Abruf zeigt, vgl. Abschnitt 3.3.3 und Abschnitt 5.4.

Außerdem wurde in den beiden Studien von Fiorella und Mayer (2017) und Bui et al. (2013), die einen Vorteil nach Tastaturschreiben gefunden haben, und auch bei den Studien, die keinen signifikanten Unterschied gefunden haben (z. B. Shell et al., 2021; Urry et al., 2021; Flanigan & Titsworth, 2020), teilweise keine Unterscheidung zwischen konzeptuellen und faktenbezogenen Fragen vorgenommen und nur zu einem Zeitpunkt, und zwar direkt nach dem Vortrag oder nach einer kurzen Zwischenaufgabe, ein Test durchgeführt. Hier liegt die Vermutung nahe, dass die Inhalte, zu denen Notizen angefertigt wurden, direkt danach noch sehr frisch im Gedächtnis haften und ein Unterschied bezüglich langfristiger Lernrozesse sich erst nach einiger Zeit messen lässt, wenn die Konsolidierung stattgefunden hat. Allerdings ist der Testzeitpunkt anscheinend nicht der alleinige Faktor dafür, ob Unterschiede im Gedächtnisbehalt gefunden werden. Auch Mitchell und Zheng (2019), Mueller und Oppenheimer (2014, Exp. 1 & 2), Flanigan et al. (2023) und Morehead et al. (2019) führten den Test direkt im Anschluss oder nach *distractor tasks* durch, fanden aber signifikante Unterschiede zugunsten der Handschreibenden. Allerdings unterscheiden sich diese Untersuchungen von denen, die keinen Unterschied gefunden haben, entweder durch das Testformat (offene Fragen versus MC-Fragen / fakten- und konzeptbezogene Fragen) oder/ und boten den Teilnehmenden die Möglichkeit ihre Notizen nach dem Vortrag zu ergänzen.

In manchen Studien, die den Test ein paar Tage später durchführten, wurden die Versuchspersonen außerdem aufgefordert, direkt vor dem Test die Notizen noch einmal durchzulesen (u. a. Flanigan et al., 2023; Morehead et al., 2019). Dies ist möglicherweise problematisch für die Interpretation der Ergebnisse und den Vergleich mit anderen Untersuchungen, da in dem sich anschließenden Test nicht (nur) das Erinnerungsvermögen nach hand- versus tastaturgeschriebenen Notizen gegenübergestellt wird, sondern auch, wie gut verständlich die hand- versus tastaturgeschriebenen Notizen sind oder wie viele Informationen man sich nach dem Lesen der eigenen hand- bzw. tastaturgeschriebenen Notizen merken kann. Es wird also nicht (nur) der Enkodiereffekt getestet, sondern auch die Funktion von Notizen als externer Speicher (vgl. Kiewra et al., 1991).

Die Unterschiedlichkeit der Untersuchungsergebnisse kann aber auch mit anderen Einflussfaktoren zu erklären sein. Wie sieht es mit den Schreibgewohnheiten der Probandinnen und Probanden aus? Schreiben sie lieber am Laptop oder auf Papier, wenn sie Mitschriften im Unterricht oder in der Vorlesung anfertigen? Hierfür wäre der Einsatz standardisierter Fragebögen ein sinnvolles Instrument. Und wie hoch ist der Grad der Automatisierung des Hand- und Tastaturschreibens? Viele Studien erheben den Automatisierungsgrad oder die Schreibflüssigkeit gar nicht, manche messen nur die Automatisierung des Tippens (vgl. Morehead et al., 2019). In keiner der genannten Studien wurde der Automatisierungsgrad der Handschrift erhoben. Außerdem ist bei der Durchsicht der Studien aufgefallen, dass einige Stichproben bezüglich des Geschlechts ungleich verteilt waren (z. B. bei Morehead et al., 2019 (>75 % Frauen); Horbury & Edmonds, 2021 (100 % Jungen)).

Wie Tabelle 6.1 zeigt, wurden in allen besprochenen Studien zum Lernen durch Notieren, abgesehen von Horbury und Edmonds (2021), Erwachsene getestet. Es liegen demnach kaum Erkenntnisse über die durch den Schreibmodus beeinflusste Gedächtnisleistung bei Kindern und Jugendlichen vor. Geklärt und kontrolliert werden sollte daher, inwiefern methodische und personenbezogene Faktoren womöglich Einfluss nehmen, woraus sich hoffentlich auch Schlussfolgerungen darüber ziehen lassen, unter welchen Bedingungen das jeweilige Schreibwerkzeug zu besseren Lernerfolgen führen kann. Es stellt sich zudem die Frage, ob Lernprozesse beim Schreiben *langfristig* vom Schreibinstrument beeinflusst werden. Langzeitstudien wären sicher aufschlussreich, um das Ausmaß des Schreibmodus-Effektes abschätzen zu können.

Tabelle 6.1 Studien zum Gedächtnisbehalt nach hand- und tastaturgeschriebenen Notizen

Studie	Stichprobe + Forschungsdesign	Testzeitpunkt	Notizen lesen vor Test/ Ergänzen nach Notieren	MC/ offen	Art des Inputs	Fact/ concept	Notizen/ secondary outcome measures	Ergebnisse: Gedächtnisleistung nach hand- vs. tastaturgeschriebenen Notizen
Bui et al. (2013) Exp. 1	– n = 80 – Studierende – Between-Subjects-Design – zusätzlich: wörtlich/nicht wörtlich mitschreiben	direkt danach	–	offen	→auditiver Input	nein	idea units, Wörtlichkeit: Tastatur > Hand	– signifikant bessere Testleistung nach tastaturgeschriebenen Notizen –bei tastaturgeschriebenen Notizen: wörtlich besser als nicht wörtlich, bei Hand kein Unterschied
Flanigan et al. (2023)	– n = 189 – Studierende – Between-Subjects-Design	nach 2 Tagen	– 2 Gruppen (ergänzen/ nicht ergänzen) (3 Minuten) – nach 2 Tagen durften alle ihre Notizen lesen vor Test (15 Minuten)	MC	Video-Vortrag → visuell + auditiv	ja	idea units: Hand = Tastatur, Effektivität der Revision: Hand > Tastatur (mehr idea units ergänzt)	– nach handschriftlichen Notizen bessere Testleistung sowohl nach Ergänzen als auch ohne Ergänzen und auch unabhängig von der Informationsart (konzeptuell vs. faktenbezogen)
Flanigan & Titsworth (2020)	– n = 100 – Studierende – Between-Subjects-Design – zusätzliche: texting/ no texting (Ablenkung)	nach *distractor task*	ergänzen nach Notieren (5 Minuten)	MC	Video-Vortrag → visuell + auditiv	nein	–Wortzahl, complete idea units: Tastatur > Hand –incomplete idea units: Tastatur = Hand –*note-taking efficiency*: Hand > Tastatur	– kein signifikanter Unterschied, nur Unterschied zwischen texting/no texting signifikant

(Fortsetzung)

Tabelle 6.1 (Fortsetzung)

Studie	Stichprobe + Forschungsdesign	Testzeitpunkt	Notizen lesen vor Test/ Ergänzen nach Notieren	MC/ offen	Art des Inputs	Fact/ concept	Notizen/ secondary outcome measures	Ergebnisse: Gedächtnisleistung nach hand- vs. tastaturgeschriebenen Notizen
Fiorella & Mayer (2017) Exp. 2	– n = 94 – Studierende – Between-Subjects-Design – Stift + Papier/ Whiteboard/ Tastatur	direkt danach	Notizen lesen + ergänzen vor dem Test (3 Minuten)	offen	Text auf Flashcards im Selbststudium →visueller Input	nein	–Wortzahl: Tastatur > Whiteboard Tastatur = Hand – mehr Zeichnungen mit Hand + Whiteboard	– bessere Testleistung nach tastaturgeschriebenen Notizen
Horbury & Edmonds (2021) Exp. 1 + 2	– n = 26 (n = 23 in Exp. 2) – 10- bis 11-jährige Schüler (100 % männlich) – Within-Subjects-Design über 2 Exp.	direkt danach + nach 7 Tagen	Notizen lesen vor dem Test (Notizen mit nach Hause gegeben, Lesen wurde empfohlen)	MC	Videos →visuell + auditiv	ja	–	– faktenbezogenen Fragen: in Exp. 1 kein Unterschied, nicht signifikanter Vorteil nach handgeschriebenen Notizen in Exp. 2 – konzeptuelle Fragen: Vorteil nach handgeschriebenen Notizen, in Exp. 2 große Effektgröße
Luo et al. (2018)	– n = 126 – 80 % weiblich – Studierende – Between-Subjects-Design	nach *distractor task*	2 Gruppen (Notizen lesen/ nicht lesen)	MC	Power Point-Vortrag → visuell + auditiv	nein	wörtliche Mitschriften, Wortzahl, Zahl notierter idea units: Tastatur > Hand	– Vorteil nach handgeschriebenen Notizen, signifikant in Lesen-Bedingung

(Fortsetzung)

Tabelle 6.1 (Fortsetzung)

Studie	Stichprobe + Forschungsdesign	Testzeitpunkt	Notizen lesen vor Test/ Ergänzen nach Notieren	MC/ offen	Art des Inputs	Fact/ concept	Notizen/ secondary outcome measures	Ergebnisse: Gedächtnisleistung nach hand- vs. tastaturgeschriebenen Notizen
Mitchell & Zheng (2019)	– n = 295 – Studierende – Between-Subjects-Design	nach 30 Minuten	–	offen	TED-talk (Video-Vortrag) → visuell + auditiv	ja	Wortzahl: Tastatur > Hand wörtliche Mitschriften: Tastatur = Hand	– signifikant bessere Testleistung nach handgeschriebenen Notizen bei faktenbezogenen Fragen – numerisch, aber nicht signifikant bessere Testleistung nach handgeschriebenen Notizen bei konzeptuellen Fragen
Morehead et al. (2019) Exp. 1	– n = 193 – weiblich = 147 – Studierende – Between-Subjects-Design – Hand, Tastatur + eWriter	nach *distractor task* (50 % der Versuchspersonen) + nach 2 Tagen (100 % der Versuchspersonen)	–	offen	TED-talks → visuell + auditiv	ja	Wortzahl, wörtliche Mitschriften: Tastatur > Hand idea units & Wortzahl korreliert positiv mit Testleistung – haben auch Tastaturflüssigkeit erhoben: – wörtliche Mitschriften und *typing speed* korrelierten nicht mit Testleistung, idea units aber schon	– immediate Test: signifikanter Vorteil nach handgeschriebenen Notizen bei faktenbezogenen Fragen, bei konzeptuellen Fragen nur numerisch ($p > 0{,}05$) – Test nach 2 Tagen: Hand numerisch im Vorteil, aber nicht signifikant

(Fortsetzung)

Tabelle 6.1 (Fortsetzung)

Studie	Stichprobe + Forschungsdesign	Testzeitpunkt	Notizen lesen vor Test/ Ergänzen nach Notieren	MC/ offen	Art des Inputs	Fact/ concept	Notizen/ secondary outcome measures	Ergebnisse: Gedächtnisleistung nach hand- vs. tastaturgeschriebenen Notizen
Exp. 2	– n = 222 – Studierende – Between-Subjects-Design –Tastatur, Hand und keine Notizen (3 Gruppen)	nach *distractor task* + nach 2 Tagen (nur Tastatur + Hand)	alle dürfen ihre Notizen direkt vor dem Test, der nach 2 Tagen absolviert wurde, lesen (7 Minuten)				idea units: Hand = Tastatur	– immediate: Unterschied nicht signifikant, Hand besser bei faktenbezogenen, Tastatur besser bei konzeptuellen Fragen – nach 2 Tagen: nicht signifikant, numerisch Laptop besser
Mueller/ &Oppenheimer (2014) Exp. 1	– n = 67 – Studierende – Between-Subjects-Design	nach *distractor task* (nach ca. 30 Minuten)	–	offen	TED-talks (Videovortrag) →visuell + auditiv	ja	wörtliche Mitschriften, Wortzahl: Tastatur > Hand	– bessere Testleistung nach handschriftlichen Notizen bei konzeptuell-anwendungsbezogenen Fragen – Wörtlichkeit korrelierte negativ mit Testleistung

(Fortsetzung)

Tabelle 6.1 (Fortsetzung)

Studie	Stichprobe + Forschungsdesign	Testzeitpunkt	Notizen lesen vor Test/ Ergänzen nach Notieren	MC/ offen	Art des Inputs	Fact/ concept	Notizen/ secondary outcome measures	Ergebnisse: Gedächtnisleistung nach hand- vs. tastaturgeschriebenen Notizen
Exp. 2	– n = 151 – männlich = 35 – Studierende – 3 Gruppen (Tastatur mit + ohne Anweisung nicht wörtlich mitzuschreiben und Hand) – Between-Subjects-Design							– bessere Testleistung nach handschriftl. Notizen bei konzeptuell-anwendungsbezogenen Fragen – tastaturgeschriebene Notizen mit Anweisung nicht wörtlich mitzuschreiben führten zu besseren Leistungen im Test, aber dennoch schwächer als nach handgeschriebenen Notizen (keine signifikanten Unterschiede zu den anderen Gruppen)
Exp. 3	– n = 109 – männlich = 27 – Studierende – Between-Subjects-Design	nach 7 Tagen	2 Gruppen (Notizen lesen/ nicht lesen vor dem Test)					– nach Lesen vor Test: Vorteil handgeschriebener Notizen –Tastatur ohne Lesen besser als Hand ohne Lesen – Tastatur mit Lesen sogar schlechter als Hand + Tastatur ohne Lesen

(Fortsetzung)

Tabelle 6.1 (Fortsetzung)

Studie	Stichprobe + Forschungsdesign	Testzeitpunkt	Notizen lesen vor Test/ Ergänzen nach Notieren	MC/ offen	Art des Inputs	Fact/ concept	Notizen/ secondary outcome measures	Ergebnisse: Gedächtnisleistung nach hand- vs. tastaturgeschriebenen Notizen
Shell et al. (2021)	– n = 97 – Studierende – Between-Subjects-Design Tablet, Papier, Tastatur	direkt danach	–	MC	Power Point-Vortrag → visuell + auditiv	nein	–	kein Unterschied
Umejima et al. (2021)	– n = 48 –Studierende –Between-Subjects-Design (Stift auf Tablet, Stift auf Papier, digitale Smartphone-Tastatur)	nach 1 Stunde mit *distractor task*	–	MC	Lesen von Dialogen → visueller Input	nein	Messung der Dauer des Aufschreibens: Stift auf Papier schneller als andere Gruppen	– kein signifikanter Unterschied beim Test zwischen den drei Schreibmodalitäten, nur bei einfachen Fragen signifikanter Vorteil nach handgeschriebenen Notizen – höhere Hirnaktivitäten nach handgeschr. Notizen bei der Beantwortung der Fragen als bei Tablet und Smartphone
Urry et al. (2021)	– n = 145 – Studierende – Between-Subjects-Design	nach *distractor task*	–	offen	TED-talks → visuell + auditiv	ja	Wortzahl, wörtliche Mitschriften: Tastatur > Hand	– kein signifikanter Unterschied in der Gedächtnisleistung nach hand- vs. tastaturgeschriebenen Notizen – numerisch kleiner Unterschied zugunsten der Tastaturschreibenden

6.6 Zusammenfassung: Forschungsstand zum Hand- und Tastaturschreiben

Die rasant zunehmende Digitalisierung des Unterrichts hat rege Diskussionen um Vor- und Nachteile sowie sinnvolle Einsatzgebiete des Hand- und Tastaturschreibens ausgelöst. Im Folgenden werden die zentralen empirischen Erkenntnisse zu Unterschieden der Schreibinstrumente zusammengefasst.

In Kapitel 6 wurde im Detail über empirische Studien berichtet, die die theoretisch postulierten Unterschiede zwischen Hand- und Tastaturschreiben untersuchten. Relativ deutlich hat sich gezeigt, dass beim Tastaturschreiben längere Texte geschrieben werden, mehr Rechtschreibfehler unterlaufen und mehr Korrekturen vorgenommen werden und dass auf der Tastatur meist schneller geschrieben wird als mit der Hand (vgl. Abschnitt 6.1 & 6.2). Die Annahme, dass beim Tastaturschreiben durch die geringere motorische Komplexität das Arbeitsgedächtnis entlastet wird, konnte in den Untersuchungen bislang nicht bestätigt werden. Im Gegenteil, es gibt Hinweise darauf, dass das Tastaturschreiben zu einer höheren Belastung des Arbeitsgedächtnisses führen könnte (Bouriga & Olive, 2021). Allerdings wurde in den Studien nur selten kontrolliert, wie flüssig die Versuchspersonen auf der Tastatur und mit der Hand schreiben können. Eine geringe Automatisierung des Tastaturschreibens könnte durchaus die ausbleibende Entlastung des Arbeitsgedächtnisses erklären (vgl. Abschnitt 6.1). Für schwächere Schreibende, etwa Kinder und Jugendliche mit LRS, zeichnet sich beim Tastaturschreiben jedoch ein Vorteil für die Textqualität ab (Jung & Möller, 2021; Berninger et al., 2009).

Weniger klar ist, inwiefern die beiden Schreibmodalitäten Einfluss auf kognitive Prozesse nehmen. Einige Untersuchungen liefern Hinweise, dass das feinmotorisch anspruchsvollere Handschreiben die Entwicklung der Feinmotorik mehr fördert als das Tippen auf der Tastatur und dass höhere feinmotorischen Fähigkeiten mit besseren mathematischen und sprachlichen Fähigkeiten einhergehen (vgl. Abschnitt 6.3).

In neurolinguistischen Studien zeigten sich je nach Schreibmodus unterschiedliche Aktivierungsmuster im Gehirn, wobei nur beim Handschreiben lernrelevante Muster zu entstehen scheinen (vgl. Abschnitt 6.4). Die Annahme, dass das Handschreiben größere Lernerfolge ermöglicht, konnte bislang nicht zweifelsfrei belegt werden, denn die Befunde sind uneinheitlich. Während manche Studien nach einem handschriftlichen Schreibtraining auf der Buchstaben- und Wortebene größere Erfolge verbuchen als nach Schreibtrainings auf der Tastatur (z. B. Longcamp et al., 2008; Mayer et al., 2020; Mangen et al., 2015; Cunningham &

Stanovich, 1990), finden andere Untersuchungen keinen Unterschied (Ouellette & Tims, 2014; Ihara et al., 2021), vgl. Abschnitt 6.5.1, 6.5.2 und 6.5.3.

Noch unklarer ist die Befundlage bei Untersuchungen zur Gedächtnisleistung nach hand- und tastaturgeschriebenen Notizen. Während manche Studien hier einen Vorteil tastaturgeschriebener Notizen gefunden haben (Bui et al., 2013; Fiorella & Mayer, 2017), gab es bei der Gedächtnisleistung in den meisten Studien tendenziell Vorteile nach handschriftlichen Notizen, oftmals aber nur unter bestimmten Bedingungen (z. B. Mueller & Oppenheimer, 2014; Morehead et al., 2019; Luo et al., 2018; Horbury & Edmonds, 2021), vgl. auch die Übersicht in Tabelle 6.1 und Abschnitt 6.5.4. Einige andere Studien konnten derweil keinen Unterschied im Gedächtnisbehalt feststellen (z. B. Flanigan & Titsworth, 2020; Shell et al., 2021; Umejima et al., 2021).

Dies kann möglicherweise auch auf eine uneinheitliche methodische Vorgehensweise zurückgeführt werden. So ist es möglich, dass noch andere als die kontrollierten Parameter Einfluss auf den Schreib- und Lernprozess haben und so den Effekt des Schreibmodus verzerren. Vor allem die Schreibflüssigkeit wird in den wenigsten Studien gemessen, obwohl der Grad der Schreibflüssigkeit den Schreibprozess und die Textqualität offenbar erheblich beeinflusst (vgl. z. B. Alves et al., 2007; Peverly et al., 2007; Graham et al., 2000; Feng et al., 2019). Weitere relevante methodische Unterschiede wurden zum Beispiel bezüglich des Testzeitpunkts, der Verwendung unterschiedlicher Abrufformate (Wiedererkennung oder Abruf) und des nochmaligen Lesens der Notizen vor dem Test ausgemacht.

Der Vergleich der inhaltlichen Qualität und der Quantität von Notizen zeigte in einigen Studien, dass auf der Tastatur nicht nur mehr Wörter geschrieben wurden, sondern auch wörtlicher mitgeschrieben wurde. Wörtliches Mitschreiben korrelierte teilweise mit schwächeren Leistungen im Gedächtnistest, wohingegen die Zahl notierter Wörter und Informationen (*idea units*) positiv mit der Testleistung zusammenhängt (vgl. Morehead et al., 2019; Mueller & Oppenheimer, 2014). In manchen Untersuchungen wurden tastaturschriftlich mehr Informationen aufgeschrieben, in anderen Studien gab es trotz einer größeren durchschnittlichen Wortzahl beim Tippen keinen Unterschied bei der Menge notierter Informationen, sodass in handschriftlichen Notizen weniger Wörter genutzt wurden, um eine Information aufzuschreiben (*note-taking efficiency*, vgl. Flanigan & Titsworth, 2020).

Zum Einfluss des Schreibmodus‘ auf Lernprozesse und die Qualität der Notizen bei Kindern und Jugendlichen ist die Studienlage äußerst dünn. Einige Studien untersuchen Unterschiede beim Schreiberwerb von Vorschul- und Grundschulkindern (z. B. Mayer et al., 2020), doch bei der Untersuchung der

Gedächtnisleistung nach Notizen sowie beim Einprägen von notierten Inhalten bestand die Stichprobe in der Regel aus jungen Erwachsenen. Nur bei Horbury und Edmonds (2021) und bei Longcamp et al. (2005) wurden Kinder einbezogen, wobei Longcamp et al. keine Notizen anfertigen ließen. Zu Konsequenzen des Schreibmodus für die Gedächtnisleistung Jugendlicher liegen meiner Kenntnis nach bislang keine empirischen Daten vor. Jedoch sollte auch im Hinblick auf das häufige schulische (Mit-) Schreiben geklärt werden, inwiefern die Gedächtnisleistung und der Lernerfolg vom Schreibmodus beeinflusst werden. Zudem zeigten sich in den vorgenannten Untersuchungen altersabhängige Unterschiede beim Hand- und Tastaturschreiben. Beispielsweise wiesen jüngere Schülerinnen und Schüler in manchen Studien eine höhere Schreibgeschwindigkeit beim Handschreiben als beim Tippen auf, wohingegen Erwachsene in der Regel schneller tippen als mit der Hand schreiben. In Anbetracht der Vermutung, dass die Schreibgeschwindigkeit und -flüssigkeit einen erheblichen Einfluss auf die Menge notierter Informationen und die Testleistung hat (vgl. Peverly et al., 2007), sind Untersuchungen unter Kindern und Jugendlichen auch aus diesem Grunde ein wichtiges Forschungsdesiderat.

Teil II

Empirische Untersuchung zum Einfluss hand- versus tastaturgeschriebener Notizen auf die Gedächtnisleistung Jugendlicher

7 Fragestellungen und Forschungshypothesen

In den folgenden Kapiteln wird eine empirische Untersuchung vorgestellt, die den Schreibprozess und den Gedächtnisbehalt bei hand- versus tastaturgeschriebenen Notizen Jugendlicher untersucht. Für einen besseren Überblick werden hier zunächst die drei Forschungsfragen und die jeweils untersuchten Forschungshypothesen übersichtlich aufgelistet (vgl. auch Abbildung 7.1):

Forschungsfrage 1 – Untersuchung des Notierprozesses:
Welche Unterschiede gibt es zwischen hand- und tastaturschriftlichem Notieren Jugendlicher?

Hypothesen:

1.1	Werden Notizen handschriftlich angefertigt, wird weniger notiert als auf der Tastatur.
1.2	Handgeschriebene Notizen sind ökonomischer (*note-taking efficiency*).
1.3	Beim Tastaturschreiben wird wörtlicher mitgeschrieben als beim Handschreiben (*verbatim overlap*).
1.4	Das handschriftliche Notieren weist ein anderes Pause-Burst-Profil auf als tastaturschriftliches Notieren.
1.5	Die beim Handschreiben gemessenen Werte der Schreibprozessvariablen korrelieren mit ihren Entsprechungen beim Tastaturschreiben.
1.6	Die Schreibflüssigkeit korreliert mit anderen Schreibprozessvariablen.

E. F. Stephan, *Hand- und tastaturschriftliche Notizen*,
https://doi.org/10.1007/978-3-658-53317-5_7

Forschungsfrage 2 – Schreibmodus und Gedächtnisleistung:
Gibt es einen schreibmodusspezifischen Unterschied in der Gedächtnisleistung Jugendlicher nach dem Anfertigen von Notizen?

Hypothesen:

2.1	Jugendliche erzielen höhere Punktzahlen im Gedächtnistest, wenn sie zuvor handschriftliche Notizen angefertigt haben.
2.2	Jugendliche erzielen höhere Punktzahlen bei Multiple-Choice-Fragen im Gedächtnistest, wenn sie zuvor handschriftliche Notizen angefertigt haben.
2.3	Jugendliche erzielen höhere Punktzahlen bei offenen Fragen im Gedächtnistest, wenn sie zuvor handschriftliche Notizen angefertigt haben.
2.4	Jugendliche erzielen höhere Punktzahlen bei faktenbezogenen Fragen im Gedächtnistest, wenn sie zuvor handschriftliche Notizen angefertigt haben.
2.5	Jugendliche erzielen höhere Punktzahlen bei konzeptuell-anwendungsbezogenen Fragen im Gedächtnistest, wenn sie zuvor handschriftliche Notizen angefertigt haben.

Forschungsfrage 3 – Notierprozess und Gedächtnisbehalt:
Welchen Einfluss hat die Anfertigung von Notizen auf die Gedächtnisleistung Jugendlicher?

Hypothesen:

3.1	Wenn mit der Hand geschrieben wurde, werden mehr der notierten *idea units* im Gedächtnistest korrekt beantwortet, als wenn mit der Tastatur geschrieben wurde.
3.2	Wenn mit der Hand geschrieben wurde, werden auch mehr der nicht notierten *idea units* im Test korrekt beantwortet, als wenn mit der Tastatur geschrieben wurde.
3.3	Die Punktzahl im Gedächtnistest wird vom Schreibprozess und auch von personenbezogenen Variablen beeinflusst.

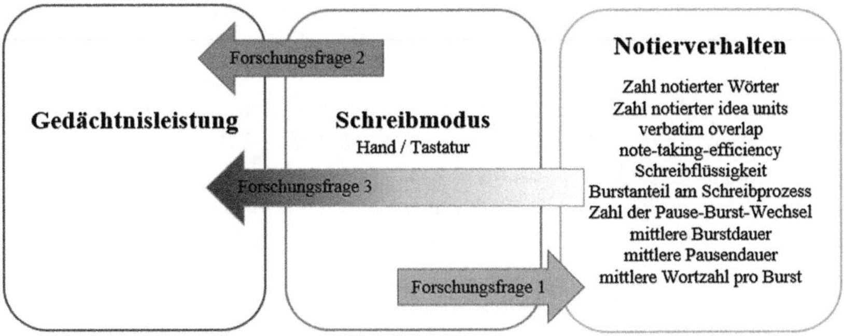

Abbildung 7.1 Forschungsfragen der Studie

In der wissenschaftlichen Diskussion werden einige konkurrierende theoretische Annahmen diskutiert, die Vorteile der jeweiligen Schreibmodalitäten vorhersagen. Einerseits gehen manche aufgrund der geringeren motorischen Komplexität beim Tastaturschreiben von einer Entlastung des Arbeitsgedächtnisses und dadurch von Vorteilen für den Schreiberwerb, die Textqualität und auch für das Lernen von Inhalten aus (vgl. z. B. Calhoun, 1985; Castles et al., 2013). Außerdem postuliert die Transkriptionshypothese von Conway und Gathercole (1990), dass durch die ‚Übersetzung' der phonologischen Prozesse beim Hören eines Vortrags in orthographische Prozesse beim Aufschreiben die Erinnerung der Informationen begünstigt wird. Daher könnte die größere Menge geschriebener Wörter beim Tastaturschreiben zu mehr Gedächtnisbehalt nach getippten Notizen führen, weil das Schreiben einer größeren Anzahl von Wörtern auch mehr Übersetzungsaktivitäten von phonologischen hin zu orthographischen Prozessen mit sich bringt (vgl. Bui et al., 2013).

Andere Theorien sagen hingegen einen Vorteil handschriftlichen Schreibens für den Lernerfolg voraus. So gehen *Embodied Cognition*-Theorien davon aus, dass durch die komplexere graphomotorische Realisierung beim Handschreiben mehr sensomotorische Informationen abgespeichert werden als beim Tippen (vgl. Abschnitt 4.3). Wird eine aufgeschriebene Information dann später wieder abgerufen, so kommt es nach tastaturschriftlichem Schreiberwerb deshalb womöglich zu geringeren Aktivierungen sensomotorischer Hirnareale[1]. Des Weiteren werden durch die reichhaltigere Sinnewahrnehmung mehr Hinweisreize zur

[1] vgl. Kiefer et al., 2015.

Enkodiersituation gespeichert, was zu einer Erleichterung des Abrufs nach Handschreiben führen könnte (vgl. Abschnitt 3.4.1). Dadurch, dass das Handschreiben in der Regel langsamer und weniger wörtlich vonstattengeht als das Tastaturschreiben, hat das Arbeitsgedächtnis außerdem mehr Zeit, Wissen zu verarbeiten und das Langzeitgedächtnis zu transformieren (vgl. Vorhersagen des Modells epistemischen Schreibens, Abschnitt 5.4).

Die für die Untersuchung relevanten Studien wurden in den vorherigen Kapiteln detailliert beschrieben und diskutiert, vgl. die Zusammenfassung in Abschnitt 6.6.

Anhand zahlreicher Variablen sollen die Notierprozesse gründlich analysiert und Zusammenhänge zwischen einzelnen Variablen des Notierprozesses und dem Gedächtnisbehalt herausgestellt werden. Daher gliedert sich das Forschungsinteresse der Studie in drei Fragestellungen (vgl. Abbildung 7.1). Die erste Fragestellung fokussiert Unterschiede beim hand- und tastaturschriftlichen Notieren, die zweite Fragestellung bezieht sich auf den Gedächtnisbehalt nach hand- und tastaturgeschriebenen Notizen und die dritte Fragestellung zielt darauf ab, Zusammenhänge zwischen dem Schreibprozess und dem Gedächtnisbehalt herauszukristallisieren.

7.1 Forschungsfrage 1: Untersuchung des Notierprozesses

Hand- und tastaturschriftliches Notieren wurden in bisherigen Untersuchungen meist nur bezüglich weniger Variablen an erwachsenen Versuchspersonen untersucht (vgl. Tabelle 6.1). Hier wird erstmals der Notierprozess Jugendlicher unter die Lupe genommen. Um den Prozess hand- und tastaturschriftlichen Notierens umfassend zu vergleichen, wurden zahlreiche Schreibprozessvariablen erhoben (vgl. Abbildung 7.1 unter ‚Notierverhalten‘). Durch die Verwendung digitaler Stifte war es möglich, neben produktbezogenen Variablen wie der Wortzahl oder der Wörtlichkeit (*verbatim overlap*) auch *online*-Variablen des Schreibprozesses zu erfassen, nämlich die Pausen- und Burstdauern. Bislang gibt es nach unserer Kenntnis keine Studie, die das hand- und tastaturschriftliche Notieren auch bezüglich des Pause-Burst-Profils vergleicht. Daher ist die Untersuchung an dieser Stelle explorativer Natur. Es ist möglich, dass es gar keine nennenswerten Unterschiede gibt, zumal das Format des Mitschreibens zu einem Vortrag keine freie Textproduktion darstellt und schreibmodusspezifische Unterschiede eventuell nicht zum Tragen kommen. Andererseits wurden bezüglich der Wortzahl, der Zahl notierter *idea units* und der Wörtlichkeit der Notizen trotz des eingeschränkten Schreibformats in einigen Untersuchungen Unterschiede aufgedeckt, sodass auch die Struktur des Schreibprozesses (operationalisiert in Pause-Burst-Intervallen) vom Schreibmodus beeinflusst sein könnte. So könnte sich ein wörtlicheres Mitschreiben und eine höhere Wortzahl beim Tippen in kürzeren und weniger Pausen und längeren Burstdauern niederschlagen, da weniger Zeit für die Umformung in eigene Worte benötigt wird.

Ausgehend vom empirischen Forschungsstand wird außerdem angenommen, dass beim Tastaturschreiben mehr Wörter und mehr Informationen (*idea units*[2]) notiert werden als beim Handschreiben, und dass ein höherer *verbatim overlap* messbar ist (vgl. Tabelle 6.1 mit einem Überblick zum Forschungsstand). Interessant ist zudem, ob sich ein wörtlicheres und wortreicheres Notieren beim Tippen in einer geringeren *note-taking efficiency* niederschlägt, ob also mehr Wörter verwendet werden, um eine Informationseinheit auszudrücken (vgl. Flanigan & Titsworth, 2020).

Die erhobenen Variablen werden auch dahingehend untersucht, ob sie schreibmodusunabhängig miteinander korrelieren, was personenspezifische Schreibprofile widerspiegeln würde: Umso mehr Bursts Schreibende beim Tippen beispielsweise produzieren, desto mehr Bursts könnten auch beim Handschreiben produziert werden. Es wird demnach untersucht, ob die beim Handschreiben gemessenen Werte der Schreibprozessvariablen mit ihren Entsprechungen beim Tastaturschreiben korrelieren. So decken Feng et al. (2019) beispielsweise eine positive Korrelation zwischen Hand- und Tastaturtranskriptionsflüssigkeit auf.

Es bietet sich an, auch Zusammenhänge zwischen unterschiedlichen Schreibprozessvariablen greifbar zu machen, was für die Anfertigung von Notizen bislang nicht umfassend geschehen ist: Entsprechend der Befunde anderer Studien mit erzählenden oder argumentierenden Textarten nehmen wir auch für das Notieren an, dass die Schreibflüssigkeit negativ mit der Zahl der Pause-Burst-Intervalle und der Pausendauer korreliert, aber positiv mit Burstdauer, Burstanteil am Schreibprozess und der mittleren Wortzahl pro Burst (vgl. Alves et al., 2007; Alves & Limpo, 2015). Häufigere Pause-Burst-Intervalle könnten außerdem zu einer geringeren Zahl notierter Wörter und *idea units* führen, da der Schreibprozess häufiger unterbrochen wird.

Somit ergeben sich bei der Analyse des Notierverhaltens folgende Forschungshypothesen (Abbildung 7.2):

---

[2] Die hier verwendete Defintion einer *idea unit* findet sich in Abschnitt 9.4.1.

Forschungsfrage 1 - Untersuchung des Notierprozesses: Welche Unterschiede gibt es zwischen hand- und tastaturschriftlichem Notieren Jugendlicher?

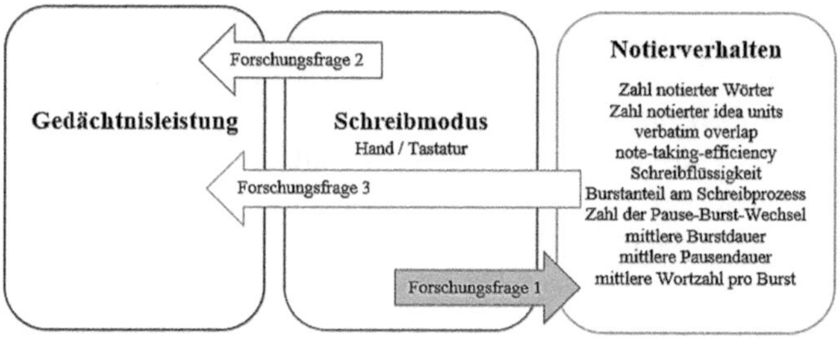

Hypothesen:

1.1	Werden Notizen handschriftlich angefertigt, wird weniger notiert als auf der Tastatur.
1.2	Handgeschriebene Notizen sind ökonomischer (*note-taking efficiency*).
1.3	Beim Tastaturschreiben wird wörtlicher mitgeschrieben als beim Handschreiben (*verbatim overlap*).
1.4	Das handschriftliche Notieren weist ein anderes Pause-Burst-Profil auf als tastaturschriftliches Notieren.
1.5	Die beim Handschreiben gemessenen Werte der Schreibprozessvariablen korrelieren mit ihren Entsprechungen beim Tastaturschreiben.
1.6	Die Schreibflüssigkeit korreliert mit anderen Schreibprozessvariablen.

Abbildung 7.2 Forschungsfrage 1

7.2 Forschungsfrage 2: Schreibmodus und Gedächtnisleistung

Die zweite Forschungsfrage widmet sich der Untersuchung des Gedächtnisbehalts Jugendlicher nach hand- versus tastaturgeschriebenen Notizen. Wie in der Diskussion der bisherigen Forschung (vgl. Abschnitt 6.5.4) deutlich wurde, konnte diese Frage bislang nicht eindeutig geklärt werden. Außerdem gab es bisher fast ausschließlich Studien mit erwachsenen Teilnehmenden. Die Erforschung schreibmodusspezifischer Unterschiede der Gedächtnisleistung von Kindern und Jugendlichen im Kontext des schulischen Unterrichts stellt daher ein wichtiges Forschungsdesiderat dar, zumal der Anfertigung von Notizen für das schulische Lernen in fast allen Schulfächern große Bedeutung zukommt (vgl. RLP, 2015a/2015b).

In dem hier vorgestellten Experiment wurde außerdem beleuchtet, inwiefern die Gedächtnisleistung mit verschiedenen Arten des Informationsabrufs (Wiedererkennung oder Abruf) und mit der Art der abgerufenen Information (konzeptionell-anwendungsbezogen oder faktenbezogen) variiert. Das Modell epistemischen Schreibens nimmt sowohl bei konzeptionell-anwendungsbezogenen Fragen als auch bei faktenbezogenen Fragen an, dass handschriftlich angefertigte Notizen einen Vorteil für die Gedächtnisleistung mit sich bringen. Bei der Analyse des Forschungsstands fiel auf, dass die Art des Abrufs von Informationen in den Gedächtnistests unterschiedlich war: Teils wurden die Testfragen durch Wiedererkennung in MC-Fragen, teils durch Abruf in offenen Fragen beantwortet. Gestützt auf die theoretische Konzeption im Modell epistemischen Schreibens wird angenommen, dass sich sowohl bei offenen Fragen als auch bei MC-Fragen eine bessere Gedächtnisleistung zeigt, wenn handschriftliche Notizen angefertigt wurden. MC-Fragen erfordern allerdings eine weniger tiefe Verarbeitung als offene Fragen, da sie durch die Wiedererkennung vorgegebener Antworten auch oberflächlich verarbeitete Gedächtnisinhalte aktivieren, wohingegen die Gedächtnisinhalte bei offenen Fragen nur durch die Frage aktiviert werden (vgl. Abschnitt 3.3.3). Die Antworten selbst werden nicht zur Auswahl vorgegeben, sondern müssen aus dem Langzeitgedächtnis abgerufen werden. Wenn das Handschreiben eine tiefere und nachhaltigere Verarbeitung von Wissen zur Folge hat, weil es eine gründlichere Konzeptualisierung und Verbalisierung gewissermaßen erzwingt, unterscheidet sich die Gedächtnisleistung nach hand- und tastaturgeschriebenen Notizen womöglich besonders bei offenen Fragen. Dass das Abrufformat eine Rolle spielen könnte, zeigen auch die Ergebnisse von Kobayashi (2005). Dort war der Vorteil vom Notieren gegenüber dem Nichtnotieren (Enkodier-Effekt) für den freien oder gestützten Abruf größer als für Wiedererkennungsfragen.

Gleiches könnte für faktenbezogene und konzeptionell-anwendungsbezogene Fragen gelten: Isolierte Fakten werden womöglich weniger intensiv verarbeitet und mit Informationen im Langzeitgedächtnis vernetzt als konzeptionell-anwendungsbezogene Informationen. Letztere erfordern eine Auseinandersetzung mit der (eigenen) Lebenswelt, eine aktive Bezugnahme auf vorhandene Erfahrungen und somit Kontextualisierung und ein Nachvollziehen des Konzepts durch Beispielbildung. In der Regel ist eine mentale Simulation nötig, um kontextuell-anwendungsbezogene Fragen zu beantworten: Die Antwort wird nicht einfach abgerufen, sondern nach dem Abruf noch für die neue Situation adaptiert. Dies könnte sich ebenfalls in einem Unterschied bei der Gedächtnisleistung niederschlagen: Je komplexer die Information und je aufwendiger ihre Verarbeitung, desto größer könnte der Unterschied zugunsten handgeschriebener Notizen ausfallen. Die Studienlage ist hier bislang jedoch sehr heterogen (vgl. z. B. Mueller & Oppenheimer, 2014; Morehead et al., 2019).

Folgende Hypothesen ergeben sich somit innerhalb der zweiten Forschungsfrage (Abbildung 7.3):

Forschungsfrage 2 - Schreibmodus und Gedächtnisleistung: Gibt es einen schreibmodusspezifischen Unterschied in der Gedächtnisleistung Jugendlicher nach dem Anfertigen von Notizen?

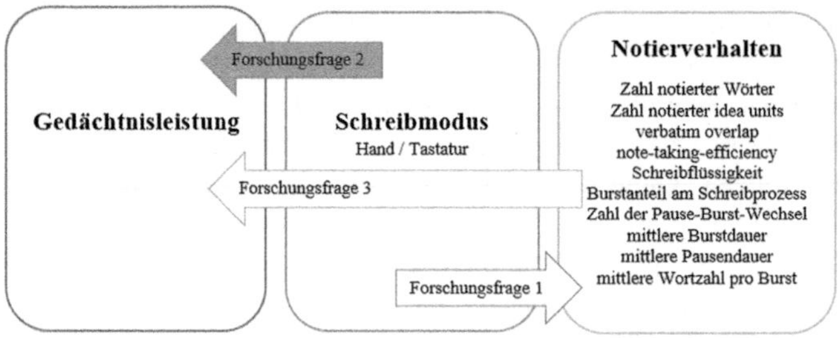

Hypothesen:

2.1 Jugendliche erzielen höhere Punktzahlen im Gedächtnistest, wenn sie zuvor handschriftliche Notizen angefertigt haben.

2.2 Jugendliche erzielen höhere Punktzahlen bei Multiple-Choice-Fragen im Gedächtnistest, wenn sie zuvor handschriftliche Notizen angefertigt haben.

2.3 Jugendliche erzielen höhere Punktzahlen bei offenen Fragen im Gedächtnistest, wenn sie zuvor handschriftliche Notizen angefertigt haben.

2.4 Jugendliche erzielen höhere Punktzahlen bei faktenbezogenen Fragen im Gedächtnistest, wenn sie zuvor handschriftliche Notizen angefertigt haben.

2.5 Jugendliche erzielen höhere Punktzahlen bei konzeptuell-anwendungsbezogenen Fragen im Gedächtnistest, wenn sie zuvor handschriftliche Notizen angefertigt haben.

Abbildung 7.3 Forschungsfrage 2

7.3 Forschungsfrage 3: Notierprozess und Gedächtnisbehalt

Unterschiede im Schreibprozess beim hand- versus tastaturgeschriebenen Notieren sind nicht nur für die Schreibforschung interessant, sondern könnten auch Unterschiede in der Gedächtnisleistung erklären. Wenn in der vorliegenden Untersuchung beispielsweise ein Vorteil tastaturgeschriebener Notizen gefunden wird, könnte es aufschlussreich sein, sich die Unterschiede beim Notieren genauer anzusehen. Wurden womöglich mehr Wörter und *idea units* getippt als mit der Hand geschrieben oder wurde wörtlicher mitgeschrieben? Dann wäre dies ein Indiz für die Gültigkeit der Transkriptionshypothese, die vorhersagt, dass der Gedächtnisbehalt umso höher ist, desto mehr mitgeschrieben wurde, vgl. Bui et al. (2013). Wenn jedoch mehr Wörter und *idea units* getippt und auf der Tastatur wörtlicher mitgeschrieben wurde als mit der Hand, die Gedächtnisleistung aber trotzdem nach handgeschriebenen Notizen besser wäre, so wäre dies eher ein Hinweis darauf, dass die Qualität der Notizen bzw. des Notierens oder/und das reichere sensomotorische Feedback eine größere Rolle spielt als die Quantität. Das Modell epistemischen Schreibens sagt für wörtlichere Notizen eine geringere Verarbeitungstiefe voraus, da die Konzeptualisierungs- und Verbalisierungsphasen nicht zwangsläufig durchlaufen werden müssen. Auch Bretzing und Kulhavy (1979) und van Dijk und Kintsch (1983) legen nahe, dass wörtliche Mitschriften weniger mentale Aktivität erfordern als paraphrasierende oder zusammenfassende Notizen und daher auch weniger tief verarbeitet werden könnten. Aus diesem Grund ist auch die Richtung der Korrelation zwischen der Wörtlichkeit der Mitschriften (*verbatim overlap*) und der Gedächtnisleistung von Interesse. Bisherige Forschungsarbeiten zeigen teilweise eine negative Korrelation zwischen der Wörtlichkeit und der Gedächtnisleistung (z. B. Mueller & Oppenheimer, 2014), bei Morehead et al. (2019) lag keine Korrelation vor. Bui et al. (2013) hingegen gehen entsprechend der Transkriptionshypothese von einem Vorteil wörtlichen Mitschreibens aus und tatsächlich gingen wörtliche Mitschriften beim Tippen – aber nicht beim Handschreiben – in ihrer Stichprobe mit besseren Gedächtnisleistungen einher.

Auch die anderen Variablen werden auf Zusammenhänge mit der Punktzahl untersucht. Im Rahmen der dritten Forschungsfrage liegt der Fokus daher auf der Frage, inwiefern Aspekte der Anfertigung von Notizen das Lernen der notierten Inhalte beeinflusst: Welche der hier erhobenen Variablen des Schreibprozesses beeinflussen die Gedächtnisleistung nach dem Notieren maßgeblich? Gibt es womöglich Unterschiede zwischen den Schreibmodalitäten? Gibt es überhaupt einen Zusammenhang zwischen der Menge notierter Informationen (*idea units*) und der korrekten Beantwortung im Gedächtnistest? Die Studienlage spricht dafür, dass die Anfertigung von Notizen sich positiv auf den Gedächtnisbehalt auswirkt (vgl. Peverly et al., 2007; Kobayashi, 2005; Henk & Stahl, 1985), allerdings fanden Morehead et al. (2019) keinen Vorteil des Notierens gegenüber dem Nichtnotieren.

Ausgehend vom Forschungsstand wird zudem erwartet, dass die Wortzahl pro *idea unit* und der *verbatim overlap* negativ mit der Punktzahl im Gedächtnistest korrelieren. Weiterhin wird angenommen, dass die Anzahl notierter *idea units*, die Burstdauern, die Wortzahl pro Burst und der Burstanteil am Schreibprozess positiv mit der Punktzahl im Gedächtnistest korrelieren.

Wenn beim Handschreiben mehr mit Lernen assoziierte kognitive Prozesse ablaufen als beim Tastaturschreiben (vgl. Askvik et al., 2020), könnte es sein, dass nach handschriftlichen Notizen im Gedächtnistest mehr der notierten *idea units* erinnert werden. Es könnte sogar sein, dass nach handgeschriebenen Notizen aufgrund größerer lernbezogener kognitiver Aktivitäten mehr jener *idea units* abgerufen und wiedererkannt werden, die zuvor gar nicht aufgeschrieben wurden. Umgekehrt ist es allerdings auch denkbar, dass durch das höhere Schreibtempo beim Tippen mehr *idea units* notiert werden als mit der Hand, was für die Gedächtnisleistung vorteilhaft sein könnte und gegebenenfalls auch den Vorteil handschriftlicher Notizen verringern könnte (Transkriptionshypothese).

Wie in Kapitel 2 zur Modellierung des Schreibprozesses schon festgestellt wurde, ist das Schreiben ein hochkomplexer Prozess. Es wird daher davon ausgegangen, dass neben dem Schreibmodus und den Schreibprozessvariablen auch personenbezogene Variablen wie der Sprachstand, das Geschlecht oder das Alter einen erheblichen Einfluss auf die Gedächtnisleistung nach dem Anfertigen von Notizen haben können.

Folgende Untersuchungshypothesen werden aus den vorangegangenen Überlegungen abgeleitet (Abbildung 7.4):

Forschungsfrage 3 - Notierprozess und Gedächtnisbehalt: Welchen Einfluss hat die Anfertigung von Notizen auf die Gedächtnisleistung Jugendlicher?

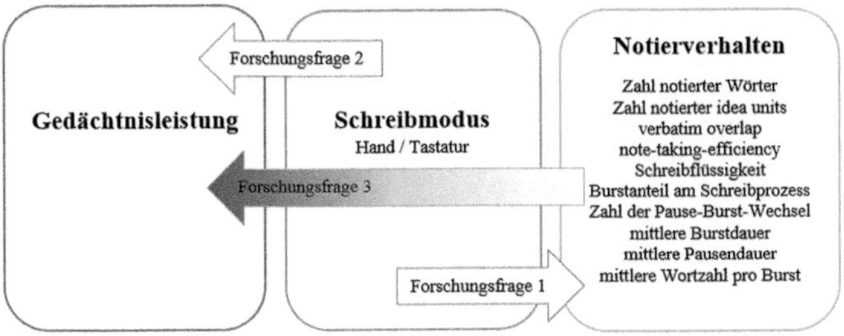

Hypothesen:

3.1 Wenn mit der Hand geschrieben wurde, werden mehr der notierten *idea units* im Gedächtnistest korrekt beantwortet, als wenn mit der Tastatur geschrieben wurde.

3.2 Wenn mit der Hand geschrieben wurde, werden auch mehr der nicht notierten *idea units* im Test korrekt beantwortet, als wenn mit der Tastatur geschrieben wurde.

3.3 Die Punktzahl im Gedächtnistest wird vom Schreibprozess und auch von personenbezogenen Variablen beeinflusst.

Abbildung 7.4 Forschungsfrage 3

Forschungsdesign und Methodenwahl 8

8.1 Stichprobe

49 Schülerinnen und Schüler einer privaten deutschen Oberschule nahmen an dem Experiment teil. Aufgrund technischer Defekte bei der Datenaufnahme oder weil nicht alle Teilnehmenden der ersten Sitzung auch zur zweiten Sitzung erschienen, mussten insgesamt 4 Jugendliche von der Auswertung ausgeschlossen werden (***n* = 45**). Die Versuchspersonen besuchten die neunte und zehnte Klassenstufe und waren zwischen 14 und 17 Jahre alt (M = 15, SD = 0,7), vgl. Abbildung 8.1. 58 % der teilnehmenden Schülerinnen und Schüler waren weiblich, vgl. ebd.

Ergänzende Information Die elektronische Version dieses Kapitels enthält Zusatzmaterial, auf das über folgenden Link zugegriffen werden kann https://doi.org/10.1007/978-3-658-53317-5_8.

E. F. Stephan, *Hand- und tastaturschriftliche Notizen*,
https://doi.org/10.1007/978-3-658-53317-5_8

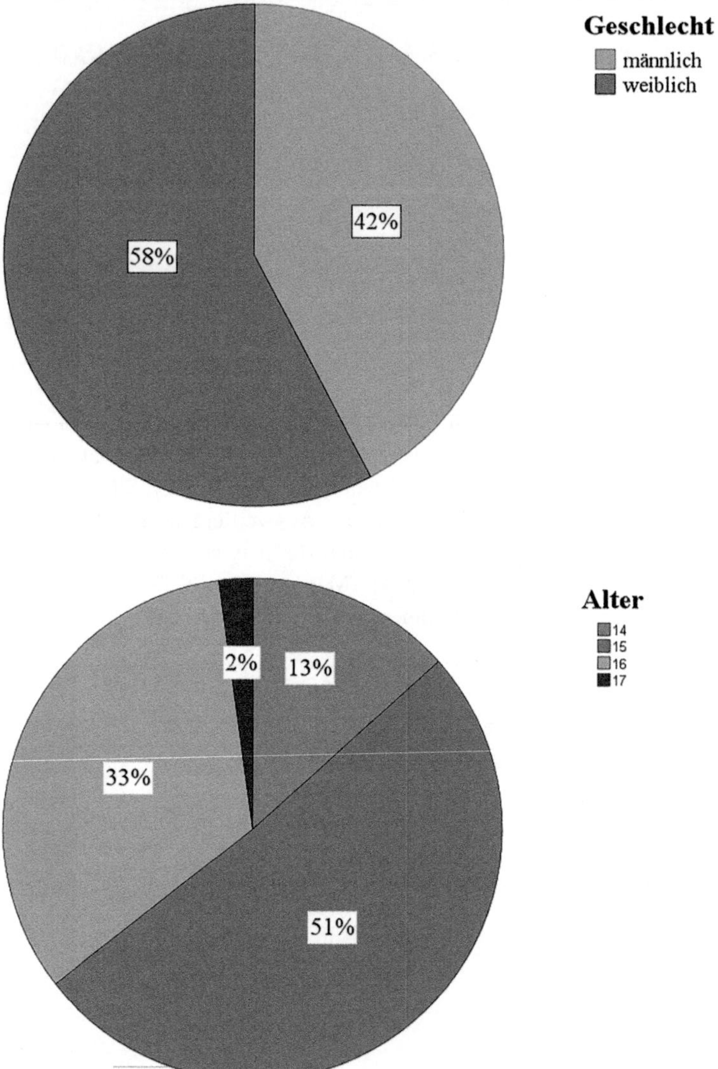

Abbildung 8.1 Verteilung von Alter und Geschlecht in der Stichprobe

91 % der Versuchspersonen gaben an, beim Handschreiben mit der rechten Hand zu schreiben, vgl. Abbildung 8.2. 29 % gaben an, mit zehn Fingern zu tippen, 31 % tippen mit zwei Fingern und 29 % mit vier bis sechs Fingern[1], vgl. ebd. Niemand gab an, mit nur einem Finger zu tippen und 11 % nutzten eine andere Fingerzahl, zum Beispiel sieben Finger (vgl. „Sonstige", ebd.). 30 der 45 Versuchspersonen haben sich das Tastaturschreiben selbst beigebracht. Alle gaben an, im Alltag fließend Deutsch zu sprechen.

5 Versuchspersonen hatten eine diagnostizierte Lese-Rechtschreibschwäche (LRS).

Die Teilnahme am Experiment war freiwillig und erfolgte während der Unterrichtszeit in einem separaten Raum der Oberschule. Diejenigen Schülerinnen und Schüler, die nicht an der Studie teilnehmen wollten, nahmen derweil am regulären Unterricht teil. Im Vorfeld der Studie wurden sowohl die Eltern als auch die Jugendlichen und die Schulleitung schriftlich über die Studienziele und -abläufe informiert und unterschrieben eine Einverständniserklärung zur Teilnahme. Nach der Erhebung wurden unter den teilnehmenden Jugendlichen drei digitale Smartpens verlost.

Um auch in der zweiten Sitzung die korrekte Zuteilung der Probandinnen- und Probandennummern zu den entsprechenden Personen sicherzustellen, wurde eine Klarliste erstellt. Die Klarliste wurde nach der Erhebung vernichtet, sodass die Anonymität im Sinne des Datenschutzes gewahrt werden konnte.

Im Fragebogen wurden neben Angaben zu Alter, Geschlecht und sprachlichem Hintergrund auch Informationen zu Schreibgewohnheiten und -motivation sowie zur Selbsteinschätzung der Schreibkompetenz erhoben. 26 Jugendliche (58 %) gaben an, nicht gern zu schreiben. Als Begründung wurde zumeist angegeben, dass Schreiben keinen Spaß macht (8 Personen) oder zu anstrengend ist (11 Personen). Ihre Schreibfähigkeiten schätzten 21 Jugendliche (47 %) als ‚eher gut' und 20 Personen (44 %) als ‚mittelmäßig' ein, vgl. Abbildung 8.3. Die meisten der teilnehmenden Jugendlichen gaben an, beim Schreiben besonders mit grammatikalischen oder orthographischen Schwierigkeiten zu kämpfen, 8 Personen (18 %) gaben an, keinerlei Schreibschwierigkeiten zu haben, vgl. ebd.

24 Personen (53 %) gaben an, Klausuren am liebsten am Computer schreiben zu wollen, 21 (47 %) wollten hingegen lieber mit dem Stift Klausuren schreiben.

Interessant waren auch die Antworten zu Schreibgewohnheiten im Alltag (vgl. Abbildung 8.4, es konnten mehrere Antworten angekreuzt werden). Auf der

[1] Hier ist anzumerken, dass die Angaben von den Versuchspersonen selbst gemacht wurden. Hier sind die Angaben beispielsweise nicht deckungsgleich mit den Beobachtungen der Autorin: Nur vier Jugendliche haben teilweise mit 10 Fingern Notizen zum Vortrag getippt.

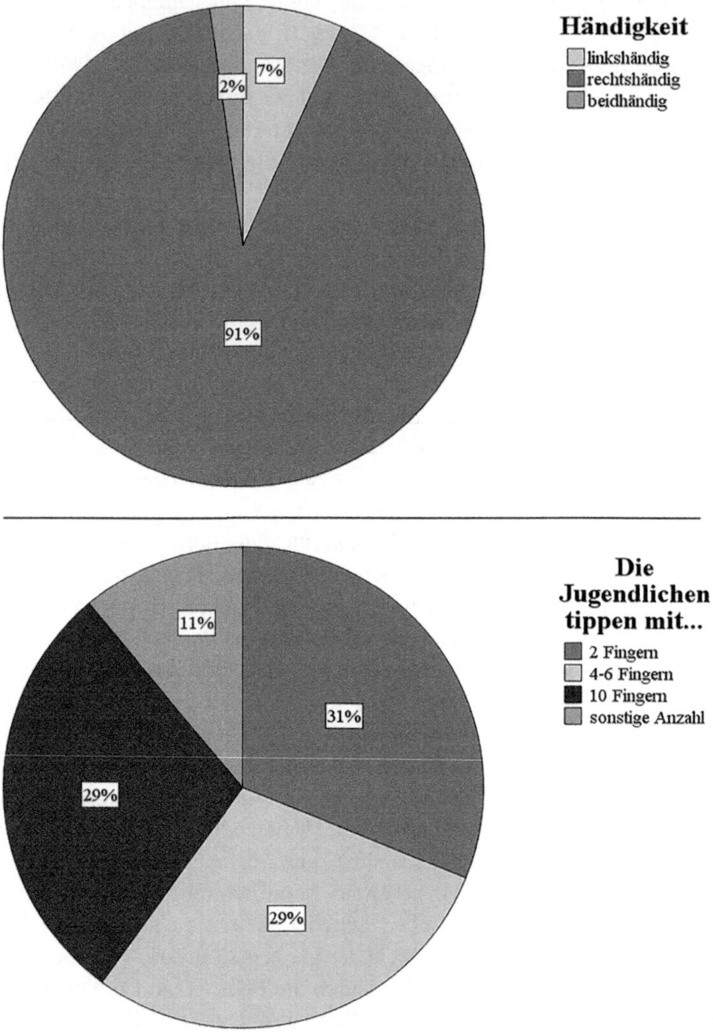

Abbildung 8.2 Verteilung der Händigkeit (Hand) und der involvierten Fingerzahl (Tastatur) in der Stichprobe

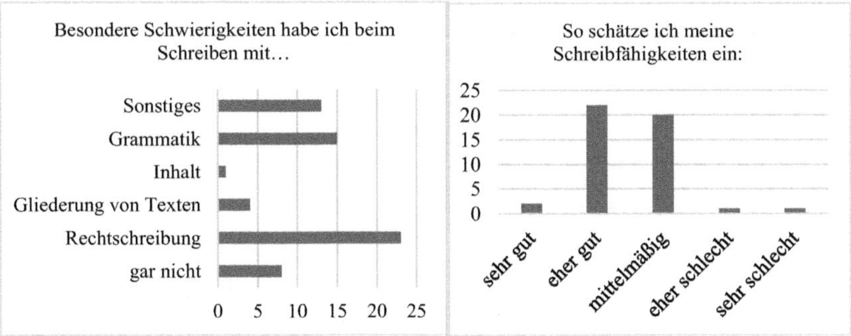

Abbildung 8.3 Selbsteinschätzung der Schreibkompetenz in der Stichprobe

Tastatur schrieben die meisten vor allem zum Zweck der Kommunikation (27 Personen, 60 %), aber auch für Hausaufgaben (14 Personen, 31 %) und zum Lernen für Tests (10 Personen, 22 %) wird bei einigen hauptsächlich auf der Tastatur geschrieben.

Zum Lernen für Tests (30 Personen, 67 %), für Hausaufgaben (22 Personen, 49 %) und bei Unterrichtsmitschriften (39 Personen, 87 %) greifen die meisten jedoch zu Stift und Papier, ebenso für Tagebucheinträge, Einkaufslisten und kleinere Notizen.

8.2 Versuchsablauf

Die Zahl der Teilnehmenden an den Sitzungen variierte zwischen drei und vierzehn gleichzeitig getesteten Jugendlichen. Die Versuchspersonen saßen einzeln an Tischen, die mit je einem Laptop, einem digitalen Stift und dem Testmaterial bestückt waren. Jede/r Teilnehmer/in erhielt eine für beide Sitzungen gültige Probandennummer. Es erfolgte eine Aufstellung der Namen der teilnehmenden Personen mit den entsprechenden Probandinnen- und Probandennummern auf einer Klarliste.

Zu Beginn der ersten Sitzung absolvierten die Versuchspersonen einen standardisierten Test, der die Schreibflüssigkeit auf der Laptoptastatur erfassen sollte. Anschließend wurden die Jugendlichen kurz in die Verwendung der digitalen Smartpens eingeführt und absolvierten mit diesen einen Test, der wiederum die Schreibflüssigkeit mit der Hand erfassen sollte.

Abbildung 8.4
Schreibgewohnheiten bezüglich des Schreibinstruments in der Stichprobe

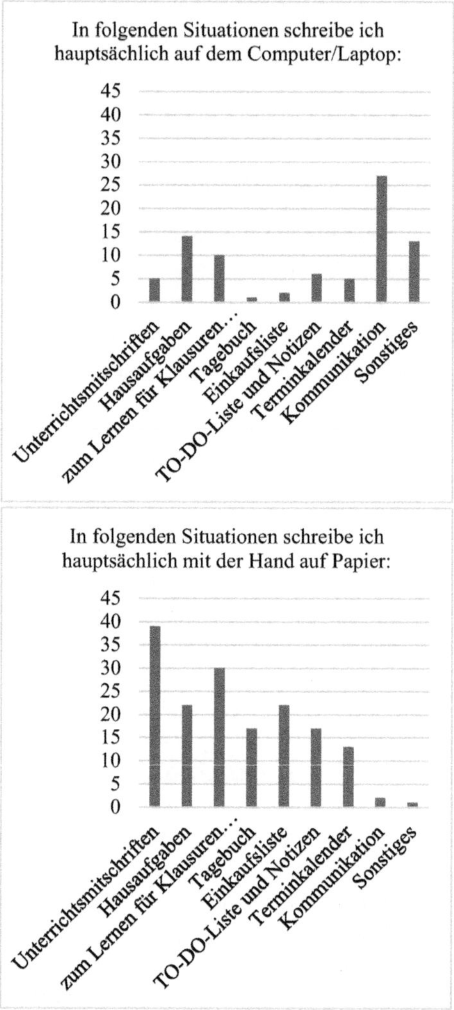

Nach diesen Vortests hörten die Jugendlichen einen Vortrag über giftige Tiere. Jede Teilnehmerin und jeder Teilnehmer fertigte sowohl handschriftlich mit einem digitalen Stift auf Papier als auch auf der Laptoptastatur Notizen zu dem Vortrag an. Im ersten Teil des Vortrags schrieb die Hälfte der Gruppe mit der Hand, die andere auf der Laptop-Tastatur. Im zweiten Teil des Vortrags war es umgekehrt: Wer im ersten Teil mit der Hand geschrieben hatte, machte nun Notizen auf der Laptop-Tastatur und wer im ersten Teil auf der Tastatur geschrieben hatte, schrieb im zweiten Teil mit der Hand. Nach jedem Vortragsteil hatten die Jugendlichen fünf Minuten Zeit, um ihre Notizen zu vervollständigen und zu überprüfen. Anschließend wurden alle Notizen eingesammelt bzw. gespeichert, sodass die Jugendlichen nicht weiter darauf zugreifen konnten.

Am Ende der ersten Sitzung wurden die Versuchspersonen gebeten, einen C-Test handschriftlich auszufüllen, um Informationen über ihren Sprachstand zu erhalten.

In der zweiten Sitzung nach genau sieben Tagen wurde in einem Gedächtnistest überprüft, an welche Inhalte des Vortrags sich die Teilnehmenden erinnern können. Sie konnten ihre Notizen vor dem Test nicht noch einmal anschauen. Der Gedächtnistest wurde am Computer durchgeführt.

Anschließend schrieben die Jugendlichen noch jeweils eine Bildgeschichte mit der Hand und mit der Tastatur. Da hierbei der Fokus auf anderen Forschungsfragen lag, die nicht unmittelbar mit der Gedächtnisleistung und schreibmodusspezifischen Lerneffekten zusammenhängen, ist die Auswertung dieser Bildgeschichten jedoch nicht Bestandteil der vorliegenden Arbeit.

Schließlich füllten die Jugendlichen noch einen Fragebogen aus, um Aufschluss über Alter, Geschlecht, Händigkeit und Schreibgewohnheiten zu erhalten.

Die Sitzungen hatten eine Dauer von jeweils etwa 65–75 Minuten.

8.3 Versuchsmaterial

8.3.1 Hard- und Software zur Aufzeichnung des Schreibprozesses

Für die Untersuchung wurden 14 Laptops (Linova) der Oberschule genutzt. Durch die Installation der Keylogging-Software *Inputlog*[2] konnten die tastaturschriftlichen Schreibprozesse aufgezeichnet werden. Inputlog wurde von einem Team aus Studierenden, Wissenschaftlerinnen und Wissenschaftlern der Universität Antwerpen entwickelt und kann kostenlos für wissenschaftliche Zwecke genutzt

[2] Leijten, M. & Van Waes, L. (2013). Keystroke Logging in Writing Research: Using Inputlog to Analyze Writing Processes. *Written Communication 30*(*3*), 358–392. https://doi.org/10.1177/0741088313491692.

werden. Die Software zeichnet unter anderem alle Mausbewegungen und Tastatureingaben auf und ermöglicht dadurch Rückschlüsse auf dem Schreibprozess und die zeitliche Einordnung jedes geschriebenen, kopierten und auch gelöschten Zeichens. Aus der von Inputlog ausgegebenen *General Analysis* konnten die Pause-Burst-Intervalle für jede Mitschrift berechnet werden.

Um die handschriftlichen Schreibprozesse aufzuzeichnen, wurden 14 *Neo-LAB* Smartpens verwendet. Hierbei handelt es sich im Grunde um ganz normale Kugelschreiber, in deren Spitze eine Infrarotkamera integriert ist. Geschrieben wird auf speziellem digitalem Papier, das ein Raster aus winzigen Mikropunkten aufweist, welches mit bloßem Auge nur schwer zu erkennen ist. Dank dieser Mikropunkte ist es möglich, dass die Stifte genau aufzeichnen, was wo und wann auf dem Blatt niedergeschrieben, durchgestrichen oder gemalt wird und wann Pausen gemacht werden. Der optoelektronische *ncode*-Sensor liest das auf dem Papier gedruckte Mikropunktmuster und die Schriftzeichen und lokalisiert anhand des Mikropunktmusters die Stiftposition auf jeder Seite mithilfe eines integrierten Prozessors.

Mithilfe der von Rui Alves und Kollegen (Universität Porto, Portugal) entwickelten webbasierten *HandSpy*-Software[3] konnten die handschriftlichen Aufzeichnungen digitalisiert und Pause-Burst-Analysen durchgeführt werden[4].

8.3.2 Tests zur Messung der Transkriptionsflüssigkeit

Im Allgemeinen lassen sich produkt- und prozessbezogene Verfahren unterscheiden[5], mit denen Aspekte der Schreibflüssigkeit ermittelt werden können. Die prozessbezogene Messung wird mit Keylogging-Software am Computer beziehungsweise durch den Einsatz digitaler Stifte ermöglicht. Durch die Aufzeichnung der Schreibbewegung mit Infrarotkameras, oder durch elektrostatische Kopplungstechnologie zwischen einem Stift und einem Tablet, kann die Anzahl

---

[3] Alves, Rui, Leal, J. & Limpo, T. (2019). Using HandSpy to Study Writing in Real Time: a Comparison between Low- and High-Quality Texts in Grade 2. In: K. Sullivan & E. Lindgren (Hrsg.), *Observing Writing: Insights from Keystroke Logging and Handwriting* (Studies in Writing, Bd. 38, S. 50–70). Brill. https://doi.org/10.1163/9789004392526_004.

[4] An dieser Stelle möchte ich mich herzlich bei Prof. Dr. Alves und Theresa Limpo für Ihre Beratung zur Verwendung der Handspy-Software bedanken.

[5] Für die vorliegende Studie wurde die enge Definition der Schreibflüssigkeit gewählt, die sich auf hierarchieniedrige Schreibfertigkeiten bezieht. Wir nennen das Konstrukt im Folgenden Transkriptionsflüssigkeit, angelehnt an die *transcription fluency* in der englischsprachigen Forschungsliteratur.

und Länge von Pausen und Bursts Aufschluss über die handschriftliche Schreibflüssigkeit geben (vgl. Chenoweth & Hayes, 2007). Die Schreibflüssigkeit wird danach beurteilt, wie viele Wörter jemand in einem Zug aufschreiben kann, ohne zu pausieren, um über die weitere Formulierung nachzudenken (= *Burst*).

Bei der produktbezogenen Messung wird die Textmenge ins Verhältnis zur dafür benötigten Zeit gesetzt. So kann durch Zählen der Wörter oder Buchstaben beziehungsweise Tastenanschläge innerhalb einer festgelegten Zeit eingeschätzt werden, wie automatisiert geschrieben wird. Üblicherweise wird die Transkriptionsflüssigkeit bzw. die hierarchieniedrige Schreibflüssigkeit in wpm (*words per minute*/ Wörter pro Minute) oder cpm (*characters per minute*/ Zeichen pro Minute) angegeben.

Oft werden in diesem Zusammenhang Abschreibaufgaben oder die *Alphabet-Task* eingesetzt, bei der die Versuchspersonen gebeten werden, innerhalb einer vorgegebenen Zeit möglichst schnell die Buchstaben des Alphabets aufzuschreiben (vgl. z. B. Limpo et al., 2018[6]). Gegen den Einsatz der *Alphabet-Task*, die im Rahmen empirischer Schreibuntersuchungen gern verwendet wird (vgl. z. B. Alves et al., 2007) spricht, dass man damit nicht nur Aspekte der Schreibflüssigkeit misst, sondern auch kognitive Prozesse beim Abruf des Alphabets. Geschrieben werden zudem Einzelbuchstaben, die vermutlich nicht miteinander verbunden werden. Wenn eine Versuchsperson normalerweise in verbundener oder teilverbundener Schreibschrift schreibt, kann dieser Teilaspekt der Schreibflüssigkeit durch die *Alphabet-Task* nicht berücksichtigt werden. Das Format der Abschreibaufgabe hat zwar den Nachteil, dass keine hierarchiehöheren Aspekte der Schreibflüssigkeit (wie das flüssige Formulieren von Ideen) einbezogen werden können und dass auch der Aspekt des fehlerfreien Schreibens durch das Abschreiben nur begrenzt untersucht werden kann, dennoch ermöglicht dieses Format eine Vergleichbarkeit der Versuchspersonen.

Da hier eher hierarchieniedrige Aspekte der Schreibflüssigkeit gemessen werden, wird der Begriff der Transkriptionsflüssigkeit verwendet.

Die Messung der Tastaturtranskriptionsflüssigkeit wurde mit der webbasierten *Copy Task* von Inputlog[7] am Laptop durchgeführt. Die Teilnehmenden absolvierten den deutschsprachigen Test auf der QWERTZ-Tastatur ihres Laptops. Der Test besteht aus verschiedenen Aufgaben, in denen Buchstabenkombinationen, Einzelsätze und vier Wortgruppen möglichst schnell und fehlerfrei abgetippt

[6] Limpo, T., Parente, N. & Alves, R. A. (2018). Promoting handwriting fluency in fifth graders with slow handwriting: a single-subject design study. *Reading and Writing*, 31, 1343–1366. https://doi.org/10.1007/s11145-017-9814-5

[7] vgl. Leijten & Van Waes, 2013.

werden. Die Wortgruppen sollen jeweils sieben Mal aufgeschrieben werden, wobei sowohl hochfrequente als auch seltenere Buchstaben- beziehungsweise Tastenkombinationen abverlangt werden.

Um eine gewisse (aber durch graphomotorische Unterschiede begrenzte) Vergleichbarkeit der Messungen der Transkriptionsflüssigkeit beim Hand- und Tastaturschreiben zu gewährleisten, wurde für die handschriftliche Transkriptionsflüssigkeit ebenfalls eine produktbezogene Abschreibaufgabe gewählt. Die Jugendlichen schrieben mit dem digitalen Stift einen Satz sieben Mal möglichst schnell und fehlerfrei ab. Da sich in der Pilotierungsphase gezeigt hat, dass das schnellstmögliche siebenfache Abschreiben von mehr als einem Satz zu Handkrämpfen und Demotivierung führen kann, wurde auf die völlige Kongruenz zwischen dem hand- und dem tastaturschriftlichen Transkriptionsflüssigkeitstest verzichtet. Es wurde ein Satz gewählt, der alle Buchstaben mindestens einmal enthält:

Franz jagt im komplett verwahrlosten Taxi quer durch Bayern.

Die Aufzeichnung mit dem digitalen Stift ermöglichte es, festzustellen, wie lange die Versuchspersonen gebraucht haben, um den Satz siebenmal abzuschreiben.

8.3.3 Vortrag und Notizen

Die teilnehmenden Jugendlichen fertigten Notizen zu einem zweiteiligen auditiven Vortrag über giftige Tiere an[8]. Der erste Teil des Vortrags handelte von Skorpionen und Spinnen, der zweite Teil von giftigen Meerestieren. Beide Vortragsteile dauerten etwas mehr als 8 Minuten und enthielten etwa gleich viele Wörter. Der Vortrag enthielt insgesamt 1270 Wörter und wurde mit durchschnittlich 75 Wörtern pro Minute vorgetragen. Die Vortragsgeschwindigkeit ist geringer als bei Morehead et al. (2019) und Mueller und Oppenheimer (2014), weil in der vorliegenden Untersuchung nicht vorlesungsgeübte Studierende, sondern 14- bis 17-jährige Schülerinnen und Schüler mitschrieben[9].

Die tastaturgeschriebenen Notizen wurden am Laptop mit dem Microsoft-Textverarbeitungsprogramm *Word* ohne Rechtschreibhilfe verfasst und mit der

[8] Der Vortragstext befindet sich im Anhang im elektronischen Zusatzmaterial.

[9] Die teilnehmenden Schüler/-innen meldeten dennoch größtenteils zurück, dass sie beim Notieren sehr unter Zeitdruck standen.

Keylogging-Software *Inputlog* aufgezeichnet[10]. Die handschriftlichen Notizen wurden mit dem *NeoLAB*-Smartpen auf Papier verfasst.

In den bisherigen Studien zum Einfluss des Schreibmodus auf die Gedächtnisleistung wurden die Notizen meist zu visuell-auditiven Formen der Informationsvermittlung angefertigt. Um den Einfluss des Inputmediums auf das Gedächtnis zu reduzieren, ist der Vortrag in dieser Untersuchung nur auditiv. Damit soll verhindert werden, dass Teilnehmende sich unabhängig von den Notizen durch die zusätzliche visuelle Speicherung Inhalte merken, was dann nicht mehr auf den Schreibmodus zurückgeführt werden kann. Außerdem zeigte die Meta-Analyse von Kobayashi (2005, vgl. Abschnitt 3.4.1), dass visuell gestützte Vortragsformate einen kleineren Enkodier-Effekt nach sich ziehen könnten.

Giftige Tiere wurden als Vortragsthema ausgewählt, um einen lebensweltlichen Bezug herzustellen und das Interesse Jugendlicher zu wecken, ohne dass Informationen referiert werden, die den Versuchspersonen schon bekannt sind. Dennoch ist es natürlich nicht auszuschließen, dass manche Jugendliche Fragen des Gedächtnistests aufgrund ihrer Vorkenntnisse oder eines Bauchgefühls beantworten konnten, sodass die Beantwortung nicht ausschließlich von der Anfertigung der Notizen abhängig war. Die Versuchsleiterin[11] erkundigte sich nach der ersten Sitzung bei den Teilnehmenden, ob sie bereits Vorwissen zu dem Thema hatten. Niemand gab an, über das referierte Detailwissen vorher schon verfügt zu haben.

Nach jedem Vortragsteil hatten die Jugendlichen fünf Minuten Zeit, um ihre Mitschriften zu überarbeiten und zu ergänzen. Sie wurden vor dem Vortrag von der Versuchsleiterin instruiert, sich die Notizen mit dem Ziel anzufertigen, sich möglichst viele der genannten Informationen zu merken. Ob sie die Notizen in eigenen Worten, wörtlich, mit Abkürzungen oder durch graphische Darstellungen und Zeichnungen aufschrieben, war den Versuchspersonen überlassen.

[10] vgl. Leijten & Van Waes, 2013.

[11] Die Versuchsleiterin war die Autorin dieser Studie, Elisa F. Stephan.

Instruktion:

Als nächstes hören wir einen Vortrag zu giftigen Tieren. Eure Aufgabe ist es, am Laptop beziehungsweise mit dem Smartpen möglichst alle Informationen stichpunktartig mitzuschreiben, euch also Notizen zu machen. Es ist wichtig, dass ihr euch die Informationen aufschreibt, denn das Ziel ist, dass ihr euch möglichst viel von dem, was gesagt wird, merken könnt. Ihr werdet wahrscheinlich feststellen, dass ihr sehr schnell mitschreiben müsst und vielleicht auch Abkürzungen verwendet oder in euren eigenen Worten Notizen machen müsst, um mitzukommen. Ihr könnt die Notizen anfertigen, wie ihr möchtet, die Hauptsache ist, dass ihr euch die Informationen merken könnt. Ihr bekommt nach dem Vortrag 5 Minuten Zeit, um eure Mitschriften zu vervollständigen und zu überarbeiten.

8.3.4 C-Test zur Erhebung des Sprachstands

Um den Sprachstand zu erfassen, wurde ein C-Test durchgeführt[12]. In dem aus fünf Einzeltexten bestehenden Test wurde ab dem zweiten Satz in jedem zweiten Wort die zweite Worthälfte getilgt. Die teilnehmenden Jugendlichen waren angehalten, die Texte zu ‚reparieren', indem sie die Lücken handschriftlich um die fehlenden Worthälften ergänzten[13].

Der C-Test ist ein gängiges Diagnoseinstrument, um den allgemeinen Sprachstand zeitsparend und zuverlässig zu erfassen. Vor allem im Bereich des Fremdsprachenlernens und im Kontext der Forschung zu Deutsch als Fremd- und Zweitsprache wird der Test oft eingesetzt. Es ist zu erwarten, dass die Verwendung allzu einfacher Texte bei Teilnehmerinnen und Teilnehmern deutscher Herkunftssprache dazu führt, dass sie (fast) alle Lücken ohne Probleme ausfüllen können und so die tatsächliche Streuung des Sprachstands nicht gemessen werden kann. Dies hat sich in Studien mit C-Tests, die für Deutsch als Fremdsprache-Lernende konzipiert wurden, gezeigt[14]. Der Schwierigkeitsgrad der Texte sollte daher an die erwartete Sprachkompetenz der ausfüllenden Personen angepasst

---

[12] Für einen Überblick zur Diskussion über die Validität von C-Tests zur Messung des allgemeinen Sprachstands vgl. Eckes, T. & Grotjahn, R. (2006). A closer look at the construct validity of C-tests. *Language Testing,* 23(3), 290–325. https://doi.org/10.1191/0265532206lt330oa.

[13] Der verwendete C-Test kann im Anhang im elektronischen Zusatzmaterial eingesehen werden.

[14] vgl. Baur, R. S., Grotjahn, R. & Spettmann, M. (2006). Der C-Test als Instrument der Sprachstandserhebung und Sprachförderung. In: J.-P. Timm (Hrsg.), *Fremdsprachenlernen und Fremdsprachenforschung: Kompetenzen, Standards, Lernformen, Evaluation* (S. 389–406). Narr.

werden. Allerdings stehen für Muttersprachlerinnen und Muttersprachler des Deutschen nicht für alle Altersstufen standardisierte C-Tests[15] zur Verfügung. Da im Rahmen dieses Promotionsprojektes eine umfassende Validierung des Tests an hunderten Personen der Zielaltersgruppe nicht möglich war, wurde auf C-Tests zurückgegriffen, die für gewöhnlich dazu dienen, den Sprachstand von Studierenden mit Deutsch als Fremdsprache einzuschätzen. Die verwendeten Tests stammen aus dem C-Test-Pool des Sprachenzentrums der Humboldt-Universität zu Berlin[16]. Die Ergebnisse des in dieser Studie verwendeten Tests geben nicht darüber Auskunft, wie die allgemeine Sprachfähigkeit der Versuchspersonen im Verhältnis zum Durchschnitt aller Personen dieser Altersgruppe ausgebildet ist. Vielmehr sind nur Aussagen zur allgemeinen Sprachfähigkeit der Einzelperson im Verhältnis zum Durchschnitt der getesteten Gruppe möglich.

C-Tests können außerdem nicht alle Teilaspekte der Sprachkompetenz messen, da die Bereiche Hören und Sprechen durch das schriftliche Format des Tests nicht berücksichtigt werden. Im C-Test wird eigentlich nur die Lesekompetenz, das grammatikalische und lexikalisch-semantische Wissen und das Weltwissen der Versuchspersonen untersucht. Dies sollte bei der Interpretation der Ergebnisse des C-Tests ebenfalls bedacht werden.

8.3.5 Gedächtnistest

Der Gedächtnistest zu den Inhalten des Vortrags wurde sieben Tage nach der ersten Sitzung am Laptop durchgeführt, um gegebenenfalls Unterschiede bezüglich langfristiger Effekte des Schreibmodus auf das Gedächtnis zu überprüfen. In den bisherigen Untersuchungen zur Gedächtnisleistung nach Notizen wurde oftmals kein Unterschied nach hand- beziehungsweise tastaturschriftlichen Notizen gefunden, wenn der Gedächtnistest direkt nach den Notizen oder nach ein, zwei Tagen absolviert wurde (vgl. Tabelle 6.1). Daher – und auch, um Übungseffekte und Demotivierung durch Wiederholungstestung zu vermeiden – wurde auf eine Testung direkt nach dem Anfertigen der Notizen verzichtet.

Im ersten Teil des Tests wurden Informationen des ersten Teils des Vortrags erfragt, im zweiten Teil des Tests wurden Informationen zum zweiten Teil des

[15] vgl. Wockenfuß, V. (2009). Diagnostik von Sprache und Intelligenz bei Jugendlichen. und jungen Erwachsenen. Shaker Verlag.

[16] Sprachenzentrum der Humboldt-Universität zu Berlin. C-Test. https://www.sprachenzentrum.hu-berlin.de/de/einstufungstests/einstufungstests-online (Zugriff am 12. April 2022).

Vortrags abgefragt. Bei der Konzeption des Gedächtnistests wurde darauf geachtet, dass zu beiden Teilen des Vortrags ähnlich geartete Fragen zu äquivalenten Informationen gestellt werden und auch die Häufigkeiten etwa gleich verteilt sind. In beiden Testhälften gab es Fragen zu Erste-Hilfe-Maßnahmen nach einer Vergiftung durch die jeweiligen Gifttiere, zur Zahl der jährlichen Todesfälle und Ähnliches[17]. In beiden Testhälften gab es gleich viele Fragen, bei denen die Art des Informationsabrufs aus dem Gedächtnis variiert wurde: Zur Wiedererkennung waren jeweils fünf MC-Fragen und zum gestützten Informationsabruf jeweils neun offene Fragen enthalten. Des Weiteren wurden die Fragen nach der Art der abgefragten Information unterschieden: Zu konzeptionell-anwendungsbezogenen Inhalten gab es vier Fragen in jedem Teil des Tests, zu faktenbezogenen Fragen jeweils zehn. Faktenbezogene Fragen kamen sowohl im MC-Format als auch im offenen Format vor, konzeptionell-anwendungsbezogene Fragen waren immer offene Fragen (vgl. Abbildung 8.5).

26. Die Würfelqualle ...

- ☐ ... schwimmt auch, während sie schläft.
- ☐ ...treibt ziellos im Wasser umher und fängt nur das ein, was zufällig ihre Tentakeln berührt.
- ☐ ...schwimmt zielgerichtet zur Beute, um zu jagen.

(a) Multiple Choice- Frage / faktenbezogen

16. Aus dem Terrarium eines Freundes ist ein Pfeilgiftfrosch entkommen. Nach kurzer Suche finden Sie ihn unter einem Hocker in der Wohnung. Können Sie ihn in die Hand nehmen, um ihn zurück ins Terrarium zu bringen? Begründen Sie warum/warum nicht.

(b) offene Frage / konzeptionell-anwendungsbezogen

8. Sie machen Urlaub in Mexiko. Morgens nach dem Aufstehen wollen Sie sich anziehen und einen Ausflug machen.Was sollten Sie dabei beachten, um einen Skorpionstich zu vermeiden?

1.
2.

(c) offene Frage / faktenbezogen

Abbildung 8.5 Fragearten im Gedächtnistest (Beispiele)

[17] Der vollständige Gedächtnistest kann im Anhang im elektronischen Zusatzmaterial eingesehen werden.

Bei der Beantwortung der MC-Fragen mussten die Versuchspersonen aus drei vorgegebenen Antwortmöglichkeiten die richtige(n) Antworten heraussuchen und ankreuzen (vgl. Abbildung 8.5 (a)). Offene Fragen stellten keine Antwortoptionen zur Verfügung.

In Faktenfragen wurden Informationen erfragt, die im Vortrag genannt wurden, beispielsweise Jahreszahlen oder Symptome einer Vergiftung. Bei den konzeptionell-anwendungsbezogenen Fragen mussten die Informationen aus dem Vortrag auf eine neue, im Vortrag nicht besprochene Situation angewendet werden. So wird bezüglich der Frage in Abbildung 8.5 (b) im Vortrag erwähnt, dass Pfeilgiftfrösche in der freien Natur schon nach bloßer Berührung tödlich sein können, sie aber in Gefangenschaft ihre Giftigkeit verlieren, weil sie anderes Futter erhalten. Dieses Wissen muss man zur korrekten Beantwortung der Frage auf die neue Situation anwenden.

8.3.6 Fragebogen

Der Fragebogen wurde zum Abschluss der zweiten Sitzung am Laptop ausgefüllt[18]. Es wurden Informationen zu Geschlecht und Alter, zu alltäglich und nicht alltäglich verwendeten Sprachen, zur Händigkeit beim Handschreiben und der Zahl involvierter Finger beim Tastaturschreiben, zu schreibmodusbezogenen Schreibgewohnheiten, zur Schreibmotivation, zum Schreiberwerb sowie eine Selbsteinschätzung der Schreibkompetenz erfragt. Die zentralen Ergebnisse wurden in der Stichprobenbeschreibung dargestellt.

[18] Der vollständige Fragebogen befindet sich im Anhang im elektronischen Zusatzmaterial.

Datenaufbereitung und -auswertung 9

9.1 Transkriptionsflüssigkeit

Für die Auswertung der tastaturschriftlichen Transkriptionsflüssigkeit wurden die Ergebnisse der *Copy Task* mit Inputlog analysiert. Der in den Aufgaben erreichte durchschnittliche cpm-Score (cpm = *characters per minute* (Zeichen pro Minute)) wurde mit der Rate der richtig abgetippten Zeichen multipliziert (*cpm netto*).

Für die Auswertung der handschriftlichen Transkriptionsflüssigkeit wurden die Daten der Abschreibaufgabe, in der ein Satz siebenfach abgeschrieben wurde, mit *NeoLAB* Smartpens aufgezeichnet und anschließend mit der HandSpy-Software analysiert. Die Software ermöglichte es, bei der Auswertung des Schreibprozesses ein Video anzuschauen, das unter Berücksichtigung des zeitlichen Ablaufs die Entstehung der abgeschriebenen Sätze zeigt. Dadurch war eine präzise zeitliche Festlegung des Start- und Endpunkts der Abschreibtätigkeit möglich. Die durch das Abschreibformat immer gleiche Zahl von Buchstaben (= 357) wurde durch die individuell benötigte Abschreibdauer der Teilnehmerin oder des Teilnehmers dividiert, um die geschriebenen Buchstaben pro Minute zu berechnen. Da die graphomotorische Realisierung per Hand wegen des größeren motorischen Aufwands nicht mit der graphomotorischen Realisierung per Tastendruck zu vergleichen ist, wurde eine leicht verschiedene Einheit gewählt: Der in den Aufgaben erreichte durchschnittliche lpm-Score (lpm = *letters per minute* (Buchstaben pro Minute)) wurde mit der Rate der richtig abgeschriebenen Buchstaben multipliziert (*lpm netto*).

Ergänzende Information Die elektronische Version dieses Kapitels enthält Zusatzmaterial, auf das über folgenden Link zugegriffen werden kann https://doi.org/10.1007/978-3-658-53317-5_9.

E. F. Stephan, *Hand- und tastaturschriftliche Notizen*,
https://doi.org/10.1007/978-3-658-53317-5_9

Es wurde darauf verzichtet, die hand- und tastaturschriftliche Transkriptionsflüssigkeit als eine Variable *Transkriptionsflüssigkeit* zusammenzufassen, zumal durch die langsamere Realisierung der handschriftlichen Buchstaben keine Vergleichbarkeit zwischen den handschriftlichen *letters per minute* und den getippten *characters per minute* vorlag. Eine Zusammenfassung der beiden Transkriptionsflüssigkeiten zu einer Variable wäre zwar durch die Umwandlung der metrischen Skala in eine Ordinalskala (z. B. hohe, mittlere, geringe Transkriptionsflüssigkeit) möglich gewesen, hätte aber auch einen großen Informationsverlust bedeutet. Die deskriptiv- und inferenzstatistischen Analysen der Transkriptionsflüssigkeit wurden daher getrennt nach Schreibmodalität vorgenommen.

9.2 Auswertung des C-Tests

Die C-Tests wurden von der Autorin dieser Arbeit ausgewertet, indem die Anzahl der korrekt gelösten Items ermittelt wurde. Insgesamt konnten 100 Punkte erreicht werden, wobei für jede Lücke ein Punkt vergeben werden konnte. Ein Item wurde als korrekt eingestuft, wenn die Lücke semantisch, orthographisch und grammatikalisch korrekt ergänzt wurde[1].

9.3 Auswertung des Gedächtnistests

Die Gedächtnistests wurden von der Autorin dieser Arbeit ausgewertet, indem Punkte für korrekt beantwortete Fragen vergeben wurden. Bei der Bewertung der Antworten der Versuchspersonen im Gedächtnistest wurden alle Antworten als korrekt eingestuft, die inhaltlich korrekt waren. War eine Antwort sprachlich fehlerhaft, so gab es deshalb keine Punktabzüge.

Die Gedächtnistests wurden bewertet, ohne zu wissen, mit welchem Schreibwerkzeug die Notizen zuvor angefertigt worden waren (*blind to condition*). Die Punktzahlen für Teil 1 und 2 des Tests wurden für jede Teilnehmerin und jeden Teilnehmer in eine Excel-Tabelle eingetragen. Ebenso wurden die Punktzahlen für konzeptionell-anwendungsbezogene Fragen und faktenbezogene Fragen in beiden Testteilen sowie die Punktzahlen bei MC- und offenen Fragen in beiden Testteilen in der Tabelle notiert.

[1] Zu alternativen Auswertungsmethoden vgl. Baur et al., 2006.

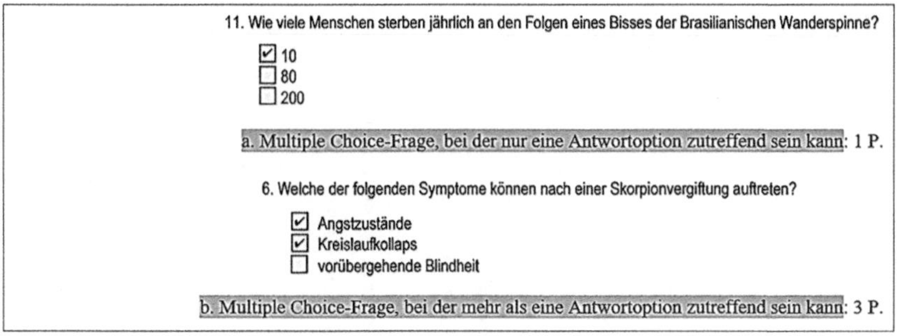

Abbildung 9.1 Bepunktung der Multiple Choice-Fragen im Gedächtnistest

Für MC-Fragen, bei denen theoretisch nur eine Antwort richtig sein kann, konnte ein Punkt erreicht werden. Wenn bei MC-Fragen theoretisch mehrere der drei Antwortoptionen richtig sein könnten, wurden 3 Punkte vergeben, also ein Punkt für jede richtigerweise (nicht) angekreuzte Antwortoption (vgl. Beispiele in Abbildung 9.1).

Bei den offenen Fragen richtete sich die Zahl der erreichbaren Punkte nach der Zahl der abgefragten *idea units,* also der Zahl jener Informationseinheiten, die abgerufen werden mussten, um die Frage zu beantworten (vgl. Abschnitt 9.4.1). Für jede Frage im ersten Teil des Tests wurde im anderen Testteil ein inhaltliches und punktemäßiges Äquivalent konzipiert. Daher konnten in beiden Testhälften gleich viele Punkte bei MC-Fragen und auch bei offenen Fragen, sowie gleich viele Punkte bei konzeptionell-anwendungsbezogenen Fragen und faktenbezogenen Fragen erreicht werden, sodass die Punkte nicht gewichtet werden mussten (vgl. Tabelle 9.1). In jedem der zwei Testteile konnten maximal 26 Punkte erreicht werden.

Nach der Auswertung der Gedächtnistests wurden die Notizen durchgesehen, sodass in der Tabelle ergänzt werden konnte, in welchem Schreibmodus zu welchem Teil Notizen angefertigt wurden.

Tabelle 9.1 Verteilung der Punkte in den Testteilen nach Fragearten des Gedächtnistests

Teil 1	maximal erreichbare Punkte	maximal erreichbare Punkte	**Teil 2**
gesamt	**26**	**26**	**gesamt**
Multiple Choice	9	9	Multiple Choice
offen	17	17	offen
konzeptionell-anwendungsbezogen	7	7	konzeptionell-anwendungsbezogen
faktenbezogen	19	19	faktenbezogen

9.4 Auswertung der Notizen

9.4.1 Wortzahl und Zahl der *idea units*

In den hand- und tastaturgeschriebenen Notizen wurde die Anzahl der geschriebenen Wörter ermittelt. Des Weiteren wurde für jede Versuchsperson zu jeder einzelnen *idea unit* vermerkt, ob sie aufgeschrieben wurde und die Anzahl der notierten *idea units* berechnet. In jedem der beiden Vortragsteile gab es 23 *idea units*.

Idea units sind Informationseinheiten, die im Vortrag genannt wurden und im Gedächtnistest zur korrekten Beantwortung der Fragen erinnert werden mussten. Eine *idea unit* ist eine kleine inhaltliche Informationseinheit, eine einzelne Proposition, die Bedeutung beinhaltet. Das kann etwa ein einzelnes Faktum, ein Beispiel oder eine Ursache-Wirkungs-Beziehung sein[2], vgl. Tabelle 9.2 für Beispiele[3]. Sie besteht aus einem Prädikat und einem oder mehreren Argumenten und stellt so einen zusammenhängenden Sachverhalt dar.

Teilweise war zur Beantwortung einer Frage die Erinnerung mehrerer *idea units* nötig. So war in Beispiel (a) von Abbildung 9.1 die Erinnerung einer Informationseinheit nötig (*Es gibt 10 jährliche Todesfälle durch Bisse der Wanderspinne.)*, während in Beispiel (b) zwei Informationseinheiten erinnert werden mussten (*Angstzustände* und *Kreislaufkollaps* als Symptome des Skorpionstichs)[4].

Zu jeder *idea unit* und für jede Versuchsperson wurde in einer Tabelle erfasst, ob die *idea unit* notiert wurde. Zu jeder *idea unit* wurde zusätzlich vermerkt, ob sie im Gedächtnistest korrekt beantwortet wurde. So konnte für jede Teilnehmerin und jeden Teilnehmer ermittelt werden, wie viele der notierten *idea units* auch im Gedächtnistest korrekt beantwortet wurden und wie viele der nicht notierten *idea units* im Gedächtnistest trotzdem korrekt beantwortet wurden.

[2] vgl. Flanigan et al., 2023.

[3] Eine vollständige Auflistung der *idea units* befindet sich im Anhang im elektronischen Zusatzmaterial.

[4] Im Beispiel in Abbildung 21 (b) zeigt sich auch, dass die Zahl der idea units (23 je Vortragsteil) nicht deckungsgleich mit der Bepunktung ist (26 Punkte je Testteil).

Tabelle 9.2 Beispiele für idea units

Vortrag Teil 2: Idea units	
1	Skorpione sind aktiv giftig.
2	Skorpione sind aktiv giftig, weil sie einen eigenen Giftapparat besitzen bzw. das Gift selbst produzieren.
3	Der Pfeilgiftfrosch kann angefasst werden, wenn er im Terrarium lebt.
4	Der Pfeilgiftfrosch verliert seine Giftigkeit, weil er keine giftige Nahrung mehr bekommt.
5	Die Giftmenge des Tigerkugelfisches reicht aus, um 30 Menschen zu töten.
6	Nach dem Verzehr giftiger Kugelfische setzen die Symptome nach5–30 Minuten ein.
7	Bei der Wahl des Restaurants sollte darauf geachtet werden, dass der Koch eine spezielle Ausbildung erhalten hat.
8	Mundkribbeln ist ein mögliches Symptom einer Kugelfischvergiftung.
9	Krämpfe sind ein mögliches Symptom einer Kugelfischvergiftung.
10	Eine Herzdruckmassage ist eine Erste-Hilfe-Maßnahme nach der Kugelfischvergiftung.
11	Eine Mund-zu-Mund-Beatmung ist eine Erste-Hilfe-Maßnahme nach der Kugelfischvergiftung.

9.4.2 Pause-Burst-Analysen

Die handschriftlichen Notizen wurden mit HandSpy hinsichtlich der Pause-Burst-Intervalle analysiert. Bei den tastaturgeschriebenen Notizen konnten die Pause-Burst-Wechsel mithilfe der Inputlog-Ausgabe *General Analysis* ermittelt werden, wie im Folgenden noch detailliert beschrieben wird.

Das Pausen-Burst-Profil jeder Versuchsperson setzt sich aus fünf erhobenen Variablen zusammen: *mittlere Pausendauer, mittlere Burstdauer, Zahl der Pause-Burst-Intervalle, mittlere Wortzahl pro Burst* und *Anteil von Bursts am Schreibprozess.*

Die hand- und tastaturschriftlichen Protokolle wurden auf die Zeit des Mitschreibens gekürzt, sodass die Revisionsaktivitäten sowie Maus- und Scrollbewegungen oder andere irrelevante Aktivitäten wie Kritzeleien vor dem Vortrag nicht mit in die Pause-Burst-Analyse einflossen. Der Schwellenwert für Pausen wurde auf 2 Sekunden festgelegt, wie es in den meisten Pause-Burst-Analysen in Textproduktionen von Kindern und Jugendlichen üblich ist (vgl. Alves & Limpo, 2015; Alves et al., 2019).

Tabelle 9.3 Datenbeispiel: Pause-Burst-Protokoll bei Inputlog (Tastatur)

id	type	output	startTime	endTime	actionTime	pauseTime	Pausendauer	Burstdauer
			534744					62350
292	keyboard	P	599499	599567	427	2104	2405	10269
322	keyboard	v	611989	612038	49	2277	2221	13327
370	keyboard	m	629557	629619	62	4285	4241	3831
382	keyboard	a	635853	635948	95	2536	2465	24074
456	keyboard	G	662418	662489	340	2448	2491	17411
512	keyboard	a	683230	683308	78	3475	3401	10637
551	keyboard	d	697827	697902	75	4029	3960	1494
556	keyboard	SPACE	702082	702165	83	2864	2761	10348
597	mouse	Movement	715719	716954	1235	3353	3289	9719
628	keyboard	5	728562	728640	78	3124	3124	11243
654	keyboard	A	743303	743407	349	3322	3498	29576
748	keyboard	n	776141	776209	68	3348	3262	10767
783	keyboard	7	789030	789103	73	2185	2122	28205
880	keyboard	1	819591	819678	87	2356	2356	16181
946	keyboard	BACK	838082	838149	67	2417	2310	2798
957	keyboard	Q	848745	848845	301	7727	7865	18651
1027	keyboard	g	869572	869636	64	2247	2176	11420
1068	mouse	Movement	885594	890469	4875	4673	4602	15067
1096	keyboard	g	907552	907608	56	6955	6891	2123
1106	keyboard	BACK	912444	912513	69	2860	2769	4646
1125	keyboard	a	920995	921118	123	3973	3905	19521
1175	keyboard	N	948703	948751	289	7946	8187	10386
1209	keyboard	u	962127	962208	81	3106	3038	18458
1281	keyboard	u	982779	982854	75	2314	2194	15313
1340	keyboard	s	1004996	1005062	66	6976	6904	11960
1374	keyboard	k	1021671	1021766	95	4798	4715	17832
1440	keyboard	a	1044921	1044996	75	5500	5418	10313
				1055234				
Gesamtdauer		Burstdauer Mittelwert		Burstanzahl	Burstanteil (Burstgesamtdauer/Gesamtlänge)			
520490		14925,7143		28	0,8029357			
520490		SD						
		11483,3107		Wortzahl				
		Pausendauer Mittelwert		204				
		3798,88889						
		SD		Wortzahl/Burstzahl				
		1759,02006		7,28571429				

Da Inputlog in der *General Analysis* die Pause-Burst-Intervalle nicht von selbst ausgibt, wurden die Burst- und Pausendauern für jede Versuchsperson bei Excel berechnet. Die bei Inputlog ausgegebene Spalte *Pause Time* beinhaltet nicht nur die Pause zwischen zwei Bursts, sondern auch die letzte Aktivität, die teilweise recht langanhaltend war (*Pause Time* = Startzeit einer Aktivität bis zur Startzeit der nächsten Aktivität), vgl. das Datenbeispiel in Tabelle 9.3. Die *Pause Time* bei Inputlog beinhaltet also den vorangegangenen Burst.

Daher wurde in einer neuen Spalte die exakte Pausendauer berechnet:
Pausendauer = (Startzeit nächster Burst) – (Endzeit der vorherigen Aktivität)

Anschließend wurde ein Filter gesetzt, sodass nur Pausen mit einer Dauer von 2 Sekunden ausgegeben wurden. Damit konnten dann auch die Burstdauern bei Excel berechnet werden:

Burstdauer = (Startzeit nächster Burst) – (nächste Pausendauer) – (Startzeit des Bursts)

In den Protokollen der hand- und tastaturgeschriebenen Notizen wurde für jede Mitschrift die Anzahl der Pause-Burst-Intervalle, die durchschnittliche Burst- und Pausendauer, die mittlere Wortzahl je Burst ($= \frac{Wortanzahl}{Burstanzahl}$) und der Anteil von Bursts am gesamten Schreibprozess ($= \frac{(Burstdauer1 + Burstdauer2 + \ldots + Burstdauern)}{DauerdesgesamtenSchreibprozesses}$) ermittelt.

9.4.3 *note-taking efficiency*

Um zu ermitteln, wie ökonomisch die Notizen angefertigt wurden, wurde für jede Mitschrift berechnet, wie viele Wörter im Durchschnitt geschrieben wurden, um eine *idea unit* auszudrücken (*note-taking efficiency*). Dazu wurde die Wortzahl jeder Mitschrift durch die Zahl notierter *idea units* dividiert (vgl. Howe, 1970[5]):

$$note\text{-}taking\ efficiency = \frac{Wortzahl}{Zahl\ der\ notierten\ idea\ units}$$

Im Folgenden wird von einer höheren *note-taking efficiency* gesprochen, wenn weniger Wörter pro *idea unit* verwendet wurden, d. h. ökonomischer geschrieben wurde.

9.4.4 Wörtlichkeit (*verbatim overlap*)

Außerdem wurden die hand- und tastaturgeschriebenen Notizen daraufhin untersucht, wie wörtlich die Informationen aus dem gehörten Vortrag mitgeschrieben wurden (*verbatim overlap*). Dazu wurden die handgeschriebenen Mitschriften und der Vortrag zunächst digitalisiert bzw. transkribiert. Um die handschriftlichen Notizen in digitalen Text zu überführen, wurde jede Mitschrift durch Vorlesen

[5] Howe, M. J. A. (1970): Using students' notes to examine the role of the individual learner in acquiring meaningful subject matter. *Journal of Educational Research, 64*, 61–63.

mithilfe einer *dictation-to-speech*-Software[6] digitalisiert und anschließend korrekturgelesen. Für die Umwandlung der Handschrift in digitalen Text wurde keine Handschrifterkennungssoftware verwendet, da die Ergebnisse vor allem bei schwer lesbarer Schrift sehr fehlerhaft waren.

Alle Mitschriften wurden mithilfe einer n-Gramm-Analyse mit dem Vortragstext abgeglichen, um zu ermitteln, wie wörtlich mitgeschrieben wurde (vgl. Mueller & Oppenheimer, 2014). Dazu wurde ein Python-Programm geschrieben, das auf dem n-Gramm-Paket von Python[7] beruht. Wie bei Mueller und Oppenheimer (2014) wurden alle Mitschriften und der Vortragstext in Mono-, Bi- und Trigramme zerlegt. Bei der Zerlegung in Monogramme wurden die Texte in Einzelwörter zerlegt (‚*Tierische*', ‚*Gifte*', ‚*haben*', ‚*den*', ‚*Menschen*', ‚*schon*', ‚*seit*', ‚*Jahrtausenden*', ‚*beschäftigt*'). Die Zerlegung in Bigramme bedeutet, dass jedes Wort mit seinem nachfolgenden Wort zusammengefasst wird (‚*Tierische Gifte*', ‚*Gifte haben*', ‚*haben den*', ‚*den Menschen*', ‚*Menschen schon*', ‚*schon seit*', ‚*seit Jahrtausenden*', ‚*Jahrtausenden beschäftigt*'). Entsprechend wurde bei den Trigrammen jedes Wort mit den nächsten beiden Wörtern notiert (‚*Tierische Gifte haben*', ‚*Gifte haben den*', ‚*haben den Menschen*', ‚*den Menschen schon*', ‚*Menschen schon seit*', ‚*schon seit Jahrtausenden*', ‚*seit Jahrtausenden beschäftigt*').

Das Programm glich anschließend ab, welche der Mono-, Bi-, und Trigramme des Vortragstextes auch in den Mitschriften zu finden waren, zählte die übereinstimmenden Elemente und gab am Ende den Anteil der Übereinstimmung (*verbatim overlap*) getrennt für Mono-, Bi- und Trigramme aus. Wenn ein Element im Vortrag mehrfach vorkam und auch in den Notizen mehrfach aufgeschrieben wurde, wurden diese auch mehrfach gezählt.

Die handschriftlichen Texte wiesen nach der Digitalisierung mittels *dictation-to-speech*-Software keine orthographischen Fehler mehr auf, die tastaturgeschriebenen Texte hingegen schon. Für die Analyse der Wörtlichkeit der Mitschriften sind Orthographiefehler insofern ein Problem, weil das Programm keine Übereinstimmung zwischen fehlerhaften Wörtern und ihren fehlerfreien Entsprechungen im Vortragstext findet (vgl. z. B. ‚*Giftaperat*' und ‚*Giftapparat*'). Da in den tastaturgeschriebenen Mitschriften zahlreiche Rechtschreibfehler vorkamen, wurden Kopien aller getippten Notizen für die n-Gramm-Analyse bezüglich der Orthographie korrigiert. Ein weiteres Problem ist aus dem gleichen Grund die

[6] Hierfür wurde webbasierte Software verwendet: Agarwal, A. Dictation-Software. https://dictation.io/speech.

[7] van Rossum, G. & Drake Jr., F. L. (1995). *Python reference manual*. Centrum voor Wiskunde en Informatica Amsterdam. / https://pypi.org/project/ngram/ (letzter Zugriff am 10.01.2024).

uneinheitliche Groß- und Kleinschreibung in den Notizen. Wie es die Registerkonventionen erwarten lassen, wurde vor allem in den getippten Mitschriften teilweise fast durchgängig klein geschrieben, in den handgeschriebenen Texten hingegen nicht[8]. Daher wurde dem Programm ein Befehl hinzugefügt, der alle Texte in Kleinschreibung umwandelt. Da Wörter vom Programm durch die umgebenden Leerzeichen als einzelne Wörter erkannt werden und Zeichen wie Kommata, Ausrufezeichen und Punkte ohne Leerzeichen am Wort stehen, werden die entsprechenden Wörter ebenfalls nicht korrekt zu ihren Entsprechungen zugeordnet (vgl. z. B. ‚*Tiere!*' und ‚*Tiere*'). Daher wurde das Programm so konzipiert, dass alle Satzzeichen grundsätzlich ignoriert werden. Durch diese Maßnahmen sollte verhindert werden, dass der tatsächliche Unterschied zwischen hand- und tastaturgeschriebenen Texten dadurch verzerrt wird, dass vorhandene Übereinstimmungen nicht erkannt werden.

9.5 Erläuterung der deskriptiv- und inferenzstatistischen Auswertung

Für die erste Auswertung der Notizen und des Fragebogens wurde Microsoft Excel genutzt. Für die weitere deskriptiv- und inferenzstatistische Analyse der Daten wurden Microsoft Excel und IBM SPSS, Version 28.0.0.1 (14) für Windows (IBM Corp., Armonk, NY, USA) verwendet.

Für alle inferenzstatistischen Analysen wurde ein Konfidenzintervall von 95 % ($\alpha = .05$) festgesetzt. Da in der vorliegenden Untersuchung auch bei gerichteten Hypothesen grundsätzlich Ergebnisse entgegen der vermuteten Richtung möglich sind, wird in allen folgenden Signifikanztests zweiseitig getestet[9].

In der vorliegenden Untersuchung werden mehrere Hypothesen mithilfe von Signifikanztests an einer Stichprobe überprüft, weshalb die Gefahr der Alpha-Fehler-Kumulierung besteht. Die p-Werte der Irrtumswahrscheinlichkeit werden daher mit der Benjamini-Hochberg-Methode korrigiert. Diese ist weniger streng als beispielsweise die Bonferroni-Korrektur, sodass vermieden wird, dass durch die Korrektur fälschlicherweise die Nullhypothesen angenommen werden, weil keine statistische Signifikanz erreicht wurde. Die Benjamini-Hochberg-Korrektur

[8] Dass in den getippten Notizen fast durchweg kleingeschrieben wurde, ist eine Registerkonvention informeller tastaturgeschriebener Texte und liegt sicherlich vor allem am größeren Aufwand durch zusätzliche Tastenanschläge beim Großschreiben von Buchstaben (vgl. Jung & Möller, 2021).

[9] Im Folgenden stütze ich mich auf Bortz, J. & Döring, N. (2016). *Forschungsmethoden und Evaluation in den Sozial- und Humanwissenschaften* (5. Aufl.). Springer, hier S. 677 f.

Tabelle 9.4 Interpretation der Effektstärke nach Cohen (1988)

Effektstärkemaß	Interpretation der Effektstärke nach Cohen (1988)
Cohen's d	>.2 kleiner Effekt >.5 mittlerer Effekt >.8 großer Effekt
Pearson-Korrelationskoeffizient r und Spearman-Korrelationskoeffizient ρ	>.1 kleiner Effekt >.3 mittlerer Effekt >.5 großer Effekt
multipler Determinationskoeffizient R^2	>.02 kleiner Effekt >.13 mittlerer Effekt >.26 großer Effekt

basiert auf der *False Discovery Rate*, bei der der erwartete Anteil fälschlicherweise abgelehnter Nullhypothesen kontrolliert wird[10]. Im Folgenden werden ausschließlich die mit der Benjamini-Hochberg-Methode korrigierten p-Werte berichtet.

Für die Interpretation der Ergebnisse der inferenzstatistischen Tests wird die von Cohen (1988)[11] vorgeschlagene Klassifikation der Effektstärke verwendet, vgl. Es werden die in der Statistik üblichen Abkürzungen verwendet (vgl. Abkürzungsverzeichnis).

Für die Interpretation inferenzstatistischer Tests ist eine Prüfung der Voraussetzungen unerlässlich. Im folgenden Kapitel erfolgt eine kurze Erläuterung dieser Prüfung für den gepaarten t-Test, die Pearson-Korrelation und die multiple lineare Regression.

9.5.1 Gepaarter t-Test

Im gepaarten t-Test wird eine intervallskalierte abhängige und eine nominalskalierte unabhängige Variable mit zwei Ausprägungen verwendet. In der

[10] vgl. Benjamini, Y. & Hochberg, Y. (1995). Controlling the False Discovery Rate: A Practical and Powerful Approach to Multiple Testing. *Journal of the Royal Statistical Society. Series B (Methodological), 57(1)*, 289–300.

[11] Cohen, J. (1988). *Statistical power analysis for the behavioral sciences* (2. Aufl.). Lawrence Erlbaum Associates.

vorliegenden Arbeit wird beispielsweise die Punktzahl im Gedächtnistest zwischen den Gruppen *Hand* und *Tastatur* verglichen[12]. Der gepaarte t-Test gehört zu den Nullhypothesen-Signifikanztests (NHST). Es werden die beiden gepaarten (Durchschnitts-) werte jeder Person der Stichprobe (z. B. mittlere Punktzahl Hand und mittlere Punktzahl Tastatur) auf Unterschiede untersucht, um die Nullhypothese entweder beizubehalten oder abzulehnen. Die Nullhypothese (H_0) besagt, dass der durchschnittliche Unterschied zwischen den Werten der Teilnehmer/innen (z. B. Punktzahl Hand vs. Punktzahl Tastatur) null ist, dass es also keinen Unterschied gibt.

Wird die Nullhypothese verworfen, kann die Alternativhypothese angenommen werden. Um die parametrischen t-Tests korrekt interpretieren zu können, wurden die Daten mit einer graphischen Analyse auf der Basis von Boxplots auf Extremwerte kontrolliert. Wenn Extremwerte vorhanden waren und diese nicht auf Messfehler zurückzuführen waren, wurden sie im Datensatz belassen. In diesem Fall wurde zusätzlich zum t-Test ein nicht-parametrischer Wilcoxon-Vorzeichen-Rang-Test gerechnet, der robust gegenüber Extremwerten ist. Wenn dieser ein vom t-Test abweichendes Ergebnis lieferte, wurde das Ergebnis des Wilcoxon-Vorzeichen-Rang-Tests trotz der etwas geringeren statistischen Power bevorzugt[13].

Zudem sollten die Mittelwerte der Variablen für einen t-Test normalverteilt sein. Aufgrund der Stichprobengröße ($n = 45$) ist von einer Normalverteilung auszugehen, da sich die Verteilungen gemäß dem zentralen Grenzwerttheorem ab einem Stichprobenumfang $n > 30$ einer Normalverteilung annähern[14].

9.5.2 Produkt-Moment-Korrelationsanalyse

Für die Korrelationsanalyse nach Pearson sollten die untersuchten Variablen kardinalskaliert sein. Dies trifft auf die meisten Variablen zu. Die Variablen *Sequenz* und *Geschlecht* sind hingegen dichotome Variablen. Werden diese auf Korrelationen mit kardinalskalierten Variablen überprüft, so handelt es sich um eine punktbiseriale Korrelation. Diese ist mit der Produkt-Moment-Korrelation identisch, wenn den Ausprägungen der dichotomen Variable die Werte 0 bzw. 1

---

[12] Bei der Überprüfung der statistischen Voraussetzungen stütze ich mich auf: Bortz, J. & Schuster, C. (2010). *Statistik für Human- und Sozialwissenschaftler* (7. Aufl.). Springer.

[13] vgl. Field, A. P. & Wilcox, R. R. (2017). Robust statistical methods. A primer for clinical psychology and experimental psychopathology researchers. *Behaviour Research and Therapy, 98,* 19–38.

[14] vgl. Bortz & Schuster, 2010, S. 86.

zugeteilt werden (beim Schreibmodus z. B. 0 = Tastatur, 1 = Hand). Die Linearität des Zusammenhangs zwischen den untersuchten Variablen wurde mit Streudiagrammen überprüft. Die Variablen wurden zudem mittels graphischer Analyse in Boxplots auf Extremwerte kontrolliert. Wenn eine der beteiligten Variablen Extremwerte aufwies, wurde zur Überprüfung der Ergebnisse der Korrelationsanalyse eine nicht-parametrische Rangkorrelation nach Spearman gerechnet. Wenn diese ein anderes Ergebnis hervorbrachte als die Produkt-Moment-Korrelation, wurde trotz der geringeren statistischen Power das Ergebnis der Rangkorrelation bevorzugt[15].

9.5.3 Multiple Lineare Regression

Die erste Voraussetzung zur multiplen linearen Regressionsanalyse, die geprüft wurde, ist der lineare Zusammenhang der Residuen[16]. Dieser wurde graphisch untersucht, indem bei SPSS die studentisierten Residuen gegenüber der unstandardisierten neu vorhergesagten Variable in einem Streudiagramm dargestellt wurden. Da sich die Punkte im Diagramm in etwa um die Nulllinie ($y = 0$) herum befinden, kann ein lineares Verhältnis angenommen werden, vgl. Abbildung 9.2[17].

Mithilfe der Streudiagramme wurde auch sichergestellt, dass die Residuen homoskedastisch sind, dass also Varianzgleichheit vorliegt. Außerdem wurden die Daten mit der Option der fallweisen Diagnose studentisierter Residuen bei SPSS auf Extremwerte untersucht. Dabei wurden keine Auffälligkeiten entdeckt. Auch die Analyse der Cook-Distanzen bei SPSS ergab keine Auffälligkeiten.

Autokorrelation konnte ausgeschlossen werden, indem die Unabhängigkeit der Residuen mit der Durbin-Watson-Statistik überprüft wurde.

Die Durbin-Watson-Statistik war mit einem Wert von 1.858 nahe 2.0 sodass nicht von Autokorrelation auszugehen ist.

[15] vgl. Field & Wilcox, 2017.

[16] vgl. Bortz & Schuster, 2010, S. 348 f.

[17] Auch die Betrachtung der partiellen Regressionsdiagramme führt zu der Annahme, dass tatsächlich ein lineares Verhältnis zwischen den Variablen besteht.

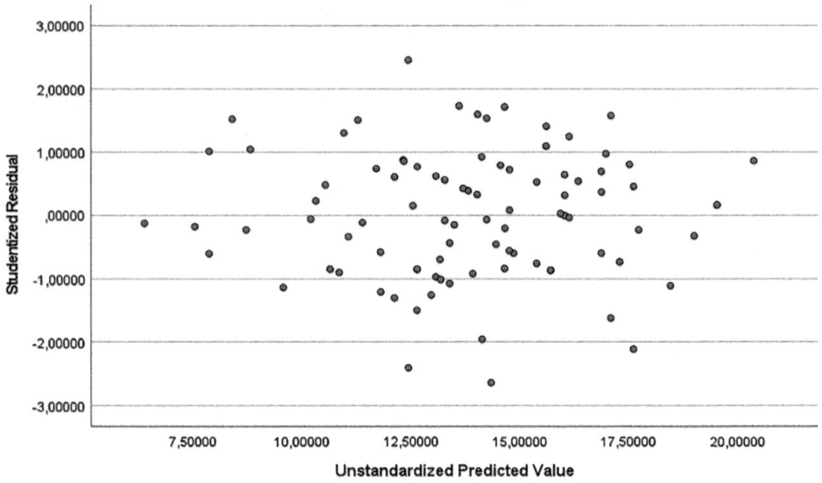

Abbildung 9.2 Streudiagramm zur Prüfung des linearen Zusammenhangs der Residuen

Eine Multikollinearität der Prädiktoren konnte durch die Betrachtung der Korrelationsanalysen ausgeschlossen werden. Keine Korrelation zwischen den Prädiktorvariablen war größer als r = .7.

Schließlich wurde die Normalverteilung der Residuen graphisch mittels Histogramm und P-P-Plot überprüft, was ebenfalls keine Auffälligkeiten ergab, vgl. Abbildung 9.3.

Da im Datensatz für jede Versuchsperson ($n = 45$) zwei Punktzahlen gemessen wurden, einmal nach handschriftlichen und einmal nach tastaturgeschriebenen Notizen, gab es für die Regression eine Datengrundlage von 90 Datenpunkten. Es wurde eine schrittweise Selektion der unabhängigen Variablen (Prädiktoren) gewählt, um zu vermeiden, dass die Gesamtvarianzaufklärung im Kriterium (*Punktzahl im Testteil*) durch nicht signifikante Prädiktoren überschätzt wird.

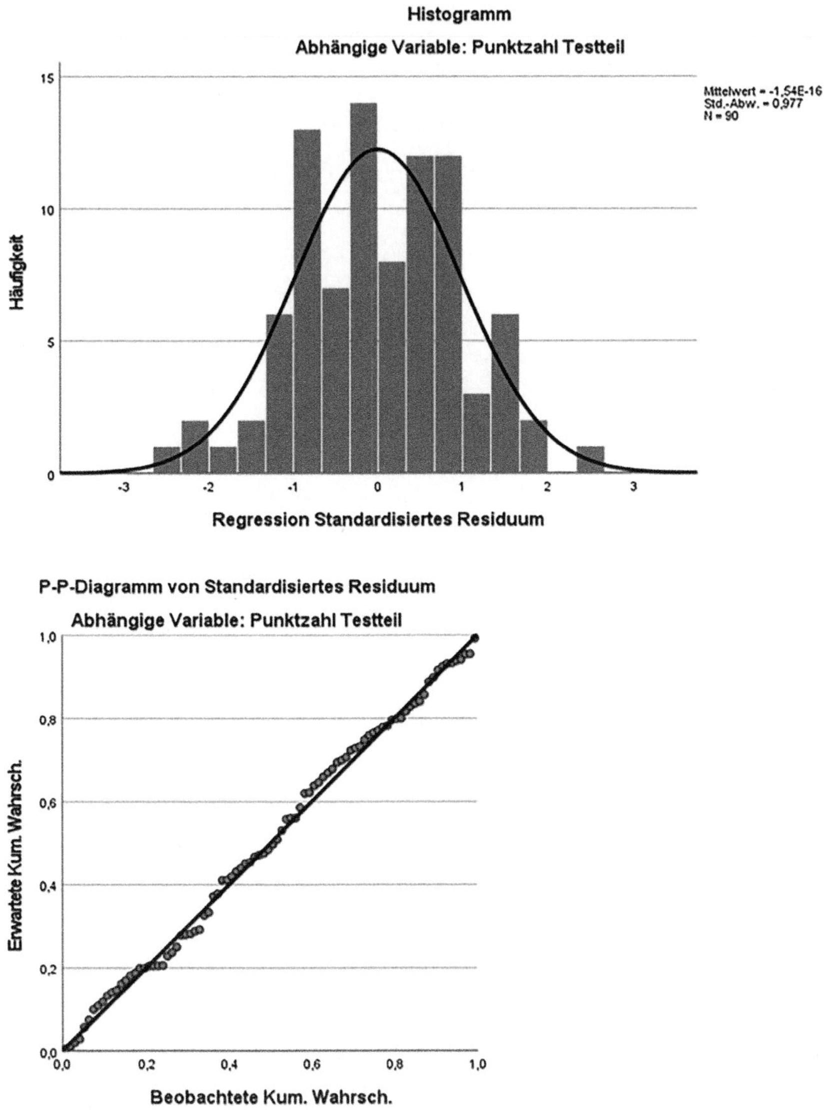

Abbildung 9.3 Histogramm und P-P-Plot der Residuen

Ergebnisse 10

10.1 Tastatur- und handschriftliche Transkriptionsflüssigkeit

Die Messung der tastaturschriftlichen Transkriptionsflüssigkeit ergab eine mittlere Transkriptionsflüssigkeit von 219 Zeichen pro Minute (M = 219 (SD = 40,8), vgl. Abbildung 10.1.

Die Analyse der Tastaturtranskriptionsflüssigkeit getrennt nach dem Alter ergab kaum Mittelwertunterschiede zwischen den Altersgruppen (vgl. Tabelle 10.1). Die Analyse der Transkriptionsflüssigkeit bezüglich des Geschlechts ergab einen höheren Mittelwert bei den männlichen Teilnehmern (vgl. ebd.). Die Korrelationsanalysen erreichten keine statistische Signifikanz.

Im Test zur Messung der handschriftlichen Transkriptionsflüssigkeit schrieben die Jugendlichen durchschnittlich 98 Buchstaben pro Minute (M = 98 (SD = 17,7)), vgl. Abbildung 10.2.

Beim Handschreiben wurde in der untersuchten Stichprobe deutlich langsamer geschrieben als beim Tippen auf der Laptoptastatur. Abbildung 10.3 illustriert diesen Unterschied und zeigt auch, dass der oder die schnellste Handschreiber/in der Stichprobe (133 lpm) die Buchstaben in etwa so schnell geschrieben hat wie der oder die langsamste Tastaturschreiber/in Zeichen tippte (132 cpm).

Ergänzende Information Die elektronische Version dieses Kapitels enthält Zusatzmaterial, auf das über folgenden Link zugegriffen werden kann https://doi.org/10.1007/978-3-658-53317-5_10.

E. F. Stephan, *Hand- und tastaturschriftliche Notizen*,
https://doi.org/10.1007/978-3-658-53317-5_10

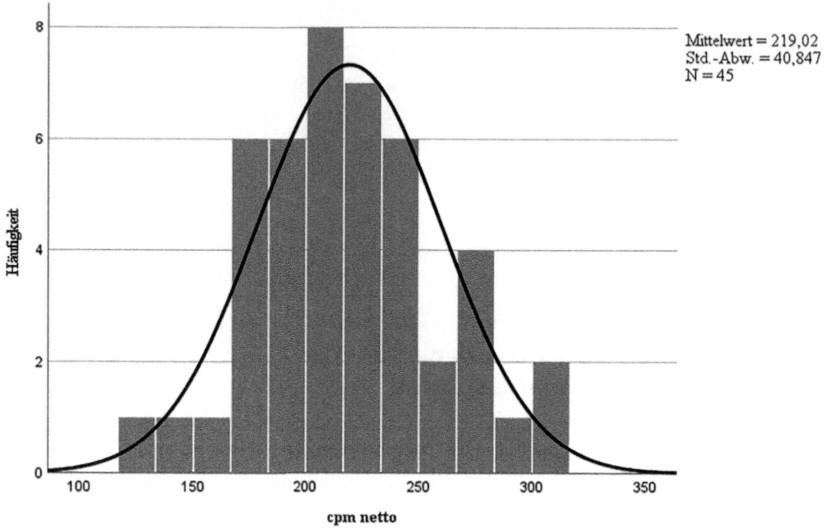

Abbildung 10.1 Häufigkeitsverteilung der Transkriptionsflüssigkeit beim Tastaturschreiben

Tabelle 10.1 Transkriptionsflüssigkeit (Tastatur) in Abhängigkeit von Alter und Geschlecht

cpmTastatur

Geschlecht	Mittelwert	N	Std.-Abweichung
männlich	231,95	19	49,343
weiblich	209,58	26	31,045
Insgesamt	219,02	45	40,847

cpmTastatur

Alter	Mittelwert	N	Std.-Abweichung
14	224,50	6	52,466
15	213,13	23	33,275
16	225,27	15	49,024
17	228,00	1	.
Insgesamt	219,02	45	40,847

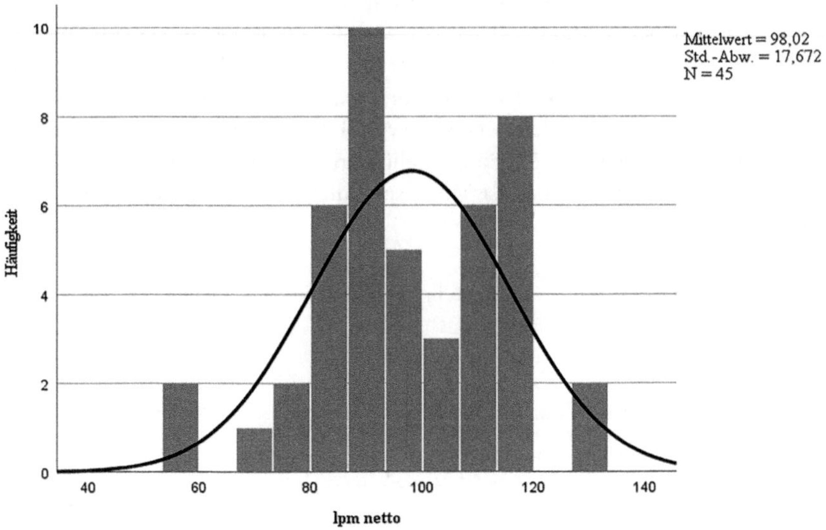

Abbildung 10.2 Häufigkeitsverteilung der Transkriptionsflüssigkeit beim Handschreiben

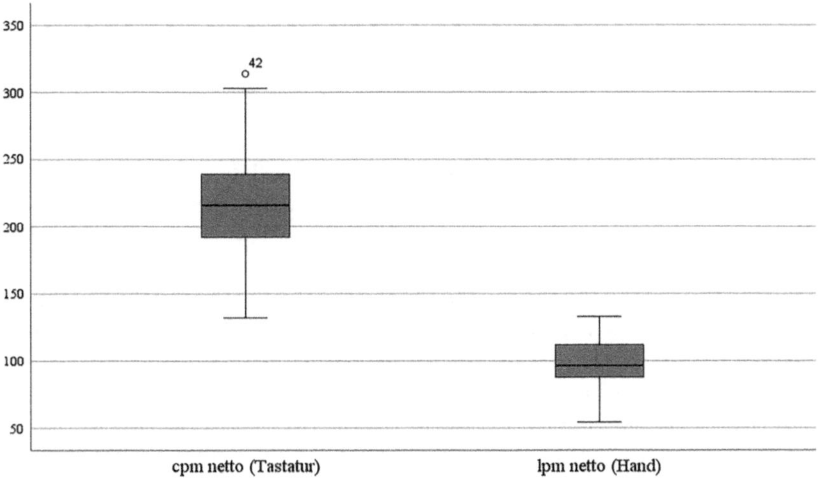

Abbildung 10.3 Transkriptionsflüssigkeit (Hand vs. Tastatur)

Die Analyse der Handtranskriptionsflüssigkeit bezüglich des Geschlechts ergab einen höheren Mittelwert bei den weiblichen Teilnehmerinnen. Die Analyse der handschriftlichen Transkriptionsflüssigkeit in Abhängigkeit vom Alter ergab Unterschiede im Mittelwert der Altersgruppen, jedoch nicht zwischen den 15- und 16-jährigen Versuchspersonen (vgl. Tabelle 10.2). Zu beachten ist hier jedoch auch, dass nur eine 17-jährige Schülerin und nur sechs 14-Jährige teilnahmen, was bei der Einordnung der Mittelwerte dieser Altersgruppen berücksichtigt werden sollte.

Tabelle 10.2 Schreibflüssigkeit (Hand) in Abhängigkeit von Alter und Geschlecht

lpmHand

Geschlecht	Mittelwert	N	Std.-Abweichung
männlich	92,83	19	20,587
weiblich	101,81	26	14,457
Insgesamt	98,02	45	17,672

lpmHand

Alter	Mittelwert	N	Std.-Abweichung
14	80,36	6	21,662
15	100,76	23	15,533
16	99,50	15	16,006
17	118,60	1	.
Insgesamt	98,02	45	17,672

Korrelationsanalysen zwischen dem Geschlecht und der Transkriptionsflüssigkeit erreichten auch beim Handschreiben keine statistische Signifikanz. Es lag eine moderate, positive Korrelation zwischen dem Alter und der Handtranskriptionsflüssigkeit vor ($r = .31$, $p = .04$).

Eine Einordnung der Stichprobe, beispielsweise durch einen Vergleich mit Durchschnittswerten der Gesamtpopulation dieser Altersgruppe, war aufgrund fehlender Daten nicht möglich (vgl. Abschnitt 6.1).

In Korrelationsanalysen zeigte sich lediglich eine schwache Korrelation zwischen der hand- und tastaturschriftlichen Transkriptionsflüssigkeit ($r = .21$, $p = .174$), die nicht signifikant war.

10.2 C-Test: Sprachstand in der Stichprobe

Im Durchschnitt erreichten die Versuchspersonen 70 von 100 Punkten im C-Test (M = 70 (SD = 17,5)), vgl. Abbildung 10.4 für die Verteilung der Häufigkeiten. Die Befürchtung, dass der für erwachsene Sprecherinnen und Sprecher des Deutschen als Fremdsprache konzipierte C-Test für die muttersprachlichen Versuchspersonen zu leicht sein könnte, hat sich angesichts dieser Lagemaße und der breiten Streuung der Ergebnisse nicht bestätigt.

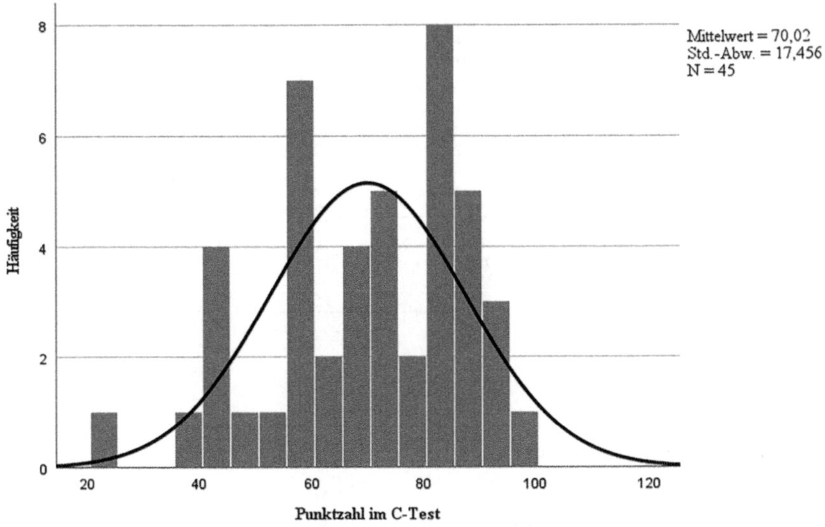

Abbildung 10.4 Häufigkeitsverteilung der Punktzahl im C-Test

Die Analyse des Sprachstands in Abhängigkeit vom Alter ergab nur geringe Mittelwertunterschiede zwischen 14- und 15-jährigen Versuchspersonen. Zwischen dem 15., 16. (und 17.[1]) Lebensjahr gab es hingegen deutliche Mittelwertsunterschiede in der Stichprobe (vgl. Tabelle 10.3). Die Analyse des Sprachstands bezüglich des Geschlechts ergab einen etwas höheren Mittelwert bei den weiblichen Teilnehmerinnen (vgl. ebd.). Korrelationsanalysen ergaben eine nicht signifikante, schwach positive Korrelation zwischen dem Sprachstand

[1] Hier ist wieder zu beachten, dass nur eine 17-jährige Probandin teilgenommen hat, weshalb ein Vergleich dieser mit anderen Altersgruppen statistisch nicht sinnvoll ist.

und dem Geschlecht ($r = .22$, $p = .156$), und zwischen dem Sprachstand und dem Alter der Jugendlichen ($r = .21$, $p = .17$). Es lag jedoch eine signifikante moderate Korrelation zwischen dem Sprachstand und der handschriftlichen ($r = .31$, $p = .039$) und tastaturschriftlichen ($r = .41$, $p = .009$) Transkriptionsflüssigkeit vor.

Tabelle 10.3 Punktzahl im C-Test in Abhängigkeit von Alter und Geschlecht

CTest

Geschlecht	Mittelwert	N	Std.-Abweichung
männlich	65,68	19	16,915
weiblich	73,19	26	17,479
Insgesamt	70,02	45	17,456

CTest

Alter	Mittelwert	N	Std.-Abweichung
14	67,83	6	9,432
15	66,78	23	18,429
16	75,00	15	18,283
17	83,00	1	.
Insgesamt	70,02	45	17,456

10.3 Gedächtnistest

Für eine bessere Vergleichbarkeit und Orientierung werden die Punkte und Mittelwerte im Folgenden als relative Größen angegeben.

Im Durchschnitt erreichten die Versuchspersonen etwas mehr als die Hälfte der Punkte, ($M = .53$ ($SD = .14$), vgl. Abbildung 10.5 für die Verteilung der Häufigkeiten).

Im ersten Teil ($M = .57$ ($SD = .15$)) wurden durchschnittlich mehr Punkte erzielt als im zweiten Teil ($M = .49$ ($SD = .17$)). Insgesamt wurden bei faktenbezogenen Fragen durchschnittlich 55 % der Punkte erreicht ($SD = .13$), wohingegen die Jugendlichen bei konzeptuell-anwendungsbezogenen Fragen im Mittel 48 % der Punkte erzielten ($SD = .24$). Bei offenen Fragen wurden insgesamt durchschnittlich 44 % der Punkte erzielt ($SD = .16$)), bei MC-Fragen 70 % ($SD = .16$).

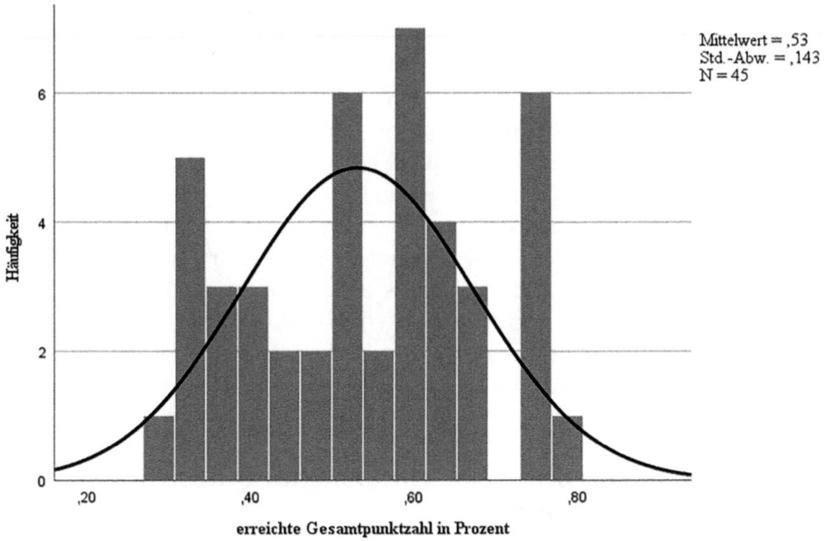

Abbildung 10.5 Häufigkeitsverteilung der erreichten Gesamtpunktzahl im Gedächtnistest

Die Analyse der durchschnittlich erreichten Gesamtpunkte bezüglich der Altersgruppen ergab, dass die Punktzahl mit dem Alter steigt, vgl. Tabelle 10.4.

Tabelle 10.4 Punktzahl im Gedächtnistest in Abhängigkeit von Alter und Geschlecht

Gesamtpunktzahl

Alter	Mittelwert	N	Std.-Abweichung
14	22,17	6	5,456
15	26,78	23	6,288
16	30,80	15	8,529
17	34,00	1	.
Insgesamt	27,67	45	7,422

Gesamtpunktzahl

Geschlecht	Mittelwert	N	Std.-Abweichung
männlich	29,74	19	6,756
weiblich	26,15	26	7,646
Insgesamt	27,67	45	7,422

Die Korrelation zwischen dem Alter und der Gesamtpunktzahl ist von mittlerer Effektstärke, $r = .40$, $p = .007$. Auch der Sprachstand korrelierte moderat positiv mit der Gesamtpunktzahl, $r = .32$, $p = .033$. Außerdem zeigte sich, dass bei den männlichen Teilnehmern eine höhere durchschnittliche Punktzahl erzielt wurde als bei den weiblichen Teilnehmerinnen, vgl. ebd. Der ungepaarte t-Test erreichte jedoch nicht die statistische Signifikanz ($t(43) = 1.63$, $p = .11$).

Aus methodischen Gründen wurden zudem die Mittelwerte des ersten und des zweiten Teils des Gedächtnistests in einem t-Test auf statistische Signifikanz untersucht. So sollte festgestellt werden, ob ein Vortragsteil im Test einen geringeren Schwierigkeitsgrad aufwies als der andere. Der t-Test der Variablen *Punktzahl in Teil 1* und *Punktzahl in Teil 2* ergab einen signifikanten Unterschied: Im Testteil zum ersten Teil des Vortrags wurden mehr Punkte erreicht als im zweiten Teil, $t(44) = 3.683$, $p < .001$, $d = .54$.

10.4 Forschungsfrage 1 – Untersuchung des Notierprozesses

Welche Unterschiede gibt es zwischen hand- und tastaturschriftlichem Notieren Jugendlicher?

Hypothese 1.1:	Werden Notizen handschriftlich angefertigt, wird weniger notiert als auf der Tastatur.

Beim Vergleich der Mittelwerte der handschriftlichen und tastaturgeschriebenen Notizen fällt zunächst auf, dass in der Stichprobe durchschnittlich deutlich mehr Wörter geschrieben wurden, wenn die Notizen mit der Tastatur angefertigt wurden ($M_{Hand} = 126{,}6$ ($SD = 33{,}8$) / $M_{Tastatur} = 181{,}9$ ($SD = 41{,}0$)), vgl. Boxplots in Abbildung 10.6.

In den tastaturgeschriebenen Notizen wurden auch geringfügig mehr Informationseinheiten notiert ($M_{Hand} = 13{,}8$ ($SD = 5{,}4$) / $M_{Tastatur} = 14{,}9$ ($SD = 4{,}9$)), vgl. Abbildung 10.7.

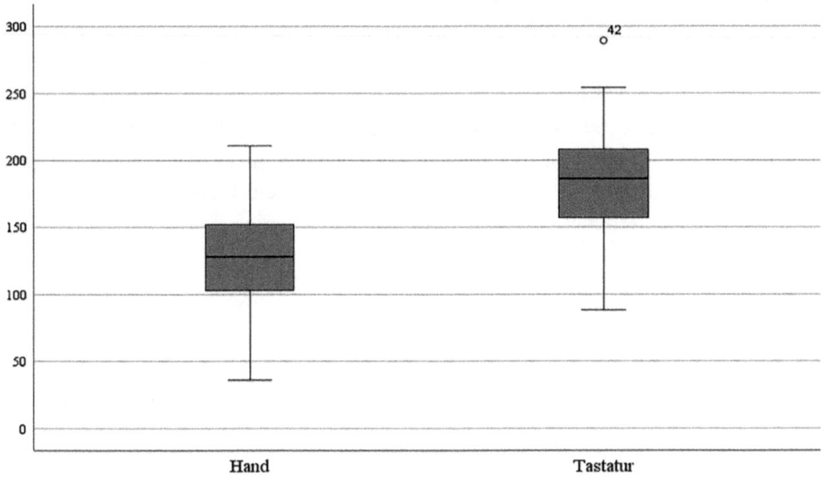

Abbildung 10.6 Anzahl notierter Wörter (Hand vs. Tastatur)

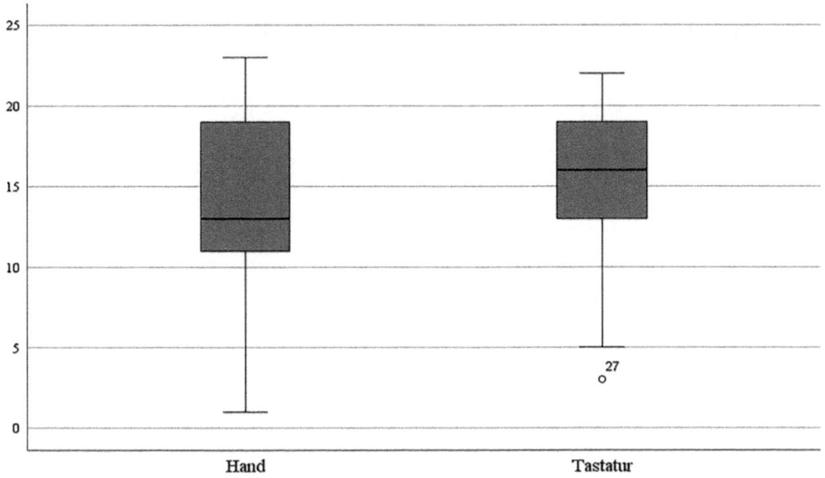

Abbildung 10.7 Anzahl notierter idea units (Hand vs. Tastatur)

Zur Prüfung der gefundenen Mittelwertsunterschiede wurden t-Tests bei abhängigen Stichproben durchgeführt, da jede Versuchsperson sowohl mit der Hand als auch mit der Tastatur Notizen anfertigte. Bei handschriftlichen Notizen wurden deutlich weniger Wörter aufgeschrieben als in den getippten Notizen, $t(44) = -9{,}647$, $p < .001$, $d = -1{,}438$. Es handelt sich um einen großen Effekt. Als nächstes wurde untersucht, ob auch mehr relevante Informationseinheiten (*idea units*) mit der Tastatur notiert werden: Es zeigte sich ein kleiner Effekt zugunsten der tastaturgeschriebenen Notizen, $t(44) = -2{,}136$, $p = .04$, $d = -.318$. Damit wurde Hypothese 1.1 bestätigt.

Hypothese 1.2:	Handgeschriebene Notizen sind ökonomischer (*note-taking efficiency*).

Handgeschriebene Notizen weisen mit durchschnittlich 11 Wörtern pro *idea unit* eine höhere *note-taking efficiency* auf als tastaturgeschriebene Notizen mit durchschnittlich 14 Wörtern pro *idea unit*, vgl. Abbildung 10.8.

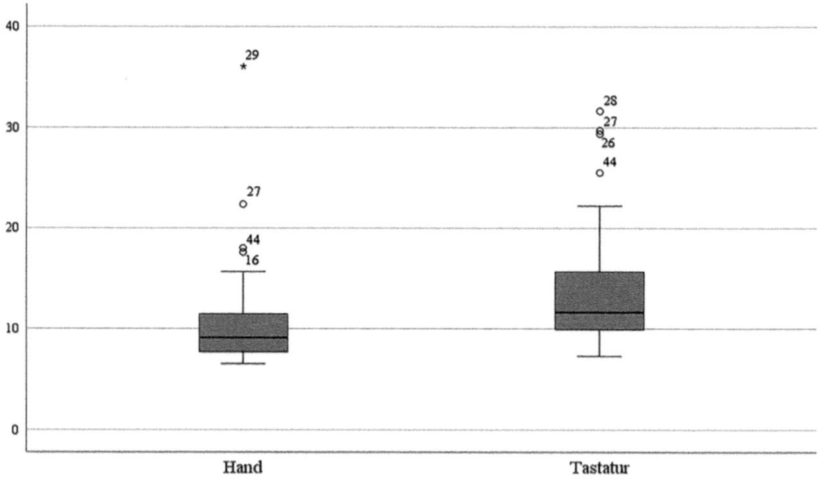

Abbildung 10.8 Wörter pro idea unit (Hand vs. Tastatur)

Der t-Test für gepaarte Stichproben resultierte in einen mittelgroßen Unterschied zugunsten handschriftlicher Notizen (t(44) = –3,986, p < .001, d = –.59).

Wie den Boxplots in Abbildung 10.8 zu entnehmen ist, enthalten die Daten einige Extremwerte. Da der t-Test empfindlich auf Extremwerte reagiert, wurde zur Überprüfung ein Wilcoxon-Vorzeichen-Rang-Test durchgeführt, welcher robust gegenüber Extremwerten ist. Der Wilcoxon-Vorzeichen-Rang-Test zeigt ebenfalls, dass in handgeschriebenen Notizen im Mittel signifikant weniger Wörter verwendet wurden, um eine Informationseinheit aufzuschreiben (z = –4.487, p < .001). Um die Effektstärke des Wilcoxon-Vorzeichen-Rang-Tests zu ermitteln, wurde der Pearson-Korrelationskoeffizient (r) berechnet:

$$\mathrm{r} = \frac{z}{\sqrt{N}} \quad \text{d. h. für unseren Test:} \quad \mathrm{r} = \frac{-4.487}{\sqrt{45}} = -.67.$$

Bei r = –.67 handelt es sich um einen großen Effekt. Damit wurde Hypothese 1.2 bestätigt.

In Korrelationsanalysen zeigte sich zudem, dass die Notizen umso ökonomischer angefertigt wurden, desto mehr *idea units* notiert wurden (r = –.71, p < .001). Dieses Ergebnis wurde aufgrund von Extremwerten in der Variable *Wörter pro idea unit* in einer Rangkorrelation nach Spearman überprüft und bestätigt[2].

Hypothese 1.3:	Beim Tastaturschreiben wird wörtlicher mitgeschrieben als beim Handschreiben (*verbatim overlap*).

Die n-Gramm-Analyse ergab einen höheren Anteil wörtlicher Mitschriften in den tastaturgeschriebenen Notizen bezüglich der Monogramme (M_{Hand} = .08 (SD = .02) / $M_{Tastatur}$ = .11 (SD = .03)), der Bigramme (M_{Hand} = .019 (SD = .01) / $M_{Tastatur}$ = .034 (SD = .02)) und auch der Trigramme (M_{Hand} = .005 (SD = .004) / $M_{Tastatur}$ = .012 (SD = .01)), vgl. Boxplots in Abbildung 10.9.

Der t-Test bei gepaarten Stichproben ergab einen großen Unterschied der Wörtlichkeit hand- versus tastaturgeschriebener Mitschriften bei Mono- und

[2] Die Spearman-Rang-Korrelationsanalyse kann im Anhang im elektronischen Zusatzmaterial eingesehen werden.

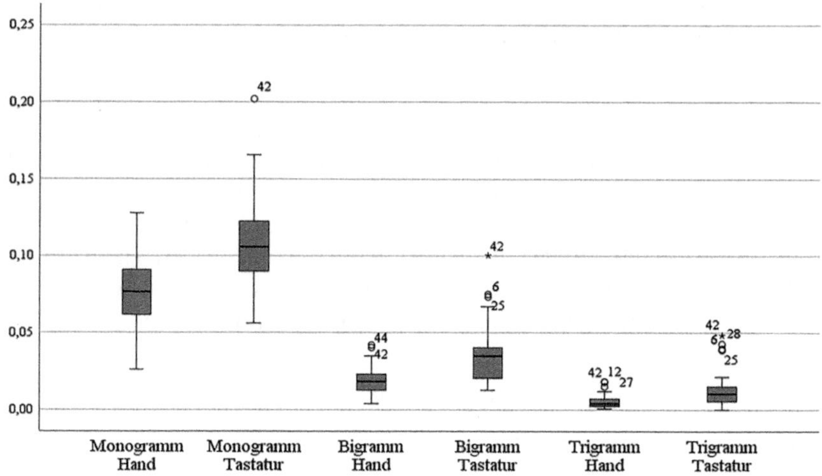

Abbildung 10.9 Verbatim overlap: Mono-, Bi- und Trigramm-Overlap (Hand vs. Tastatur)

Bigramm-Überlappung sowie einen mittelgroßen Unterschied bei der Überlappung der Trigramme (Monogramme: t(44) = –8.19, p < .001, d = –1.22 / Bigramme: t(44) = –6.584, p < .001, d = –.98 / Trigramme: t(44) = –4.87, p < .001, d = –.73).

Wie aus den Boxplots in Abbildung 10.9 ersichtlich wird, enthalten die Daten einige Ausreißer, weshalb zusätzlich zum t-Test bei gepaarter Stichprobe noch Wilcoxon-Vorzeichen-Rang-Tests durchgeführt wurden. Diese ergaben ebenfalls signifikante Unterschiede in der Wörtlichkeit hand- versus tastaturgeschriebener Notizen (Monogramme: z = –5.487, p < .001 / Bigramme: z = –5.194, p < .001 / Trigramme: z = –4.623, p < .001). Die Effektstärke wurde mit folgender Formel berechnet:

$$\mathrm{r} = \frac{z}{\sqrt{N}} \quad \text{d. h. für unseren Test:}$$

$$\text{Monogramme: r} = \frac{-5.487}{\sqrt{45}} = -.82$$

$$\text{Bigramme: r} = \frac{-5.194}{\sqrt{45}} = -.77$$

$$\text{Trigramme: r} = \frac{-4.623}{\sqrt{45}} = -.69$$

Der Wilcoxon-Vorzeichen-Rang-Test zeigte wie der t-Test einen deutlich größeren Anteil von *verbal overlap* in tastaturgeschriebenen Notizen und ergab für Mono-, Bi- und Trigramm-Überlappung eine große Effektstärke. Hypothese 1.3 wurde somit bestätigt.

Korrelationsanalysen offenbarten außerdem, dass umso wörtlicher mitgeschrieben wurde (Bi- und Trigramme), desto mehr Wörter verwendet wurden, um eine *idea unit* aufzuschreiben. Geringere Wörtlichkeit ging also mit höherer *note-taking efficiency* einher ($r_{Trigramm} = .48$, $p < .001$). Die Variable *Trigram Overlap* enthält Extremwerte, doch das Ergebnis der Spearman-Rangkorrelation war mit der Pearson-Korrelation identisch[3].

Hypothese 1.4:	Das handschriftliche Notieren weist ein anderes Pause-Burst-Profil auf als tastaturschriftliches Notieren.

Die handgeschriebenen Notizen zeichnen sich durch weniger Bursts, bzw. Burst-Pausen-Intervalle aus ($M_{Hand} = 22$, $M_{Tastatur} = 24$), vgl. Abbildung 10.10.

Außerdem waren die Bursts in handschriftlichen Notizen von geringerer Dauer ($M_{Hand} = 19676$ ms, $M_{Tastatur} = 22463$ ms), und es wurden längere Pausen gemacht ($M_{Hand} = 5976$ ms, $M_{Tastatur} = 4323$ ms), vgl. Abbildung 10.11.

Des Weiteren enthalten die handgeschriebenen Bursts im Durchschnitt weniger Wörter ($M_{Hand} = 6.5$, $M_{Tastatur} = 10.1$) und der Anteil der Bursts am gesamten Schreibprozess ist geringer als in tastaturgeschriebenen Notizen ($M_{Hand} = .76$, $M_{Tastatur} = .81$), sodass beim Handschreiben anteilmäßig mehr pausiert wurde als beim Tippen, vgl. Abbildung 10.12 und Abbildung 10.13.

Der t-Test für gepaarte Stichproben ergab keinen signifikanten Unterschied bei hand- und tastaturgeschriebenen Notizen bezüglich der Burstdauern ($t(44) = -1.593$, $p = .118$, $d = -.24$) und der Zahl der Pause-Burst-Intervalle ($t(44) = -1.595$, $p = .118$, $d = -.24$).

[3] Die Spearman-Rho-Korrelationsanalyse kann im Anhang im elektronischen Zusatzmaterial nachvollzogen werden.

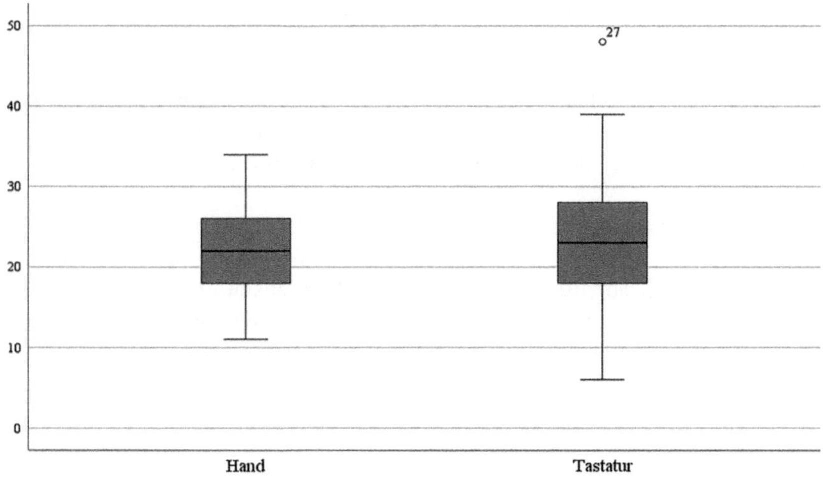

Abbildung 10.10 Zahl der Bursts (Hand vs. Tastatur)

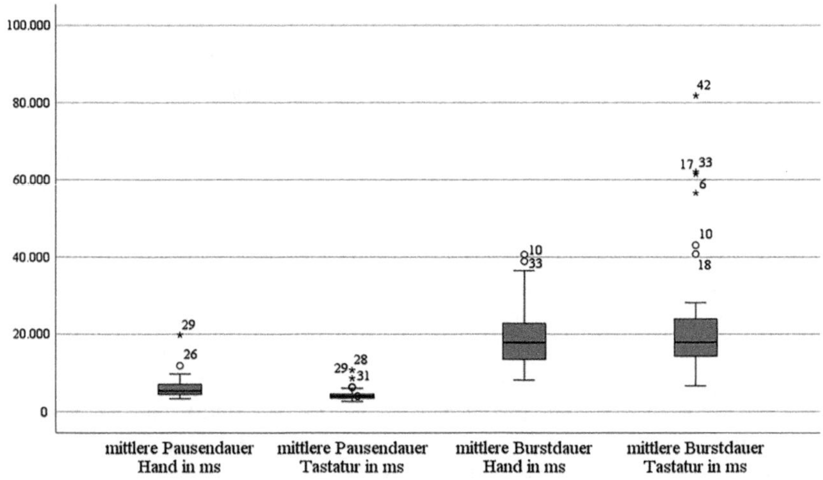

Abbildung 10.11 Mittlere Pausen- und Burstdauern (Hand vs. Tastatur)

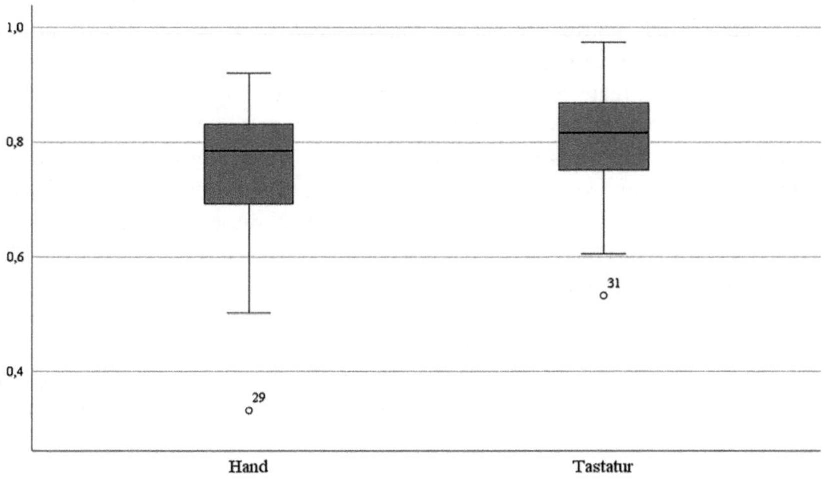

Abbildung 10.12 Burstanteil am Schreibprozess (Hand vs. Tastatur)

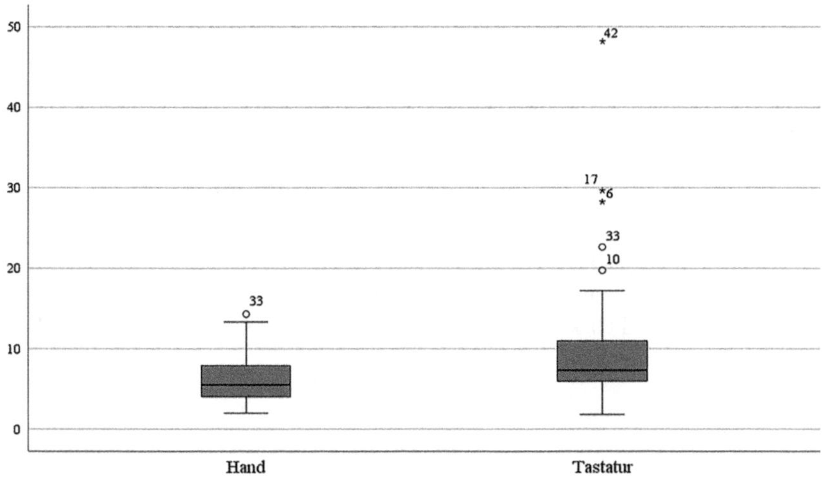

Abbildung 10.13 Mittlere Wortzahl pro Burst (Hand vs. Tastatur)

Bei den anderen drei untersuchten Variablen des Pause-Burst-Profils waren die Unterschiede signifikant: Bei der Pausendauer ($t(44) = 4.632$, $p < .001$, $d = .69$) und bei der mittleren Wortzahl pro Burst ($t(44) = -3.65$, $p < .001$, $d = -.54$) gab es Effekte mittlerer Größe und beim Vergleich des Burstanteils am Schreibprozess einen kleinen Effekt ($t(44) = -3.26$, $p = .003$, $d = -.49$).

Da die Daten der Variablen *mittlere Wortzahl pro Burst, Pausendauer und Burstdauer* einige Extremwerte enthalten, wurden sie noch eines nicht-parametrischen Wilcoxon-Vorzeichen-Rang-Tests unterzogen. Auch dieser Test zeigte keinen signifikanten Unterschied hand- und tastaturgeschriebener Notizen bezüglich der Burstdauer ($z = -1.157$, $p = .25$). Die *Pausendauer* ($z = -4.543$, $p < .001$) und die *mittlere Wortzahl pro Burst* ($z = -4.047$, $p < .001$) in hand- versus tastaturgeschriebenen Notizen unterschieden sich auch im Wilcoxon-Vorzeichen-Rang-Test signifikant voneinander.[4] Um die Effektstärke der signifikanten Unterschiede zu ermitteln, wurde wieder der Pearson-Korrelationskoeffizient (r) unter Verwendung der folgenden Formel berechnet:

$$r = \frac{z}{\sqrt{N}} \quad \text{d. h. für unseren Test:}$$

$$\text{Pausendauer: } r = \frac{-4.543}{\sqrt{45}} = -.68$$

$$\text{Wortzahl: } r = \frac{-4.047}{\sqrt{45}} = -.60$$

Im Gegensatz zum t-Test ergab der Wilcoxon-Vorzeichen-Rang-Test einen großen Effekt beim Unterschied der Pausendauer und der mittleren Wortzahl pro Burst.

Damit konnte gemäß Hypothese 1.4 bestätigt werden, dass sich das Pause-Burst-Profil in hand- und tastaturgeschriebenen Texten unterscheidet. Allerdings gab es nur bezüglich der Pausendauer und der mittleren Wortzahl pro Burst signifikante Unterschiede.

[4] Der Wilcoxon-Vorzeichen-Rang-Test kann im Anhang im elektronischen Zusatzmaterial nachvollzogen werden.

In Korrelationsanalysen[5] zeigte sich, dass eine höhere Zahl von Pause-Burst-Intervallen mit weniger notierten *idea units* ($r = -.41$, $p < .001$), weniger Wörtern ($r = -.36$, $p < .001$) und kürzeren Bursts einhergeht ($r = -.81$, $p < .001$).

Umso weniger Pause-Burst-Intervalle auftraten (umso seltener der Schreibfluss also von Pausen unterbrochen wurde) und umso länger demnach die mittlere Burstdauer war, desto wörtlicher wurde mitgeschrieben ($r_{Monogramm} = -.41$, $p < .001$ / $r_{Bigramm} = -.30$, $p = .006$ / $r_{Trigramm} = -.26$, $p = .014$). Und umso mehr Wörter durchschnittlich gebraucht wurden, um eine Information aufzuschreiben, desto geringer war der Anteil von Bursts am Schreibprozess ($r = -.40$, $p < .001$).[6]

Korrelationsanalysen, in welchen die beteiligten Variablen Extremwerte enthielten, wurden mit der Spearman-Rangkorrelation überprüft. Die soeben berichteten Korrelationen konnten hierbei bestätigt werden. In der Produkt-Moment-Korrelationsanalyse zeigte sich jedoch zwischen der mittleren Pausendauer und der Wortzahl pro *idea unit* eine Korrelation ($r = .37$, $p < .001$), die in der Rangkorrelation nach Spearman nicht bestätigt werden konnte (Spearman-Korrelationskoeffizient $\rho = .03$, $p = .807$)[7].

Hypothese 1.5:	Die beim Handschreiben gemessenen Werte der Schreibprozessvariablen korrelieren mit ihren Entsprechungen beim Tastaturschreiben.

[5] Die Korrelationstabellen können im Anhang im elektronischen Zusatzmaterial eingesehen werden.

[6] Eine Nennung aller Korrelationen der Schreibprozessvariablen würde den Rahmen dieser Untersuchung sprengen. Hier beschränkt sich der Bericht auf Korrelationen, die für die vorliegende Studie und aus theoretischer Sicht besonders relevant sind. Bei Interesse kann die Korrelationstabelle der Schreib-prozessvariablen im Anhang im elektronischen Zusatzmaterial konsultiert werden.

[7] Die Spearman-Rho-Korrelationsanalyse kann im Anhang im elektronischen Zusatzmaterial nachvollzogen werden.

Die Korrelationsanalysen[8] offenbaren, dass die Variablen, anhand derer der Schreibprozess operationalisiert wurde, schreibmodusübergreifend deutlich korrelieren. Wenn mit der Hand durchschnittlich mehr Wörter aufgeschrieben werden, um eine Informationseinheit (*idea unit*) auszudrücken, dann ist das tendenziell auch beim Tippen der Fall ($r = .54$, $p < .001$). Ebenso korrelieren Hand- und Tastaturschreiben stark bezüglich des Pause-Burst-Profils (*mittlere Burstdauer* ($r = .68$, $p < .001$), *mittlere Pausendauer* ($r = .51$, $p < .001$), *Zahl der Pause-Burst-Intervalle* ($r = .57$, $p < .001$), *mittlere Wortzahl pro Burst* ($r = .64$, $p < .001$), *Burstanteil am gesamten Schreibprozess* ($r = .58$, $p < .001$)) sowie der Zahl notierter *idea units* ($r = .77$, $p < .001$), der Zahl geschriebener Wörter ($r = .48$, $p < .001$) und der *note-taking efficiency* ($r = .54$, $p < .001$). Wer sich also beispielsweise besonders viele Informationen mit der Hand notierte, schrieb auch beim Tastaturschreiben viele Informationen auf.

Und umso wörtlicher die Jugendlichen mittippen, desto wörtlicher schreiben sie auch mit der Hand mit. Dies zeigte sich bei Monogramm-, Bigramm- und Trigramm-Überlappung ($r_{Monogramm} = .46$, $p < .001$, mittlere Effektgröße/ $r_{Bigramm} = .52$, $p < .001$, großer Effekt/ $r_{Trigramm} = .48$, $p < .001$, mittlere Effektgröße). Die Korrelationsanalysen mit Variablen, die Extremwerte aufweisen, wurden mittels Spearman-Rangkorrelation überprüft und bestätigt.

Insgesamt lässt sich damit sagen, dass die beim Handschreiben gemessenen Werte mit ihren Entsprechungen beim Tastaturschreiben korrelieren, sodass Hypothese 1.5 bestätigt wird.

Hypothese 1.6:	Die Transkriptionsflüssigkeit korreliert mit anderen Schreibprozessvariablen.

Die Transkriptionsflüssigkeit beim Hand- und Tastaturschreiben, die in zwei Tests vor dem Mitschreiben zum Vortrag erhoben wurde, zeigte deutliche Zusammenhänge mit anderen Schreibprozessvariablen[9], weshalb Hypothese 1.6 bestätigt wird. Wie für das Mitschreiben von recht zügig hintereinander vorgetragenen

8 Die Korrelationstabellen können im Anhang im elektronischen Zusatzmaterial eingesehen werden.

9 Die Korrelationstabellen können im Anhang im elektronischen Zusatzmaterial konsultiert werden.

Informationen aus einem Vortrag zu erwarten war, besteht eine positive Korrelation zwischen der Transkriptionsflüssigkeit und der Zahl notierter Informationen in beiden Schreibmodalitäten: Die handschriftliche Transkriptionsflüssigkeit korrelierte stark positiv mit der Zahl handschriftlich notierter Informationen ($r = .70$, $p < .001$). Bei der Tastaturtranskriptionsflüssigkeit bestand eine moderate positive Korrelation mit der Zahl tastaturgeschriebener Informationen ($r = .39$, $p = .012$). Die Handtranskriptionsflüssigkeit korrelierte stark mit der Zahl tastaturgeschriebener *idea units* ($r = .58$, $p < .001$), die Tastaturtranskriptionsflüssigkeit hingegen nur schwach und nicht signifikant mit der Zahl handschriftlich notierter *idea units* ($r = .26$, $p = .09$). Außerdem zeigte sich, dass die Jugendlichen umso mehr Wörter aufschrieben, desto flüssiger sie schreiben können ($r_{Hand} = .64$, $p < .001$ / $r_{Tastatur} = .47$, $p < .001$).

In den Korrelationsanalysen trat zudem zutage, dass die hand- und tastaturschriftliche Transkriptionsflüssigkeit negativ mit der Zahl der Pause-Burst-Intervalle korreliert ($r_{Hand} = .38$, $p = .014$ / $r_{Tastatur} = .34$, $p = .028$). Umso flüssiger die Jugendlichen schreiben können, desto höher war die mittlere Wortzahl pro Burst ($r_{Hand} = .6$, $p < .001$ / $r_{Tastatur} = .37$, $p = .017$), die Burstdauer ($r_{Hand} = .52$, $p < .001$ / $r_{Tastatur} = .29$, $p = .048$, knapp signifikant) und tendenziell auch die *note-taking efficiency* ($r_{Hand} = -.46$, $p = .002$ / $r_{Tastatur} = -.27$, $p = .07$, nicht signifikant). Die Wörtlichkeit der Notizen korrelierte bei der Betrachtung des *unigram overlaps* mit der Transkriptionsflüssigkeit ($r_{Hand} = .57$, $p < .001$ / $r_{Tastatur} = .44$, $p = .004$). Bezüglich *bi-* und *trigram overlap* hingegen lagen keine oder eher geringe Korrelationen vor (*bigram overlap*: $r_{Hand} = .09$, $p = .568$ / $r_{Tastatur} = .31$, $p = .04$ / *trigram overlap*: $r_{Hand} = -.08$, $p = .597$ / $r_{Tastatur} = .22$, $p = .14$).

Einige Korrelationen wurden wegen enthaltener Extremwerte mit der Spearman-Rangkorrelation überprüft. Alle berichteten Korrelationen konnten bestätigt werden, bis auf die Korrelation zwischen der Burstdauer und der Tastaturtranskriptionsflüssigkeit (Spearman-Korrelationskoeffizient $\rho = .26$, $p = .09$)[10].

[10] Die Spearman-Rho-Korrelationsanalyse kann im Anhang im elektronischen Zusatzmaterial nachvollzogen werden.

10.5 Forschungsfrage 2: Schreibmodus und Gedächtnisleistung

Gibt es einen schreibmodusspezifischen Unterschied in der Gedächtnisleistung Jugendlicher nach dem Anfertigen von Notizen?

Hypothese 2.1:	Jugendliche erzielen höhere Punktzahlen in dem Teil des Gedächtnistests, zu welchem sie handschriftliche Notizen angefertigt haben.

Die Punktzahlen im Gedächtnistest werden im Folgenden wieder als relative Größen berichtet, um eine bessere Vergleichbarkeit zu gewährleisten.

Es zeigte sich, dass in der Stichprobe durchschnittlich mehr Punkte erzielt wurden, wenn die Notizen mit der Hand geschrieben wurden, als wenn sie mit der Tastatur geschrieben wurden ($M_{Hand} = .57$ ($SD_{Hand} = .17$), $M_{Tastatur} = .49$ ($SD_{Tastatur} = .15$)), vgl. Abbildung 10.14.

Höhere Mittelwerte der Punktzahl im Gedächtnistest nach handgeschriebenen als nach tastaturgeschriebenen Notizen ergaben sich in der Stichprobe unabhängig von Alter oder Geschlecht der Versuchspersonen, vgl. Tabelle 10.5.

Es zeigte sich auch, dass die Jugendlichen im ersten Teil des Gedächtnistests durchschnittlich höhere Punktzahlen erreichten als im zweiten Teil des Tests ($M_{Teil1} = .57$ ($SD = .15$) / $M_{Teil2} = .49$ ($SD = .17$)).

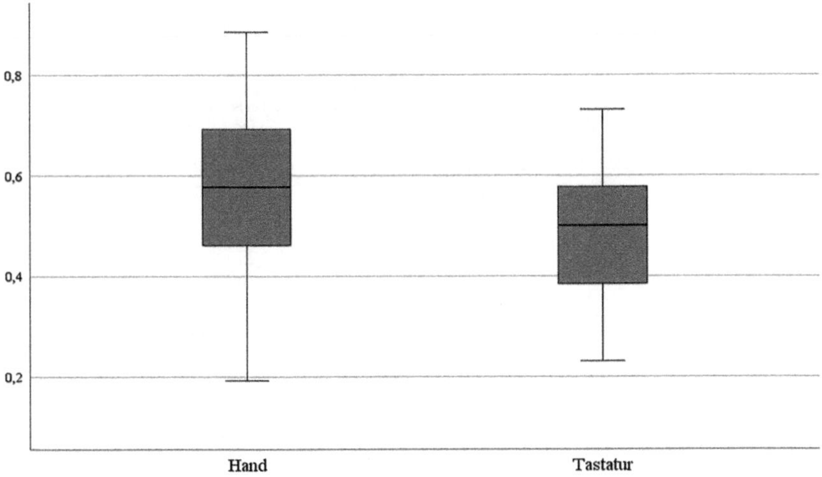

Abbildung 10.14 Punktzahl im Gedächtnistest in Prozent (Hand vs. Tastatur)

Die Mittelwertunterschiede zugunsten handschriftlicher Notizen wurden mithilfe inferenzstatistischer Verfahren untersucht. Zur Prüfung von Mittelwertsunterschieden wurden t-Tests bei paarigen Stichproben durchgeführt, da jede Versuchsperson sowohl mit der Hand als auch mit der Tastatur Notizen angefertigt hat und auch den Test zu beiden Vortragsteilen absolviert hat.

Tabelle 10.5 Erreichte Punktzahl im Gedächtnistest (in Prozent) in Abhängigkeit von Geschlecht und Alter

Geschlecht		Handpunktzahl in Prozent	Tastaturpunktzahl in Prozent
männlich	Mittelwert	,6154	,5283
	N	19	19
	Std.-Abweichung	,15006	,13679
weiblich	Mittelwert	,5429	,4630
	N	26	26
	Std.-Abweichung	,17485	,15556
Insgesamt	Mittelwert	,5735	,4906
	N	45	45
	Std.-Abweichung	,16701	,14990

Alter		Handpunktzahl in Prozent	Tastaturpunktzahl in Prozent
14	Mittelwert	,5128	,3397
	N	6	6
	Std.-Abweichung	,14322	,08572
15	Mittelwert	,5502	,4799
	N	23	23
	Std.-Abweichung	,14551	,13958
16	Mittelwert	,6256	,5590
	N	15	15
	Std.-Abweichung	,20168	,14600
17	Mittelwert	,6923	,6154
	N	1	1
	Std.-Abweichung	.	.
Insgesamt	Mittelwert	,5735	,4906
	N	45	45
	Std.-Abweichung	,16701	,14990

Die Teilnehmenden erzielten signifikant weniger Punkte in dem Teil des Gedächtnistests, zu welchem sie sich Notizen mit der Tastatur gemacht hatten, $t(44) = 4.011$, $p < .001$, $d = .598$[11]. Diese Effektstärke ist als mittelgroß einzustufen. Damit wurde Hypothese 2.1 bestätigt.

Hypothese 2.2:	Jugendliche erzielen höhere Punktzahlen bei Multiple-Choice-Fragen in dem Teil des Gedächtnistests, zu welchem sie handschriftliche Notizen angefertigt haben.

[11] Der t-Test kann im Anhang im elektronischen Zusatzmaterial nachvollzogen werden.

Hypothese 2.3:	Jugendliche erzielen höhere Punktzahlen bei offenen Fragen in dem Teil des Gedächtnistests, zu welchem sie handschriftliche Notizen angefertigt haben.
Hypothese 2.4:	Jugendliche erzielen höhere Punktzahlen bei faktenbezogenen Fragen in dem Teil des Gedächtnistests, zu welchem sie handschriftliche Notizen angefertigt haben.
Hypothese 2.5:	Jugendliche erzielen höhere Punktzahlen bei konzeptuell-anwendungsbezogenen Fragen in dem Teil des Gedächtnistests, zu welchem sie handschriftliche Notizen angefertigt haben.

Bei offenen Fragen, die einen Abruf der Informationen erfordern, ist der Mittelwertunterschied nach hand- beziehungsweise tastaturgeschriebenen Notizen größer als bei Multiple Choice-Fragen, die eine Wiedererkennung von Informationen verlangen ($M_{Hand\ (offen)} = .5$ ($SD = .21$) / $M_{Tastatur\ (offen)} = .38$ ($SD = .17$); $M_{Hand\ (MC)} = .71$ ($SD = .19$) / $M_{Tastatur\ (MC)} = .7$ ($SD = .18$)), vgl. Boxplots in Abbildung 10.15 und Abbildung 10.16. Der Unterschied hand- beziehungsweise tastaturgeschriebener Notizen bei MC-Fragen war numerisch sehr gering.

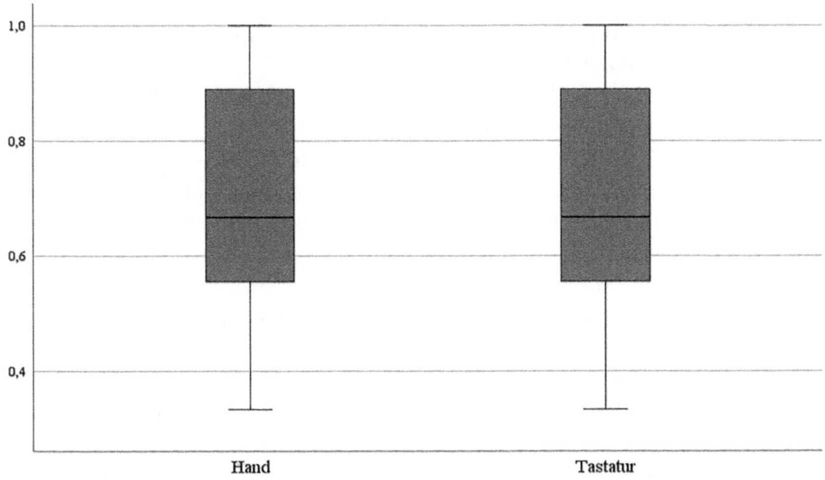

Abbildung 10.15 Punktzahl bei Multiple Choice-Fragen in Prozent (Hand vs. Tastatur)

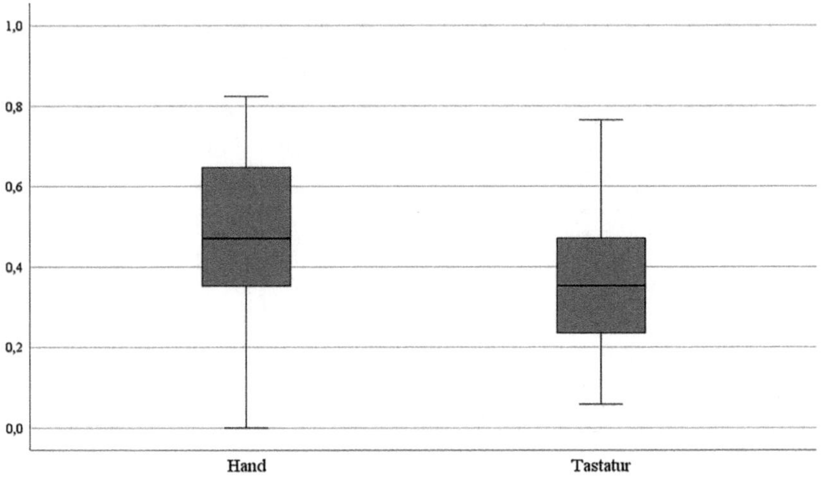

Abbildung 10.16 Punktzahl bei offenen Fragen in Prozent (Hand vs. Tastatur)

Der Unterschied zugunsten handschriftlicher Notizen fand sich in der Stichprobe sowohl bei faktenbezogenen als auch bei konzeptuell-anwendungsbezogenen Fragen ($M_{Hand\ (Fakten)} = .59$ (SD = .17) / $M_{Tastatur\ (Fakten)} = .51$ (SD = .15); $M_{Hand\ (Konzept)} = .53$ (SD = .27) / $M_{Tastatur\ (Konzept)} = .43$ (SD = .27)), vgl. Abbildung 10.17 und Abbildung 10.18.

Hypothesen 2.2, 2.3, 2.4 und 2.5 wurden anschließend mittels t-Tests bei paarigen Stichproben inferenzstatistisch geprüft.

Hypothese 2.2, die eine höhere Gedächtnisleistung nach handgeschriebenen Notizen bei der Wiedererkennung (MC-Fragen) annimmt, konnte nicht bestätigt werden. Die Punktzahlen bei MC-Fragen nach hand- und tastaturgeschriebenen Notizen unterschieden sich im t-Test nicht signifikant, $t(44) = .443$, $p = .660$, $d = .066$.

Hypothesen 2.3, 2.4 und 2.5 hingegen konnten im t-Test bestätigt werden: Nach handgeschriebenen Notizen wurden bei den offenen Fragen im Gedächtnistest deutlich mehr Punkte erreicht als nach tastaturgeschriebenen Notizen, $t(44) = 4.261$, $p < .001$, $d = .635$, was als mittlerer Effekt eingestuft wird. Auch die Hypothese, dass bei faktenbezogenen Fragen im Gedächtnistest eine höhere Punktzahl erreicht wird, wenn zuvor handschriftliche Notizen angefertigt wurden, konnte bestätigt werden, $t(44) = 2.816$, $p = .011$, $d = .42$. Es handelt sich um einen kleinen Effekt. Bei konzeptuell-anwendungsbezogenen Fragen konnte

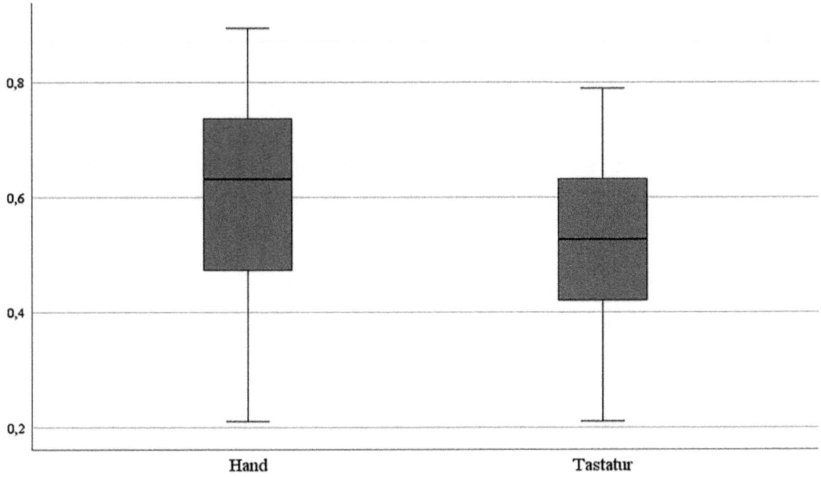

Abbildung 10.17 Punktzahl bei faktenbezogenen Fragen in Prozent (Hand vs. Tastatur)

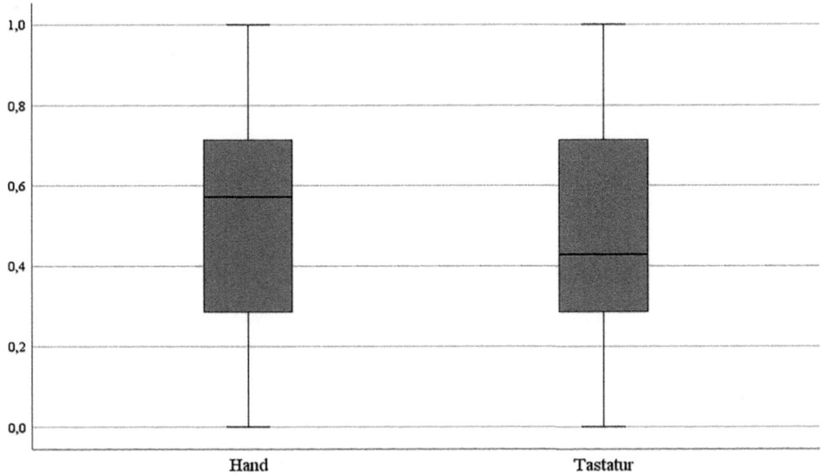

Abbildung 10.18 Punktzahl bei konzeptionellen Fragen in Prozent (Hand vs. Tastatur)

ebenfalls ein Vorteil nach handgeschriebenen Notizen festgestellt werden, $t(44) = 2.457$, $p = .023$, $d = .366$, was ebenfalls als kleiner Effekt angesehen wird.

Aus methodischen und theoretischen Gründen werden die Daten auf einige weitere Zusammenhänge untersucht.

Der Vortrag bestand aus zwei Teilen, deren Reihenfolge nicht variierte. Die Reihenfolge des Notierens mit der Hand bzw. Tastatur (Sequenz) variierte jedoch. Die Variable *Sequenz* (ob zuerst mit der Hand bzw. mit der Tastatur Notizen angefertigt wurden) wurde daher auf Zusammenhänge mit den Variablen *Alter* und *Sprachstand* untersucht. So sollte ausgeschlossen werden, dass der gefundene Mittelwertunterschied nach hand- bzw. tastaturgeschriebenen Notizen im Gedächtnistest beispielsweise darauf zurückzuführen ist, dass im ersten Teil des Vortrags mehr ältere Versuchspersonen Notizen mit der Hand gemacht haben als jüngere und sich hier statt eines Effekts des Schreibmodus in Wahrheit eine bessere Leistung älterer Jugendlicher zeigt.

Es gab nur geringe, statistisch nicht signifikante Zusammenhänge zwischen der Sequenz und dem Alter ($r = .292$, $p = .052$)[12] sowie zwischen der Sequenz und dem Sprachstand ($r = .164$, $p = .283$).

Um herauszufinden, ob beispielsweise deutlich mehr Mädchen als Jungen im ersten Teil des Vortrags mit der Hand Notizen angefertigt haben und dies womöglich zu den gefundenen Mittelwertunterschieden beigetragen hat, wurde ein Chi-Quadrat-Test mit den Variablen *Geschlecht* und *Sequenz* durchgeführt. Dieser ergab keine Auffälligkeiten (χ^2 (1) $= .606$, $p = .436$).

[12] Der Zusammenhang war nur knapp insignifikant. Etwas mehr ältere Schüler/innen haben zuerst mit der Tastatur geschrieben als jüngere.

10.6 Forschungsfrage 3: Notierprozess und Gedächtnisbehalt

Welchen Einfluss hat die Anfertigung von Notizen auf die Gedächtnisleistung Jugendlicher?

Hypothese 3.1:	Wenn mit der Hand geschrieben wird, werden mehr der notierten *idea units* im Gedächtnistest korrekt beantwortet, als wenn mit der Tastatur geschrieben wird.

Nach handschriftlich angefertigten Notizen wurden durchschnittlich 61 % der notierten *idea units* korrekt beantwortet (SD = .22), während nach tastaturgeschriebenen Notizen durchschnittlich 56 % der notierten *idea units* korrekt beantwortet wurden (SD = .18), vgl. Abbildung 10.19.

Allerdings erreichte der gepaarte t-Test nicht die statistische Signifikanz, $t(44) = 1.744$, $p = .088$, $d = .26$.

Die Hypothese konnte somit nicht klar bestätigt werden. Wenn mit der Hand geschrieben wurde, wurden zwar tendenziell mehr der notierten *idea units* korrekt beantwortet, doch über die Stichprobe hinaus lassen sich keine Aussagen treffen.

Hypothese 3.2:	Wenn mit der Hand geschrieben wird, werden auch mehr der nicht notierten *idea units* im Test korrekt beantwortet, als wenn mit der Tastatur geschrieben wird.

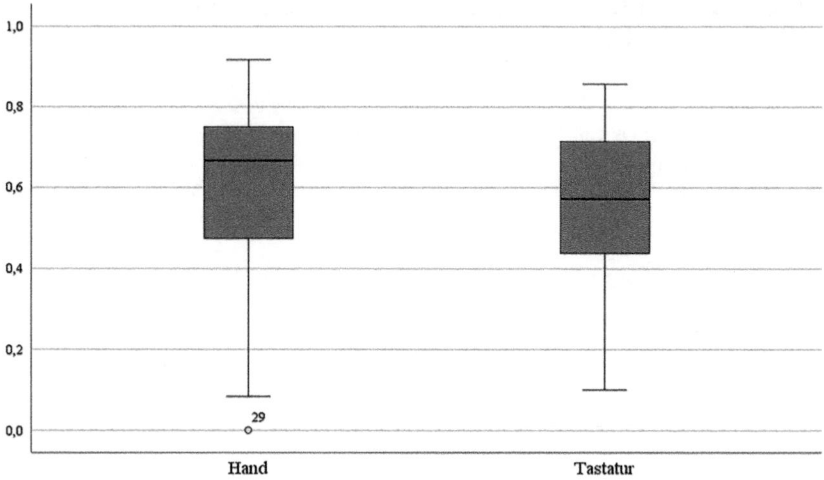

Abbildung 10.19 Anteil korrekt beantworteter von notierten idea units

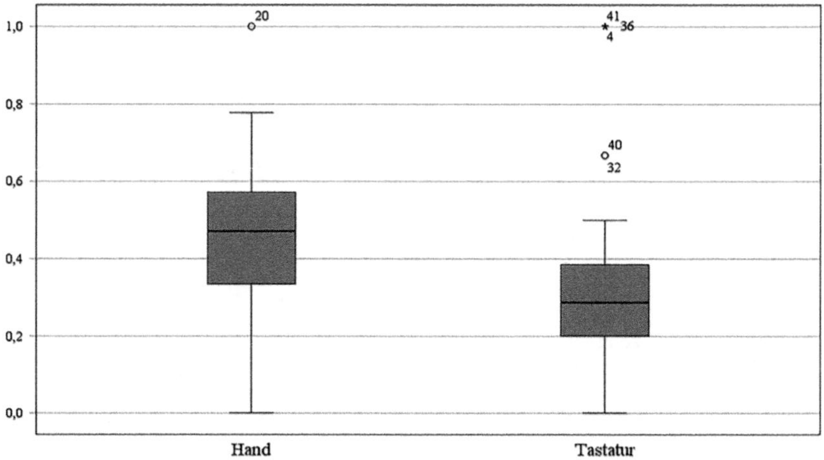

Abbildung 10.20 Anteil korrekt beantworteter von nicht notierten idea units (Hand vs. Tastatur)

Es wurden durchschnittlich 46 % der nicht notierten *idea units* im Test trotzdem korrekt beantwortet, wenn die Notizen mit der Hand geschrieben wurden (SD

= .19), während nach tastaturgeschriebenen Notizen 34 % der nicht notierten *idea units* trotzdem korrekt beantwortet wurden (SD = .23), vgl. Boxplots in Abbildung 10.20.

Hypothese 3.2 wurde im gepaarten t-Test bestätigt, t(44) = 2.68, p = .014, d = .399, was einem kleinen Effekt entspricht. Da in diesem Variablenpaar Extremwerte identifiziert wurden, wurde ein Wilcoxon-Vorzeichen-Rang-Test bei paarigen Stichproben gerechnet, um die Ergebnisse des t-Tests zu überprüfen. Auch der Wilcoxon-Vorzeichen-Rang-Test ergibt einen signifikanten Unterschied zwischen dem Anteil von Informationseinheiten (*idea units*), die im Test korrekt beantwortet wurden, obwohl sie nicht mit der Tastatur aufgeschrieben worden waren und dem Anteil von *idea units*, die im Test korrekt beantwortet werden konnten, obwohl sie zuvor nicht mit der Hand aufgeschrieben worden waren, z = –2.811, p = .008[13].

Um die Effektstärke zu ermitteln, wurde der Pearson-Korrelationskoeffizient (r) mit folgender Formel berechnet:

$$\mathrm{r} = \frac{z}{\sqrt{N}} \quad \text{d. h. für unseren Test:} \quad \mathrm{r} = \frac{-2.811}{\sqrt{45}} = -.419$$

Ein Korrelationskoeffizient von r = –.419 ist als mittlerer Effekt einzustufen, was eine größere Effektgröße darstellt als die beim t-Test identifizierte. Zusammengefasst konnte Hypothese 3.2 im t-Test und auch im Wilcoxon-Vorzeichen-Rang-Test bestätigt werden.

Hypothese 3.3:	Die Punktzahl im Gedächtnistest wird vom Schreibprozess und auch von personenbezogenen Variablen beeinflusst.

In Korrelationsanalysen wurden die Variablen *Transkriptionsflüssigkeit Hand* und *Transkriptionsflüssigkeit Tastatur* auf bivariate Zusammenhänge mit der Punktzahl im Test untersucht. Zur Bestimmung der Stärke des linearen Zusammenhangs wurde die Pearson-Produkt-Moment-Korrelation eingesetzt.

[13] Der Wilcoxon-Vorzeichen-Rang-Test kann im Anhang im elektronischen Zusatzmaterial nachvollzogen werden.

Die handschriftliche Transkriptionsflüssigkeit korreliert moderat positiv mit der erreichten Punktzahl in dem Testteil, zu dem handschriftliche Notizen angefertigt wurden (r = .373, p = .016). Auch die tastaturschriftliche Transkriptionsflüssigkeit korreliert moderat positiv mit der Punktzahl, die in dem Testteil erreicht wurde, zu welchem zuvor tastaturgeschriebene Notizen gemacht wurden (r = .339, p = .027). Außerdem korrelierte die Handtranskriptionsflüssigkeit moderat positiv mit den erreichten Punkten in dem Teil des Tests, in dem Notizen mit der Tastatur angefertigt wurden (r = .371, p = .016). Die Tastaturtranskriptionsflüssigkeit korreliert schwach positiv mit der erreichten Punktzahl im Testteil, zu welchem handschriftlich Notizen angefertigt wurden und erreichte keine statistische Signifikanz (r = .137, p = .371).

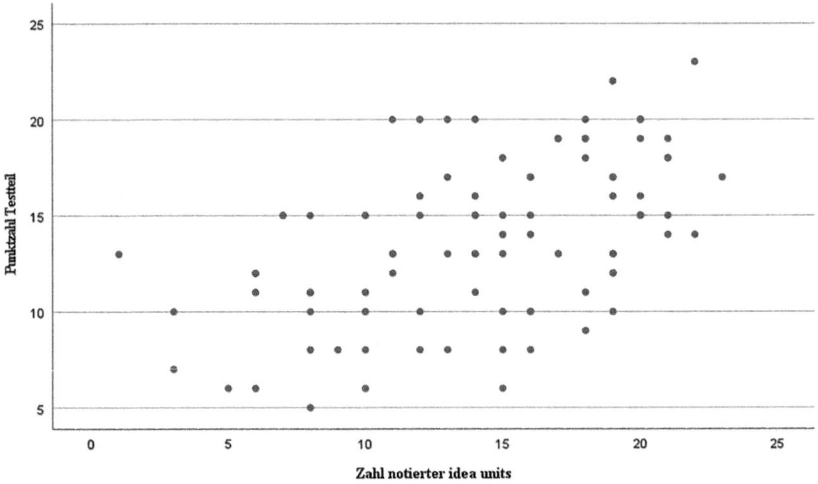

Abbildung 10.21 Streudiagramm: Zahl notierter idea units & Punktzahl im Gedächtnistest

Die Menge notierter Informationen korrelierte stark positiv mit der Punktzahl im Gedächtnistest ($r = .52$, $p < .001$), vgl. Abbildung 10.21. Umso mehr Informationseinheiten notiert wurden, desto mehr Punkte wurden auch im Gedächtnistest nach 7 Tagen erreicht.

Die *Zahl der Pause-Burst-Intervalle* (r = –.24, p = .028), die Wortzahl pro *idea unit* (r = –.44, p < .001) und der *verbatim overlap* ($r_{Bigramm} = -.25$, p = .024 / $r_{Trigramm} = -.32$, p = .003) korrelieren jeweils negativ mit der Punktzahl im Gedächtnistest. Umso höher die *note-taking efficiency* ist, desto besser ist demnach auch die Testleistung, was einen mittlelgroßen Effekt darstellt, vgl. Abbildung 10.22.

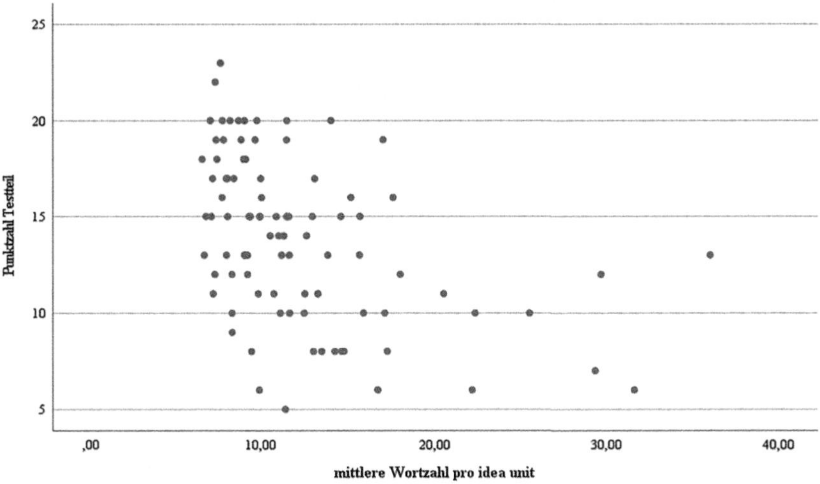

Abbildung 10.22 Streudiagramm: note-taking efficiency & Punktzahl im Gedächtnistest

Die mittleren *Burstdauern* (r = .22, p = .041) und der *Burstanteil am Schreibprozess* (r = .24, p = .024) korrelieren schwach positiv mit der Punktzahl im Gedächtnistest, die mittleren Pausendauern (r = –.099, p = .353) und die mittlere Wortzahl pro Burst (r = .18, p = .082) hingegen schwach und statistisch nicht signifikant. Für diejenigen Variablen, die Extremwerte enthalten, wurde zur Überprüfung die Rangkorrelation nach Spearman berechnet, welche die Ergebnisse der Pearson-Korrelation bestätigte[14].

Damit wurden Zusammenhänge zwischen einigen Schreibprozessvariablen und der Gedächtnisleistung untersucht. Offen ist nun noch die Frage, inwiefern auch personenbezogenen Variablen wie *Alter*, *Sprachstand* und *Geschlecht* Einfluss auf die Testleistung nehmen. Außerdem kann die Größe des Korrelationskoeffizienten von der Größe der Beta-Gewichte in der multiplen Regression abweichen, da die Regressionsgewichte den Erklärungsbeitrag der einzelnen Prädiktoren im Zusammenhang mit dem gesamten Prädiktorvariablensatz widerspiegeln[15]. Die multiple Regressionsanalyse kann daher weitere wertvolle Hinweise

[14] Die Spearman-Rho-Korrelationsanalysen können im Anhang im elektronischen Zusatzmaterial nachvollzogen werden.

[15] vgl. Bortz & Döring, 2016, S. 689.

liefern, welche der erhobenen schreibprozess- und personenbezogenen Variablen die Punktzahl im Gedächtnistest (Kriteriumsvariable) am besten vorhersagen und somit einen wichtigen Einflussfaktor darstellen.

Bei der schrittweisen Regression wurde mit jedem Schritt der Prädiktor mit der größten Korrelation mit der Kriteriumsvariable in das Modell aufgenommen, also zunächst die Anzahl der notierten *idea units*. Diese verblieb im Modell, da sie signifikant war (M1). Anschließend wurde der Prädiktor mit der nächstgrößten Korrelation mit dem Kriterium aufgenommen, in unserem Fall der *Schreibmodus*. Weil diese und auch der bereits aufgenommene Prädiktor nach wie vor der Aufnahme in das Modell signifikant waren, blieb auch diese Variable im Modell (M2). Im dritten Schritt wurde das Vorgehen mit dem Prädiktor *Geschlecht* wiederholt (M3), anschließend kam noch das *Alter* hinzu (M4)[16]. Die Variablen des Pause-Burst-Profils, der *Sprachstand, Sequenz, note-taking efficiency* und *verbatim overlap* wurden bei der schrittweisen Regressionsanalyse ausgeschlossen, da sie die Voraussetzungen der schrittweisen Selektion für einen Einschluss nicht erfüllten[17].

Die Prädiktoren *Menge notierter idea units, Schreibmodus, Alter* und *Geschlecht* können daher gemeinsam am besten die Werte des Kriteriums *Punktzahl im Testteil* vorhersagen. Das Modell hat mit einem multiplen Determinationskoeffizienten $R^2 = .46$ (korrigiertes $R^2 = .43$) eine hohe Anpassungsgüte. Die vier Prädiktoren *Menge notierter idea units, Schreibmodus, Geschlecht* und *Alter* sagen das Kriterium *Punktzahl im Testteil* zudem statistisch signifikant vorher, $F(4,85) = 17.85$, $p < .001$.

Alle Regressionskoeffizienten erreichten die statistische Signifikanz, $b_{\text{Menge notierter } \textit{idea units}} = .423$, $p < .001$/ $b_{\text{Schreibmodus}} = 2.645$, $p < .001$/ $b_{\text{Geschlecht}} = 2.001$, $p = .007$/ $b_{\text{Alter}} = 1.062$, $p = .041$, vgl. Tabelle 10.6. Die standardisierten Regressionskoeffizienten (Beta-Gewichte) geben Aufschluss darüber, welcher Prädiktor den größeren Einfluss auf die Kriteriumsvariable haben. Aus Tabelle 10.6 wird ersichtlich, dass das Alter ($\beta = .177$) einen geringeren Einfluss auf die Punktzahl im Test hat als die Anzahl der notierten *idea units* ($\beta = .512$). Da der Schreibmodus und das Geschlecht binär codiert sind (0 = Tastatur, 1 = Hand bzw. 0 = weiblich, 1 = männlich), ist eine sinnvolle Interpretation des standardisierten Regressionskoeffizienten für diese Prädiktoren nicht möglich.

[16] Die einzelnen Schritte können im Anhang im elektronischen Zusatzmaterial nachvollzogen werden.

[17] Die multiple lineare Regressionsanalyse kann im Anhang im elektronischen Zusatzmaterial nachvollzogen werden.

So ergab sich folgende Regressionsgleichung:

Punktzahl im Testteil = 0.423 x *Anzahl notierter idea units* + 2.645 x *Schreibmodus* + 2.001 x Geschlecht + 1.062 x *Alter* – 10.584

Für die Variable *Alter* heißt das: Für jedes Jahr, das eine Person älter ist, nimmt die Punktzahl im Testteil um 1.062 Punkte zu. Analog dazu steigt die Punktzahl für jede Informationseinheit, die notiert wird, um 0,423 Punkte an. Wenn Notizen mit der Hand angefertigt werden (*Schreibmodus*: 0 = Tastatur, 1 = Hand), erhöht sich die Punktzahl um 2,645 Punkte gegenüber tastaturgeschriebenen Notizen. Bei männlichen Teilnehmern ist die Punktzahl um 2,001 Punkte höher als bei weiblichen.

Tabelle 10.6 Regressionskoeffizienten der multiplen linearen Regression

Koeffizienten[a]

		Nicht standardisierte Koeffizienten		Standardisierte Koeffizienten		
Modell		RegressionskoeffizientB	Std.-Fehler	Beta	T	Sig.
1	(Konstante)	7,670	1,146		6,693	<,001
	notierte idea units	,430	,075	,520	5,708	<,001
2	(Konstante)	5,899	1,172		5,034	<,001
	notierte idea units	,460	,071	,556	6,491	<,001
	Schreibmodus_1=Hand, 0=Tastatur	2,687	,723	,318	3,718	<,001
3	(Konstante)	4,860	1,177		4,130	<,001
	notierte idea units	,471	,068	,570	6,930	<,001
	Schreibmodus_1=Hand, 0=Tastatur	2,700	,692	,320	3,899	<,001
	Geschlecht_1=m,2=w,3=d	2,063	,698	,242	2,958	,004
4	(Konstante)	-10,584	7,462		-1,419	,160
	notierte idea units	,423	,070	,512	6,002	<,001
	Schreibmodus_1=Hand, 0=Tastatur	2,645	,680	,313	3,890	<,001
	Geschlecht_1=m,2=w,3=d	2,001	,685	,234	2,922	,004
	Alter	1,062	,507	,177	2,095	,039

a. Abhängige Variable: Punktzahl Testteil

11 Diskussion

Im Folgenden werden die Ergebnisse der drei Forschungsfragen zunächst vor dem Hintergrund bisheriger theoretischer und empirischer Forschungsarbeiten eingeordnet und reflektiert. Dabei wird auch diskutiert, inwiefern sie mit dem Modell epistemischen Schreibens vereinbar sind.

Die Auflistungen der Forschungsfragen und -hypothesen (vgl. Abbildung 11.1, Abbildung 11.2, Abbildung 11.3) stellen die Ergebnisse der Studie übersichtlich dar. Hypothesen, die mit einem grünen Häkchen gekennzeichnet sind, konnten in der Untersuchung bestätigt werden. Ist das Häkchen rot umrandet, so erreicht der Test nicht die statistische Signifikanz. Ein rotes Kreuz weist darauf hin, dass die Hypothese nicht bestätigt wurde.

Beim Vergleich des hand- und tastaturschriftlichen Notierprozesses konnte bestätigt werden, dass getippte Notizen durch eine höhere Wortzahl, etwas mehr notierte

Informationen und größere Wörtlichkeit (*verbatim overlap*) gekennzeichnet sind (vgl. Abbildung 11.1). Diese Ergebnisse decken sich größtenteils mit Befunden anderer Studien (vgl. z. B. Bui et al., 2013; Müller & Oppenheimer, 2014; Luo et al., 2018; Morehead et al., 2019; Flanigan & Titsworth, 2020; Urry et al., 2021). Handgeschriebene Notizen wiesen wie bei Flanigan und Titsworth (2020) eine deutlich höhere *note-taking efficiency* auf, da durchschnittlich weniger Wörter verwendet wurden, um eine Information aufzuschreiben.

Zum ersten Mal wurde in dieser Studie untersucht, inwiefern sich hand- und tastaturschriftliches Notieren bezüglich des Pause-Burst-Profils unterscheiden. Es gab, anders als erwartet, keine signifikanten Unterschiede bezüglich der durchschnittlichen Anzahl der Pause-Burst-Intervalle und der mittleren Burstdauer. Beim Tippen wurden jedoch signifikant kürzere Pausen gemacht, mehr

E. F. Stephan, *Hand- und tastaturschriftliche Notizen*,
https://doi.org/10.1007/978-3-658-53317-5_11

Forschungsfrage 1 - Untersuchung des Notierprozesses: Welche Unterschiede gibt es zwischen hand- und tastaturschriftlichem Notieren Jugendlicher?

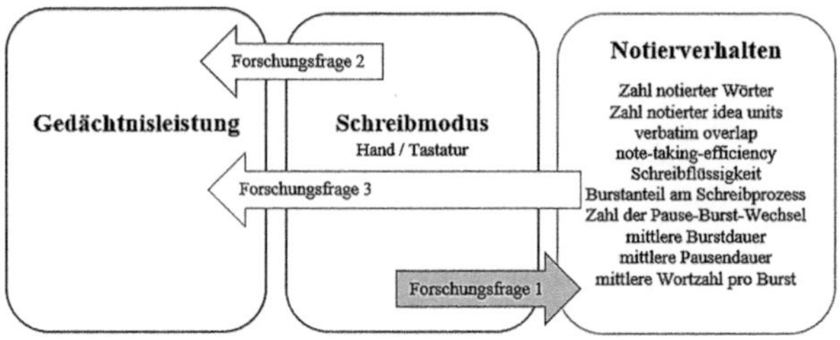

Hypothesen:

- ☑ 1.1 Werden Notizen handschriftlich angefertigt, wird weniger notiert als auf der Tastatur.
- ☑ 1.2 Handgeschriebene Notizen sind ökonomischer (*note-taking efficiency*).
- ☑ 1.3 Beim Tastaturschreiben wird wörtlicher mitgeschrieben als beim Handschreiben (*verbatim overlap)*.
- ☑ 1.4 Das handschriftliche Notieren weist ein anderes Pause-Burst-Profil auf als tastaturschriftliches Notieren.
- ☑ 1.5 Die beim Handschreiben gemessenen Werte der Schreibprozessvariablen korrelieren mit ihren Entsprechungen beim Tastaturschreiben.
- ☑ 1.6 Die Transkriptionsflüssigkeit korreliert mit anderen Schreibprozessvariablen.

Abbildung 11.1 Ergebnisse der ersten Forschungsfrage

Wörter pro Burst notiert und der Anteil von Bursts am gesamten Notierprozess war höher. Die mittlere Wortzahl pro Burst scheint ein Indikator für die Transkriptionsflüssigkeit zu sein (vgl. Alves & Limpo, 2015).

Die größere durchschnittliche Anzahl von Wörtern pro Burst beim Tastaturschreiben ist vor dem Hintergrund, dass beim Tastaturschreiben schneller geschrieben wird, einleuchtend. Dass die Burstdauer sich beim hand- versus tastaturschriftlichen Notieren nicht signifikant unterscheidet, hängt möglicherweise mit dem Mitschreibformat zusammen, das keine freie Textproduktion darstellt. Interessant ist jedoch, dass beim tastaturschriftlichen Notieren zwar nicht länger am Stück mitgeschrieben wird (*Burstdauer*), dafür aber bei den Pausen gespart wird und deutlich schneller geschrieben wird, da durchschnittlich mehr Wörter pro Burst in einer vergleichbaren Burstdauer aufgeschrieben werden.

Somit lenken die Ergebnisse den Blick auf kognitive Aktivitäten während der Schreibpausen. Denn warum werden beim Handschreiben trotz des langsameren Schreibtempos, das ja theoretisch Anlass zu mehr Eile bietet, längere Pausen gemacht? Welche kognitiven Aktivitäten laufen während dieser Pausen ab? Schreibpausen werden häufig als Signale für hierarchiehöhere kognitive Prozesse beim Schreiben interpretiert, die Aktivitäten wie Planung und Verarbeitung von Wissen umfassen können, während in Bursts vermutlich vorrangig Transkriptionsprozesse ablaufen (vgl. Alamargot et al., 2007[1]; Medimorec & Risko, 2017; Alves et al., 2007). Möglicherweise wird beim Handschreiben die Zeit in den längeren Pausen daher für die gründliche Verarbeitung des Gehörten genutzt.

Weiter wurde festgestellt, dass hand- und tastaturschriftliches Notieren in fast allen gemessenen Variablen schreibmodusübergreifend korrelieren: Wer beim Handschreiben beispielsweise weniger Informationen aufschreibt, schreibt auch beim Tastaturschreiben eher weniger Informationen auf. Lediglich die Transkriptionsflüssigkeit beim Hand- und Tastaturschreiben korrelierte nur schwach und erreichte keine statistische Signifikanz, anders als bei Feng et al. (2019). Die schreibmodusübergreifenden Korrelationen sind ein Hinweis darauf, dass der Schreibmodus nicht die einzige Einflussvariable auf den Notierprozess darstellt und auch personenbezogene Variablen wie die Schreibkompetenz eine wichtige Rolle spielen.

In den Analysen traten auch interessante Zusammenhänge zwischen den Variablen des Notierprozesses zutage. Es wurde umso weniger wörtlich mitgeschrieben, desto höher die *note-taking efficiency* ausfiel, was angesichts der Notwendigkeit, bei der langsameren Handschreibgeschwindigkeit Wörter einzusparen, zu erwarten war. Interessant war allerdings, dass eine geringere *note-taking efficiency* auch mit weniger notierten Informationen und einem geringeren Anteil von Bursts am Notierprozess einherging. Auch wenn diese Zusammenhänge keine kausalen Schlüsse zulassen, sind die Befunde ein Hinweis darauf, dass der *note-taking efficiency* eine zentrale Bedeutung für die Qualität der Notizen und damit auch für die Gedächtnisleistung zukommt.

Außerdem wurden in beiden Schreibmodalitäten umso weniger Wörter und *idea units* notiert, desto mehr Pause-Burst-Wechsel auftraten. Bei Alves et al. (2007) gingen geringere Schreibfertigkeiten mit häufigeren Pause-Burst-Wechseln einher. Auch in der vorliegenden Untersuchung korrelierte die Transkriptionsflüssigkeit negativ mit der Zahl der Pause-Burst-Intervalle. Dies lässt vermuten, dass jemand, der weniger flüssig schreiben kann, seinen Schreibprozess häufiger unterbricht und deshalb weniger Informationen und Wörter aufschreibt.

---

[1] Alamargot, D., Dansac, C., Chesnet, D. & Fayol, M. (2007). Parallel processing before and after pauses. A combined analysis of graphomotor and eye movements during procedural text production. In: G. Rijlaarsdam, M. Torrance, L. van Waes, & D. Galbraith (Hrsg.), *Studies in writing. Writing and cognition. Research and applications* (Bd. 20, S. 13–29). Elsevier.

Überhaupt zeigte sich, dass die Transkriptionsflüssigkeit großen Einfluss auf den Schreibprozess nehmen kann: Sie korrelierte beim Hand- und Tastaturschreiben positiv mit der Zahl notierter Informationen, der Wortzahl pro Burst und sogar mit der *note-taking efficiency*: Umso flüssiger die Jugendlichen mit der Hand schreiben können, desto weniger Wörter verwenden sie, um eine Informationseinheit aufzuschreiben. Dies ist ein interessanter Befund, denn es wäre aus theoretischer Sicht auch plausibel gewesen, wenn durch die größere Transkriptionsflüssigkeit mehr Wörter pro Information mitgeschrieben worden wären.

Ob eine höhere Transkriptionsflüssigkeit mit wörtlicherem Notieren einhergeht, bleibt unklar: Es lag zwar eine Korrelation zwischen der Transkriptionsflüssigkeit und der Wörtlichkeit der Notizen vor, diese war aber nur beim *unigram overlap* deutlich erkennbar. Bei *bi- und trigram-overlap* ergaben die Korrelationsanalysen in beiden Schreibmodalitäten kaum oder gar keine Korrelationen zwischen Transkriptionsflüssigkeit und *verbatim overlap.*

Der *unigram overlap* ist allerdings eher ein schwaches Maß für die Wörtlichkeit, da nur Einzelwörter betrachtet werden. Beim Mitschreiben zu einem Vortrag ist es nicht verwunderlich, dass zahlreiche Wörter aufgeschrieben werden, die auch im Vortrag benutzt wurden. Beim *bigram overlap* werden Ketten aus zwei, beim *trigram overlap* Ketten aus drei Wörtern unverändert aus dem Vortrag übernommen, was ein stärkerer Hinweis auf wörtliches Mitschreiben ist. Daher ist eine Korrelation nur zwischen *unigram overlap* und Transkriptionsflüssigkeit kein klarer Hinweis auf einen kausalen Zusammenhang.

Ähnlich wie beispielsweise schon Peverly et al. (2007) konnten wir insgesamt feststellen, dass die Qualität der Notizen, gemessen in Variablen wie der Menge notierter Informationen oder der *note-taking efficiency*, eng mit der Transkriptionsflüssigkeit zusammenhängt.

Alles in allem haben wir neben Erkenntnissen zum Zusammenspiel der Variablen des Notierprozesses aufzeigen können, dass zum Teil große Unterschiede zwischen hand- und tastaturschriftlichen Notizen und auch zwischen dem hand- und tastaturschriftlichen Notierprozess bestehen.

Die beiden Teile des Tests wiesen eine unterschiedliche Schwierigkeit auf. Der gefundene Unterschied der erreichten mittleren Punktzahl im ersten vs. zweiten Testteil fällt aber nicht weiter ins Gewicht, da die Reihenfolge des verwendeten Schreibinstruments über die beiden Testteile ausbalanciert war.

Obwohl die Tatsache, dass auf der Computertastatur mehr Wörter aufgeschrieben werden, gemäß der Transkriptionshypothese die Annahme nach sich zieht, dass dadurch auch mehr *idea units* aufgeschrieben werden und damit eine höhere Punktzahl erreicht werden kann, zeichnen die hier erhobenen Daten ein anderes

Forschungsfrage 2 - Schreibmodus und Gedächtnisleistung: Gibt es einen schreibmodusspezifischen Unterschied in der Gedächtnisleistung Jugendlicher nach dem Anfertigen von Notizen?

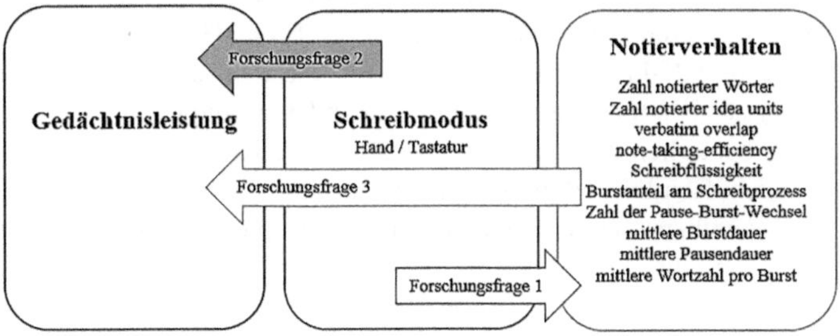

Hypothesen:

☑	2.1	Jugendliche erzielen höhere Punktzahlen im Gedächtnistest, wenn sie zuvor handschriftliche Notizen angefertigt haben.
☒	2.2	Jugendliche erzielen höhere Punktzahlen bei Multiple-Choice-Fragen in dem Teil des Gedächtnistests, zu welchem sie handschriftliche Notizen angefertigt haben.
☑	2.3	Jugendliche erzielen höhere Punktzahlen bei offenen Fragen in dem Teil des Gedächtnistests, zu welchem sie handschriftliche Notizen angefertigt haben.
☑	2.4	Jugendliche erzielen höhere Punktzahlen bei faktenbezogenen Fragen in dem Teil des Gedächtnistests, zu welchem sie handschriftliche Notizen angefertigt haben.
☑	2.5	Jugendliche erzielen höhere Punktzahlen bei konzeptuell-anwendungsbezogenen Fragen im Gedächtnistest, wenn sie zuvor handschriftliche Notizen angefertigt haben.

Abbildung 11.2 Ergebnisse der zweiten Forschungsfrage

Bild, vgl. die Übersicht in Abbildung 11.2. Es wurden zwar etwas mehr Informationen mit der Tastatur notiert als mit der Hand, doch der Unterschied zwischen den Schreibmodalitäten ist deutlich geringer als bei der Zahl der notierten Wörter. Und obwohl sie handschriftlich weniger Wörter und Informationen aufschrieben, erzielten die Jugendlichen im Gedächtnistest nach handgeschriebenen Notizen durchschnittlich eine höhere Punktzahl als nach tastaturgeschriebenen Notizen.

In der vorliegenden Studie traten jedoch, anders als beispielsweise bei Müller und Oppenheimer (2014) und Morehead et al. (2019), keine Unterschiede bei den verschiedenen Arten abgerufener Information zutage: Sowohl bei konzeptuell-anwendungsbezogenen Fragen als auch bei faktenbezogenen Fragen gab es einen signifikanten Vorteil des Handschreibens mit einer kleinen Effektgröße.

Allerdings gab es deutliche Unterschiede bei den Arten des Informationsabrufs: Während es einen Vorteil des Handschreibens beim Abruf nach offenen Fragen mit einer mittleren Effektstärke gab, gab es keinen Unterschied bei der Wiedererkennung in MC-Fragen. Diese Erkenntnis ist auch deshalb interessant, weil die Rolle der Art des Informationszugriffs in anderen Studien, die Hand- und Tastaturschreiben bezüglich des Gedächtnisbehalts vergleichen, bislang nicht systematisch untersucht wurde. Lediglich Untersuchungen, die den Enkodier-Effekt vom Notieren (gegenüber Nichtnotieren) für den Gedächtnisbehalt untersuchten, zogen auch die Möglichkeit in Betracht, dass die Abrufart von Bedeutung sein könnte. So zeigt Kobayashi (2005), dass der Vorteil von Notizen bei Wiedererkennungsfragen kleiner ist als bei Abruffragen. Die große Heterogenität der Studienergebnisse, in denen zum Teil Unterschiede zwischen faktenbezogenen und konzeptuell-anwendungsbezogenen Fragen gefunden wurden, zum Teil nicht, und bei denen zum Teil Vorteile handgeschriebener gegenüber tastaturgeschriebenen Notizen zum Vorschein kamen und zum Teil nicht, könnte daher teilweise auch darauf zurückzuführen sein, dass sich der Vorteil handgeschriebener Notizen vor allem in offenen Fragen zeigt.

Zur Beantwortung der MC-Fragen reicht es aus, wenn man die korrekte Antwort anhand der zuvor angefertigten Notizen oder des gehörten Vortrags unter den vorgegebenen Optionen wiedererkennt oder auch die nicht korrekten Antworten mangels Vertrautheit ausschließt. Kobayashi (2005) hat zur Erklärung des größeren Enkodiereffekts beim Abruf gegenüber der Wiedererkennung die Enkodierspezifität als Erklärung herangezogen: Das Prinzip der Enkodierspezifität besagt, dass der Abruf erleichtert wird, wenn die Abrufsituation der Enkodiersituation ähnelt. Da MC-Fragen aufgrund der vorgegebenen Antwortmöglichkeiten zahlreiche Hinweisreize zur Enkodiersituation liefern und der Rekognitionsprozess auf der Grundlage eines Vertrautheitsgefühls ausreichen kann, muss die Enkodiersituation gar nicht erst rekonstruiert oder abgerufen werden. Beim Abruf hingegen müssen die Informationen mithilfe der Kontextreize unter Rekonstruktion der Enkodiersituation abgerufen werden, da die Frage selbst nicht so viele Hinweisreize liefert. Nach Kobayashi werden beim Aufschreiben mehr Kontextreize und episodische Kontextinformationen eingespeichert, als wenn man nichts aufschreibt. Wenn dann beim Abruf die Enkodiersituation abgerufen wird (beispielsweise die visuelle Repräsentation des Geschriebenen), gibt es mehr Hinweisreize zur Enkodiersituation (*retrieval cues*), die bei der Aktivierung der gesuchten Information helfen.

Diese Argumentation kann auch auf den Unterschied zwischen hand- und tastaturgeschriebenen Notizen erweitert werden: Beim Handschreiben besteht eine Kongruenz zwischen der wahrgenommenen Buchstabenform und der Schreibbewegung (vgl. Abschnitt 4.3). Dadurch werden mehr (sensomotorische) Hinweisreize zur gesuchten Information abgespeichert als beim Tastaturschreiben, sodass ein Abruf nach handgeschriebenen Notizen leichter ist als nach getippten Notizen.

Diese Vorhersage macht auch das Modell epistemischen Schreibens (vgl. Abschnitt 5.4), in welchem angenommen wird, dass die Wahrnehmung einer Sprachhandlung die Informationsverarbeitung beeinflusst. Doch mit den Annahmen zu unterschiedlichen Verarbeitungstiefen stellt das Modell noch eine weitere Erklärung für den Unterschied zwischen offenen Fragen und MC-Fragen bereit. Wenn beim Handschreiben durch das weniger wörtliche und langsamere Aufschreiben eine gründlichere Konzeptualisierung und Verbalisierung durchlaufen wird, ist besonders bei offenen Fragen ein Vorteil gegenüber getippten Notizen zu erwarten. Der Unterschied nach hand- und tastaturschriftlichen Notizen ist in MC-Fragen nämlich vielleicht deshalb nicht oder weniger gut messbar, weil durch die zahlreichen mitgelieferten Hinweisreize in den vorgegebenen Antwortoptionen keine vorangegangene tiefe Verarbeitung erforderlich ist.

Umejima et al. (2021), Shell et al. (2021) und Flanigan und Titsworth (2020) zum Beispiel verwendeten ausschließlich MC-Fragen im Gedächtnistest – und fanden keinen signifikanten Unterschied nach hand- versus tastaturgeschriebenen Notizen. Zwar ergab die Studie von Umejima et al. (2021) keinen Vorteil nach handschriftlichen Notizen im Gedächtnistest, aber interessanterweise fanden sie höhere Hirnaktivitäten während der Beantwortung der Fragen, wenn Notizen mit der Hand angefertigt worden waren, obwohl es sich um MC-Fragen handelte. Das könnte auch erklären, warum manche Studien trotz der Verwendung von MC-Fragen Vorteile handgeschriebener Notizen gefunden haben (z. B. Flanigan et al., 2023; Horbury & Edmonds, 2021): Gemäß dem Modell epistemischen Schreibens können wir annehmen, dass generell Vorteile beim Gedächtnisbehalt nach handschriftlichen Notizen bestehen, diese aber durch eine unterschiedliche Verarbeitungstiefe nicht unbedingt immer messbar sind – je nach Abrufart.

Zu beachten ist auch, dass der Testzeitpunkt in der vorliegenden Untersuchung sieben Tage nach der Anfertigung der Notizen lag. In zahlreichen Studien, in denen kein signifikanter Unterschied nach hand- versus tastaturgeschriebenen Notizen gefunden wurde, erfolgte die Testung direkt nach dem Notieren (vgl. z. B. Urry et al., 2021; Shell et al., 2021) oder nach einer kurzen *distractor task* (vgl. z. B. Flanigan & Titsworth, 2020; Mitchell & Zheng, 2019; Umejima et al., 2021). Bei Mitchell und Zheng (2019) wurden im Test offene Fragen verwendet, doch möglicherweise kam der Unterschied zwischen den Schreibmodalitäten bei der Testung nach so kurzer Zeit noch nicht zum Tragen, weil dieser bei der Verarbeitung und Speicherung im Langzeitgedächtnis auftritt. Ablenkungsaufgaben nach dem Notieren sollen oftmals dafür sorgen, dass die Versuchspersonen die enkodierten Informationen nicht weiter im Arbeitsgedächtnis behalten, sodass im folgenden Gedächtnistest der Abruf aus dem Langzeitgedächtnis getestet werden kann. Dadurch werden jedoch auch Konsolidierungsprozesse erschwert. Auch bei Fiorella und Mayer (2017) und Bui et al. (2013), die einen Vorteil nach tastaturgeschriebenen Notizen fanden, wurden offene Fragen verwendet, doch die Testung erfolgte direkt im Anschluss an das Notieren.

Wie in Abschnitt 3.3.2 dargestellt wurde, ist die Konsolidierung ein langsamer Prozess, der möglicherweise verstärkt im Schlaf stattfindet (vgl. Gais et al., 2006). Die Gedächtnisspuren werden zunächst im Hippocampus angelegt und sind noch instabil. Mit der Zeit werden sie entweder weiter verfestigt, wobei sie zunehmend in den Neocortex übertragen werden, oder aber abgebaut. Wenn der Gedächtnistest direkt nach dem Notieren durchgeführt wird, hat noch keine oder kaum Konsolidierung stattgefunden. Für das schulische Lernen sind jedoch eben diese Verfestigungsprozesse interessant. Wenn direkt nach dem Notieren kein Unterschied zwischen hand- und tastaturgeschriebenen Notizen vorliegt, aber nach mehreren Tagen schon, könnte die Konsolidierung nach dem Notieren je nach Schreibinstrument unterschiedlich verlaufen, denn die Informationsverarbeitung ist nach dem Notieren nicht zwangsläufig abgeschlossen.

Morehead et al. (2019) fanden trotz offener Fragestellungen im verzögerten Test nach zwei Tagen keinen signifikanten Unterschied in der Gedächtnisleistung nach hand- versus tastaturgeschriebenen Notizen. Allerdings sind die Ergebnisse des Experiments bei Morehead et al. insofern nur begrenzt mit den vorliegenden zu vergleichen, weil ihre Versuchspersonen vor dem verzögerten Test, der nach zwei (und nicht wie hier nach sieben Tagen) durchgeführt wurde, ihre Notizen noch einmal lesen konnten. Ebenso verhält es sich auch mit den Untersuchungen von Flanigan et al. (2023), Horbury und Edmonds (2021) und Fiorella und Mayer (2017). Das nochmalige Lesen der Notizen vor dem verzögerten Test führt dazu, dass nicht die Gedächtnisleistung nach der Anfertigung der Notizen allein getestet wird, sondern (auch), wie gut das Lesen hand- versus tastaturgeschriebene Notizen die abgefragten Informationen reaktiviert, oder wie gut die Lesenden ihre Notizen verstehen, was eine andere Forschungsfrage darstellt. Da beim Tippen in der Regel mehr Informationen aufgeschrieben werden, könnte dadurch außerdem der Unterschied zwischen den Schreibmodalitäten verwischt werden.

Der Einfluss vom Testzeitpunkt und von der Art des Informationsabrufs sollte daher idealerweise in zukünftigen Studien untersucht werden, unter Kontrolle weiterer Variablen wie der Transkriptionsflüssigkeit in beiden Schreibmodalitäten, bevor hier sichere Schlüsse gezogen werden können.

Insgesamt zeigte sich, dass der Gedächtnisbehalt nach handgeschriebenen Notizen bei offenen Fragen, nach einigen Tagen und ohne nochmalige Lektüre der Notizen höher war als nach tastaturgeschriebenen Notizen – und zwar sowohl bei faktenbezogenen als auch bei konzeptuell-anwendungsbezogenen Fragen. Der Vergleich mit bisherigen Untersuchungen fällt insofern schwer, weil zahlreiche methodische Unterschiede zwischen den Studien vorliegen. Interessant wäre es daher, zu schauen, ob die Ergebnisse der vorliegenden Untersuchung in einer größeren Stichprobe repliziert werden können.

Während die meisten Studien erwachsene Teilnehmer/-innen untersuchten, stellte die vorliegende Untersuchung das hand- und tastaturschriftliche Notieren und die jeweiligen Effekte auf den Gedächtnisbehalt jugendlicher Schüler/-innen gegenüber. Diese Leerstelle muss deshalb durch weitere Untersuchungen gefüllt werden, weil die Anfertigung von Notizen zum Zwecke des Lernens ein wichtiger Bestandteil des schulischen Unterrichts und vieler akademischer und beruflicher Bereiche ist. Kinder und Jugendliche sind im Umgang mit dem Computer und digitalen Schreibumgebungen vermutlich anders sozialisiert als Erwachsene und könnten durch andere Schreibgewohnheiten abweichende Ergebnisse im Gedächtnistest erzielen als die Erwachsenen in bisherigen Studien. In der vorliegenden Untersuchung zeigte sich jedoch, dass auch unter Jugendlichen der Gedächtnisbehalt nach handgeschriebenen Notizen höher ist als nach getippten Mitschriften.

Die Ergebnisse stützen daher zunächst die Annahmen des Modells epistemischen Schreibens. Allerdings bleibt offen, ob der Vorteil in der Gedächtnisleistung nach handgeschriebenen Notizen (ausschließlich) durch die Annahmen der *Embodied Cognition*-Theorien erklärt werden kann, oder ob der Zeitfaktor mit dem langsameren handschriftlichen Aufschreiben in eigenen Worten in längeren Pausen die entscheidende Rolle bei der gründlicheren Verarbeitung und Speicherung spielt. Dieser Frage kann erst in künftigen Untersuchungen nachgegangen werden. Außerdem könnte der Grad der Schreibflüssigkeit ein wichtiger Einflussfaktor sein, wie im Folgenden noch besprochen werden soll.

Wir haben gesehen, dass der hand- und tastaturschriftliche Schreibprozess und die jeweiligen Notizen sich teilweise stark unterscheiden. Wir haben auch festgestellt, dass die Gedächtnisleistung sich nach hand- versus tastaturschriftlichem Notieren unterscheidet. Im Rahmen der dritten Forschungsfrage sind wir der Frage auf den Grund gegangen, inwiefern der Notierprozess den Gedächtnisbehalt beeinflusst.

Forschungsfrage 3 - Notierprozess und Gedächtnisbehalt: Welchen Einfluss hat die Anfertigung von Notizen auf die Gedächtnisleistung Jugendlicher?

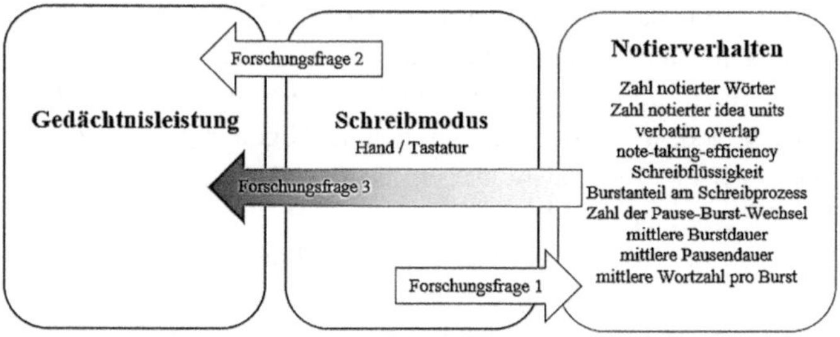

Hypothesen:

3.1 Wenn mit der Hand geschrieben wird, werden mehr der notierten *idea units* im Gedächtnistest korrekt beantwortet, als wenn mit der Tastatur geschrieben wurde.

3.2 Wenn mit der Hand geschrieben wird, werden auch mehr der nicht notierten *idea units* im Test korrekt beantwortet, als wenn mit der Tastatur geschrieben wurde.

3.3 Die Punktzahl im Gedächtnistest wird vom Schreibprozess und auch von personenbezogenen Variablen beeinflusst.

Abbildung 11.3 Ergebnisse der dritten Forschungsfrage

Die Untersuchung stützt die Annahme, dass durch das Notieren von Informationen Inhalte besser behalten werden können (vgl. Henk & Stahl, 1985; Kobayashi, 2005), denn die Anzahl der notierten *idea units* korrelierte in beiden Schreibmodalitäten stark mit der erreichten Punktzahl. Auch, wenn aufgrund dieser Korrelation nicht zwingend ein kausales Verhältnis der beteiligten Variablen besteht, wurde deutlich, dass die Zahl der notierten *idea units* nicht negativ oder gar nicht mit der Gedächtnisleistung korreliert.

In Korrelationsanalysen zeigte sich, dass wörtliche Mitschriften negativ mit der Punktzahl im Gedächtnistest korrelieren. Dass wörtlichere Mitschriften mit weniger Punkten im Gedächtnistest einhergehen, ist kompatibel mit der Annahme, dass die Umformung in eigene Worte eine Ursache für die bessere Testleistung der Handschreibenden sein könnte (vgl. Mueller & Oppenheimers, 2014).

Es wurde auch bestätigt, dass die Punktzahl umso höher war, desto höher die *note-taking efficiency* ausfiel. Längere Burstdauern und ein höherer Anteil von Bursts am Schreibprozess gingen ebenfalls mit besseren Testleistungen einher. Allerdings lag keine nennenswerte Korrelation zwischen der Pausendauer und der Testleistung vor, was die Vermutung, dass längere Pausen beim Handschreiben zum Gedächtnisvorteil beitragen könnten (vgl. Diskussion zur ersten Forschungsfrage), nicht weiter stützt.

Erstmals wurde in dieser Studie analysiert, welche der notierten und nicht notierten Informationen im Gedächtnis behalten wurden. Nach tastaturgeschriebenen Notizen wurden – obwohl mehr Wörter und auch mehr *idea units* notiert wurden und obwohl die Zahl der notierten Informationen mit der Punktzahl korreliert – weniger der notierten Informationen im Test auch korrekt abgerufen, vgl. Abbildung 11.3. Der Unterschied zwischen Hand- und Tastaturschreiben erreichte jedoch nicht die statistische Signifikanz.

Deutlicher fällt der Unterschied paradoxerweise bei jenen *idea units* aus, die zuvor gar nicht aufgeschrieben wurden. Es wurden deutlich mehr der nicht notierten Informationen im Test trotzdem korrekt abgerufen, wenn zuvor handschriftliche Notizen erstellt wurden. Nach dem Handschreiben wurden also mehr von den Informationen erinnert, die gar nicht aufgeschrieben wurden, was auf eine höhere kognitive Aktivierung oder eine tiefere Verarbeitung durch Elaboration während des Handschreibens hindeutet. Dies stützt auch die in Kapitel 5 aus dem Modell epistemischen Schreibens abgeleitete Vermutung, dass durch die aus Zeitgründen ‚erzwungene' Formulierung in eigenen Worten die Phasen der konzeptuellen Verarbeitung (Interpretation, Selektion, Organisation, Elaboration und ggf. Generierung) und der Verbalisierung (sprachliche Enkodierung, rhetorische Abstimmung und mentale Simulation) fast vollständig durchlaufen werden müssen, was zu einer tieferen Verarbeitung führt. Dagegen können die aufgenommenen Informationen beim wörtlichen Mitschreiben einfach Wort für Wort übernommen werden, was keine kognitive Verarbeitung durch Konzeptualisierung und Verbalisierung voraussetzt. Es kann natürlich trotzdem sein, dass man diese Verarbeitungsschritte vornimmt, aber es muss nicht unbedingt sein und kann zu einer weniger tiefen Verarbeitung der Informationen führen. Wenn mehr der nicht notierten Informationen beim Handschreiben erinnert werden, wurden manche Informationen (vielleicht wegen fehlender Zeit beim langsameren Handschreiben) zwar nicht aufgeschrieben, aber möglicherweise trotzdem durch Konzeptualisierung und innere Verbalisierung kognitiv verarbeitet. Auch, wenn die Informationen dann aus Zeitgründen doch nicht aufgeschrieben wurden, kam es zur kognitiven Auseinandersetzung mit den Inhalten, was vertieftes Lernen und Verstehen begünstigt haben könnte.

Da in den meisten Studien, in denen Unterschiede nach hand- versus tastaturgeschriebenen Notizen auf die Gedächtnisleistung untersucht werden, keine Kontrolle der hand- und tastaturschriftlichen Transkriptionsflüssigkeit erfolgte, muss an dieser Stelle noch einmal hervorgehoben werden, dass die Transkriptionsflüssigkeit in dieser Untersuchung deutlich mit der Menge notierter Informationen korreliert. Umso flüssiger Jugendliche also mit der Hand schreiben können, desto mehr Informationen notieren sie sich – und wie sich gezeigt hat, ist die Menge notierter Informationen der wichtigste Prädiktor der Gedächtnisleistung.

Wenn man sich nun vor Augen hält, dass in der hier untersuchten Stichprobe kaum jemand mit 10 Fingern schreiben kann und ein großer Teil der Versuchspersonen mit zwei Fingern tippt, ist es möglich, dass der Nachteil in der Gedächtnisleistung nach tastaturschriftlichen Notizen auf eine geringere Automatisierung und geringere Transkriptionsflüssigkeit beim Tippen zurückzuführen ist. Im Unterschied zu Morehead et al. (2019), die keine Korrelation zwischen der Transkriptionsflüssigkeit beim Tippen und der Punktzahl gefunden haben, korrelierten Hand- und Tastaturtranskriptionsflüssigkeit in der vorliegenden Studie moderat positiv mit der Punktzahl im Teil des Gedächtnistests, zu welchem im entsprechenden Schreibmodus Notizen angefertigt wurden.

Um die Transkriptionsflüssigkeit in der Stichprobe mit der Gesamtpopulation der Altersgruppe in Beziehung setzen zu können, fehlt es jedoch an Daten. Daher ist es für die weitere Untersuchung des Einflusses des Schreibmodus auf den Gedächtnisbehalt wichtig, die Transkriptionsflüssigkeit in der Stichprobe zu kontrollieren. Natürlich bedeutet die Korrelation der Transkriptionsflüssigkeit mit der Testleistung und der Menge notierter Informationen nicht automatisch, dass ein kausales Verhältnis besteht. Zudem schrieben die Versuchspersonen auf der Tastatur deutlich schneller als mit der Hand, was ein Hinweis ist, dass der Automatisierungsgrad beim Tippen nicht extrem gering ist. Außerdem hat sich gezeigt, dass der Unterschied im Gedächtnisbehalt vor allem bei jenen Informationen auftrat, die gar nicht aufgeschrieben wurden, was eher dagegen spricht, dass die Transkriptionsflüssigkeit hier eine größere Rolle gespielt hat. Ideal wäre es dennoch, Schreibende mit niedriger und Schreibende mit höherer Transkriptionsflüssigkeit bezüglich des Gedächtnisbehalts nach hand- und tastaturgeschriebenen Notizen gegenüberzustellen. So könnte ausgeschlossen werden, dass gefundene Unterschiede nur auf Unterschiede in der Transkriptionsflüssigkeit in den beiden Schreibmodalitäten zurückzuführen sind. Ein wichtiges Forschungsdesiderat ist also die Frage, ob der Vorteil nach handschriftlichen Notizen auch dann vorliegt, wenn die Versuchspersonen eine hohe Tastaturtranskriptionsflüssigkeit aufweisen.

Außerdem fiel auf, dass die Handtranskriptionsflüssigkeit stark mit der Menge tastaturgeschriebener *idea units* korreliert ($r = .58$, $p < .001$), die Tastaturtranskriptionsflüssigkeit hingegen nur schwach und statistisch nicht signifikant mit der Menge handschriftlich notierter *idea units* ($r = .26$, $p = .09$). Das gleiche Muster zeigte sich beispielsweise auch bei der Korrelationsanalyse der Transkriptionsflüssigkeit mit der Punktzahl im Test. Zusammen mit dem Befund, dass nach handschriftlichen Notizen mehr der zuvor nicht notierten Informationen abgerufen wurden, weisen diese Auffälligkeiten auf eine größere Förderung anderer kognitiver Prozesse durch das Handschreiben hin. Dies deckt sich mit der Annahme größerer Förderung der Feinmotorik durch Handschreiben, was wiederum Einfluss auf die Entwicklung kognitiver Funktionen haben könnte (vgl. Kiefer & Spitzer, 2023; Abschnitt 6.3). Ebenso liefern mehrere neurowissenschaftliche Studien (vgl. z. B. Askvijk et al., 2020; Abschnitt 6.4) Hinweise auf höhere lernbezogene Aktivierungen beim Handschreiben. Weil die Transkriptionsflüssigkeit in den betreffenden Studien nicht kontrolliert wurde, ist jedoch nicht klar, ob die Förderung kognitiver Aktivitäten möglicherweise nur deshalb beim Handschreiben höher war, weil die Transkriptionsflüssigkeit und Automatisierung beim Handschreiben größer war als beim Tippen. Eine geringere Automatisierung könnte sich auch in geringerer Arbeitsgedächtniskapazität und weniger Ressourcen für die kognitive Verarbeitung niederschlagen (vgl. z. B. Peverly et al., 2007).

Bei der Untersuchung der ersten Forschungsfrage fiel auf, dass die meisten Variablen beim Handschreiben schreibmodusübergreifend hoch mit ihrem Pendant beim Tastaturschreiben korrelieren. Beispielsweise notierten die Versuchspersonen umso mehr Informationen mit der Hand, desto mehr sie auch beim Tippen notierten. Solche Schreibprofile sind ein Hinweis darauf, dass nicht nur der Notierprozess, sondern auch personenbezogene Variablen Einfluss auf die Qualität der Notizen und auf den Gedächtnisbehalt haben. Mithilfe einer schrittweisen multiplen Regressionsanalyse konnte ein Modell mit hoher Anpassungsgüte aufgestellt werden, das aufzeigt, welche der erhobenen Variablen besonders bedeutsam für die Gedächtnisleistung im Test waren.

Die Anzahl der notierten *idea units*, der Schreibmodus, das Geschlecht und das Alter konnten mit hoher Anpassungsgüte 43 Prozent der Gesamtvarianz der Punktzahl im Gedächtnistest erklären. Besonders relevant war die Menge notierter Informationen für die Gedächtnisleistung. Gemeinsam mit den Ergebnissen der Korrelationsanalysen, die ergaben, dass eine geringere *note-taking efficiency* und wörtlicheres Mitschreiben mit einer geringeren Punktzahl im Gedächtnistest einhergehen, ist dies ein weiterer deutlicher Hinweis darauf, dass das Training effizienten Notierens einen festen Platz im schulischen Unterricht verdient hat.

Um Schülerinnen und Schüler optimal auf das Mitschreiben bei Vorlesungen, im Unterricht oder auf ähnliche Herausforderungen im beruflichen Leben vorzubereiten, ist es sinnvoll, ein effizientes Notieren im Deutsch- und Fachunterricht gezielt zu trainieren.

Auch Alter und Geschlecht waren relevante personenbezogene Prädiktoren der Punktzahl im Gedächtnistest. So erreichten beispielsweise männliche Teilnehmer durchschnittlich eine höhere Punktzahl als weibliche. Diese Erkenntnis ist im Hinblick auf das methodische Design bisheriger Studien relevant. So nahmen an der Untersuchung von Morehead et al. (2019) über 75 % weibliche Studierende, bei Horbury und Edmonds 100 % männliche Schüler teil, was die Testergebnisse verzerrt haben könnte.

Die anderen erhobenen Schreibprozessvariablen, wie die Wörtlichkeit oder die *note-taking efficiency*, wurden bei der schrittweisen multiplen linearen Regressionsanalyse nicht in das Modell aufgenommen, obwohl Korrelationsanalysen einen Zusammenhang zur Punktzahl zeigten. Dennoch sollten diese, die gemeinsam mit der Anzahl notierter *idea units* Variablen der Qualität der Notizen sind, in ihrer Bedeutung für erfolgreiches Lernen durch Notizen nicht vernachlässigt und weiter untersucht werden. Denn eine höhere *note-taking efficiency* und das Formulieren in eigenen Worten könnten dazu führen, dass mehr Informationen notiert und kognitiv verarbeitet werden.

Laut Regressionsmodell beeinflusste auch der Schreibmodus die Gedächtnisleistung in der Stichprobe. Auch, wenn die Effektgröße im hier durchgeführten Gedächtnistest klein bis moderat war, sollte dieses Ergebnis nicht übersehen werden. Insbesondere vor dem Hintergrund der Diskussion, ob im schulischen Unterricht, bei Hausaufgaben und im Alltag nur noch auf der Tastatur geschrieben werden sollte, muss betont werden, dass die langfristigen Auswirkungen auf das Lernen noch viel größer sein könnten. Hier wurde ein Test nach nur sieben Tagen durchgeführt. Wenn jedoch viele oder sämtliche Inhalte über Jahre hinweg ausschließlich mit der Tastatur aufgeschrieben werden, könnte sich das negativ auf Lernprozesse und -ergebnisse auswirken. Zur Beurteilung langfristiger Folgen bedarf es daher sorgfältiger Langzeituntersuchungen. Auch eine Replikation der Untersuchung unter Einbezug der Transkriptionsflüssigkeit zu zwei Testzeitpunkten, wie bei Mueller und Oppenheimer (2014) oder Morehead et al. (2019) wäre aufschlussreich, um den Einfluss des Testzeitpunkts genauer zu untersuchen.

Abgesehen davon eröffnen die Ergebnisse noch weitere Forschungsfragen für zukünftige Untersuchungen:

Eine methodische Überlegung bezieht sich auf die Enkodierspezifität (vgl. Abschnitt 3.3). In zahlreichen Untersuchungen konnte gezeigt werden, dass Gedächtnisinhalte erfolgreicher abgerufen werden, wenn die Abrufsituation der

Enkodiersituation entspricht. Wenn also bei der Enkodierung einer Information mit der Hand geschrieben wurde und der Gedächtnistest auf der Computertastatur absolviert wird, könnten die Abrufleistungen schlechter sein als beim handschriftlichen Gedächtnistest – und umgekehrt. Die Enkodierspezifität scheint interessanterweise beim freien Abruf relevant zu sein, bei der Wiedererkennung in MC-Fragen hingegen kaum (vgl. Engelkamp, 2016; Kobayashi, 2005). In der vorliegenden Untersuchung wurde der Gedächtnistest am Laptop durchgeführt und die Antworten wurden dementsprechend getippt. Für den Testteil, in dem mit der Hand mitgeschrieben wurde, bedeutet das eine Inkongruenz zwischen Enkodier- und Abrufsituation. Daraus folgt, dass die Ergebnisse durch die Kongruenz beim Tastaturschreiben (bzw. die Inkongruenz beim Handschreiben) möglicherweise zugunsten des Tastaturschreibens verzerrt wurden, sodass der Unterschied kleiner ausfiel, als er wirklich war. Aber werden Inhalte nach handgeschriebenen Notizen wirklich besser abgerufen, wenn beim Abruf mit der Hand geschrieben wird, als wenn auf der Tastatur getippt wird? Eine weitere Untersuchung der Enkodierspezifität beim Schreibmodus wäre sicher aufschlussreich.

Aufgrund zunehmender Digitalisierungsbestrebungen im Klassenzimmer gewinnt auch das Tablet mit digitalem Stift als Schreibwerkzeug an Relevanz. Sehr interessant wäre daher eine Untersuchung mit mehreren Schreibmodalitäten (Hand, Tastatur, Tablet). Beim Schreiben auf dem Tablet ist die graphomotorische Realisierung sehr ähnlich wie beim Handschreiben auf Papier, aber in einigen Studien zeigten sich dennoch Unterschiede beim Schreib- und Leseerwerb (vgl. z. B. Mayer et al., 2020). Daher wäre ein Einbezug des digitalen Handschreibens sehr interessant. Da in der vorliegenden Arbeit ein Within-Subjects-Design gewählt wurde, hätte eine dritte Schreibmodalität den zeitlichen Rahmen der Sitzungen jedoch gesprengt. Möglich wäre es jedoch, in einem weiteren Experiment das handschriftliche Notieren auf Papier vs. Tablet gegenüberzustellen.

Die Ergebnisse stützen insgesamt das Modell epistemischen Schreibens, das einen Vorteil handgeschriebener Notizen beim Wissenserwerb annimmt. Die klassischen Schreibmodelle, beispielsweise von Hayes (2012) oder Flower und Hayes (1989) lassen Auswirkungen des Schreibwerkzeugs auf den Schreibprozess frühestens in der Phase der graphemischen Enkodierung, meist aber erst in der graphomotorischen Realisierung, zu, andere kognitive Prozesse bleiben davon eher unberührt (vgl. Kapitel 2). Diese Darstellung macht es jedoch schwierig, Auswirkungen des Schreibmodus auf Lernprozesse zu erklären. Das Modell epistemischen Schreibens geht hingegen davon aus, dass durch die unterschiedliche Wahrnehmung und durch unterschiedliche Schreibgeschwindigkeiten der Schreibinstrumente sowohl die Schreibhandlung als auch die Kognition beeinflusst werden. Die Ergebnisse zeigen tatsächlich teils große Unterschiede in der

Quantität und Qualität der Notizen und auch der Notierprozess selbst weist eine unterschiedliche Pause-Burst-Struktur auf. Beim Abruf nach einer Woche fanden sich je nach Schreibmodus unterschiedliche Gedächtnisleistungen, sodass die Ergebnisse die Annahme stützen, dass die zugrundeliegenden kognitiven Prozesse auch vom Schreibmodus und dem dafür charakteristischen Schreibprozess abhängen. Insbesondere dann, wenn nichts aufgeschrieben wurde, zeigten sich Unterschiede in der Abrufleistung, was einen Hinweis dafür liefert, dass schon die mentale Simulation oder kognitive Verarbeitung beim Hand- und Tastaturschreiben unterschiedlich ist. Vielleicht ist die Verarbeitung durch Konzeptualisierung und Verbalisierung, die in eine mentale Simulation mündet, beim Handschreiben gründlicher oder es liegt mehr Aufmerksamkeit auf dem Verarbeitungsprozess. Während die Interpretation beim Hand- und Tastaturschreiben vermutlich noch recht ähnlich verläuft, zeigen die Beobachtungen des Notierprozesses, dass beim Handschreiben weniger *idea units* selektiert werden – zumindest werden weniger *idea units* aufgeschrieben. Es ist ferner möglich, dass beim schnelleren Tastaturschreiben eine weniger gründliche Organisation und Elaboration stattfindet. Das schnellere Schreiben ermöglicht eine wörtliche Übernahme der Information (was sich in dieser Stichprobe beim Tastaturschreiben auch bestätigt hat), sodass weitere mühevolle Verarbeitungsprozesse nicht zwingend notwendig sind. Beim langsameren Handschreiben muss der Inhalt so organisiert werden, dass er effizient, also in möglichst wenigen Worten, wiedergegeben wird. Dazu kann es hilfreich sein, die Information mit dem Vorwissen in Beziehung zu setzen, um durch einen kurzen Verweis darauf lange Erläuterungen einzusparen. Der größte Unterschied ergibt sich durch die größere Wörtlichkeit getippter Notizen jedoch bei der Verbalisierung, die beim wörtlichen Mitschreiben theoretisch teilweise ausgespart werden kann. Aus der wörtlich übernommenen Phrase muss dann nur noch ein graphemischer Plan erstellt werden, damit sie aufgeschrieben werden kann.

Es sind bezüglich des Einflusses der Transkriptionsflüssigkeit und langfristiger Auswirkungen des Schreibinstruments noch einige offene Fragen zu klären, weshalb hier keine voreiligen Schlüsse gezogen werden sollen. Da jedoch zahlreiche Studien inzwischen auf einen Lernvorteil durch Handschreiben hindeuten, sollte das Handschreiben nicht leichtfertig durch Tippen ersetzt werden, wie es mancherorts gefordert wird (vgl. Kepser, 2015).

Natürlich soll und kann auch das Tastaturschreiben nicht aus der Schule und dem Alltag der Jugendlichen verbannt werden. Durch die Lebensnähe und die Vielfalt der Textgenres birgt das Tastaturschreiben insbesondere im Kontext digitaler Schreibumgebungen große Potenziale für die Motivierung schwächerer, aber auch starker Schreibender. Eine sorgfältige Abwägung seitens der Lehrkraft ist notwendig, um zu entscheiden, welcher Schreibmodus zur Erreichung des konkreten Unterrichtsziels vorteilhaft ist. Während das Handschreiben für das Lernen fachlicher Inhalte und beim Notieren vorteilhaft sein könnte, ist der Einsatz und das gezielte Training des Tastaturschreibens für den gegenwärtigen Alltag und den zukünftigen Berufsweg der Schülerinnen und Schüler sehr wichtig. Beispielsweise könnte das Tastaturschreiben beim Schreiben einer Bewerbung eingesetzt werden. Auch für die Schreibmotivierung und für die Förderung schwächerer Schreibender (vgl. Berninger et al., 2009) halten digitale Schreibumgebungen zahlreiche Möglichkeiten bereit. Die Wahl des Schreibwerkzeugs kann daher auch im Sinne der Binnendifferenzierung vom einzelnen Lernenden abhängig gemacht werden, zumindest, wenn die technischen Voraussetzungen im Klassenraum erfüllt sind.

Teil III
Zusammenfassung und didaktisches Fazit

Zusammenfassung 12

Im Alltag vieler Menschen wird das Handschreiben zunehmend vom Schreiben auf der Tastatur abgelöst. Der Brief ist aus der Mode gekommen und wird von E-Mails, Messengerdiensten und der Kommunikation in sozialen Netzwerken verdrängt. Die digitale Kommunikation weist viele Vorteile auf, ist sie doch schneller, günstiger und weniger aufwendig. Kalendereinträge und Notizen werden auf Smartphones vorgenommen. Im Meeting auf Arbeit oder im schulischen und akademischen Bereich schreibt man immer häufiger auf dem Laptop oder Tablet mit. Vor diesem Hintergrund wurde immer wieder die Forderung laut, das Handschreiben auch in der Schule zu reduzieren oder seine Vermittlung sogar ganz einzustampfen (vgl. Kepser, 2015). Brauchen Kinder und Jugendliche heutzutage überhaupt noch die Fähigkeit, mit der Hand schreiben zu können? Der handschriftliche Schreiberwerb nimmt immerhin viele Jahre und viele Unterrichtsstunden in Anspruch. Diese Zeit könnte man vielleicht besser für andere Lerngegenstände verwenden. Tastaturgeschriebene Texte sind oft länger, werden schneller geschrieben und scheinen qualitativ nicht hinter handgeschriebenen Texten zurückzustehen. Digitale Schreibumgebungen sind für die Schülerinnen und Schüler lebensnah und motivierend und bieten vielfältige Möglichkeiten des kollaborativen Schreibens. Sie können leichter überarbeitet werden, sind gut lesbar und nebenbei spart man umweltfreundlicherweise auch noch Papier. Was spricht also dagegen, das Handschreiben durch Tastaturschreiben zu ersetzen?

Leider scheint es nicht so einfach zu sein. Handschreiben und Tippen zeigen einige fundamentale Unterschiede bezüglich der Schreibgeschwindigkeit, der Aufmerksamkeitsfokussierung und der Ausführung der Schreibbewegung. Aus Sicht der *Embodied Cognition* könnte das Handschreiben aufgrund seiner größeren sensomotorischen Komplexität für kognitive Prozesse beim Schreiben und

E. F. Stephan, *Hand- und tastaturschriftliche Notizen*,
https://doi.org/10.1007/978-3-658-53317-5_12

Lernen vorteilhaft sein. Zudem legen einige Studien und auch die hier beschriebene Untersuchung nahe, dass manche Lernprozesse und Fähigkeiten durch das Handschreiben besser gefördert werden als durch Tippen.

In der vorliegenden Arbeit wurden zunächst einige Theorien und Studien besprochen, die für die Untersuchung schreibmodusspezifischer Unterschiede im Lern- und Schreibprozess relevant sind.

Die in **Kapitel 2** beschriebenen Schreibprozessmodelle stellen vorrangig den Prozess der freien Textproduktion dar, wobei es meist um Planungs-, Verbalisierungs- und Überarbeitungsprozesse geht. Beim epistemischen Schreiben wird jedoch nicht immer ein freier Text produziert. Beim Erstellen von Mitschriften zu einem Vortrag beispielsweise können Informationen mit dem Ziel aufgeschrieben werden, sie zu lernen. Die bisherigen Schreibprozessmodelle können solche Prozesse des Lernens durch Schreiben nicht modellieren, da sie die Informationsverarbeitung und Lernprozesse in der Regel kaum berücksichtigen.

In **Kapitel 3** wurden wichtige Theorien zum Gedächtnis referiert und die Unterscheidung verschiedener Gedächtnisarten besprochen. Die Gedächtnisprozesse der Enkodierung, der Konsolidierung, des Abrufs und des Vergessens sind für die vorliegende Untersuchung zentral. Außerdem wurde herausgestellt, inwiefern Gedächtnisprozesse durch Schreiben unterstützt werden können: Um Informationen aufzuschreiben, werden sie zuvor selektiert und organisiert und die Schreibhandlung stellt einen erneuten Abruf dar, wodurch die Verfestigung der Inhalte gefördert wird. Wenn man sich später an die aufgeschriebene Information erinnern möchte, liegen gegenüber einem Nichtaufschreiben mehr Hinweisreize zur Enkodiersituation vor, als wenn man nichts aufgeschrieben hätte (Enkodierspezifität).

Die in **Kapitel 4** eingeführte *Embodied Cognition*-Theorie (zu dt. ‚verkörperte Kognition') macht zudem darauf aufmerksam, dass sensomotorische Unterschiede der Schreibinstrumente die kognitive Verarbeitung beeinflussen könnten. Zahlreiche empirische Arbeiten belegen eine enge Interaktion von Wahrnehmung, Kognition und Handlung. Beispielsweise sind offenbar sensomotorische Bereiche im Gehirn aktiviert, wenn man eine Handlung wahrnimmt, aber nicht ausführt. Durch das reichere sensomotorische Feedback des Handschreibens könnten mehr Informationen im Gedächtnis bleiben als beim Tippen.

In **Kapitel 5** wird auf der Basis der vorangegangenen Überlegungen ein Modell entwickelt, das erstmals die Informationsverarbeitung beim epistemischen Schreiben modelliert. Es kombiniert zentrale Gedächtnisprozesse mit Prozessen der Verbalisierung. Unter der Annahme, dass bewusste Informationsverarbeitungsprozesse in der Regel auch ohne anschließendes Aufschreiben auf einer zumindest innerlichen Verbalisierung beruhen, wird damit nicht nur das epistemische Schreiben modelliert, sondern allgemein Prozesse der Informationsverarbeitung. Das Modell geht von einer Interaktion von Wahrnehmung, Kognition und Schreibhandlung aus, sodass eine unterschiedliche Schreibhandlung und die verschiedene Wahrnehmung der Schreibhandlung zu Unterschieden in der kognitiven Verarbeitung führen kann. Dass beim Handschreiben mehr Zeit für die Verschriftung benötigt wird und eine komplexere Schreibbewegung vorgenommen wird, könnte einerseits zu Unterschieden im Schreibprozess und andererseits zu einer tieferen Verarbeitung und einem höheren Gedächtnisbehalt führen, weil mehr Zeit zur Verarbeitung einer Information bleibt. Auch das weniger wörtliche Notieren beim Handschreiben kann zur Folge haben, dass die Konzeptualisierungs- und Verbalisierungsprozesse gründlicher durchlaufen werden als beim Tippen. Somit ist es möglich, dass durch unterschiedliche Schreibinstrumente beim Notieren auch unterschiedliche Lernerfolge zustande kommen.

Bei der Sichtung bisheriger Forschungsarbeiten zum Hand- und Tastaturschreiben in **Kapitel 6** zeigte sich, dass das Schreiben auf der Tastatur meist eine größere Geschwindigkeit aufweist, zu längeren Texten führt und mit anderen Hirnaktivitäten einhergeht als das Handschreiben. Ob es Unterschiede in der Textqualität gibt, ist bislang nicht geklärt. Einige Studien weisen auf einen Vorteil des Handschreibens für andere kognitive Prozesse und Fähigkeiten hin, unter anderem für die Feinmotorik und für Lernprozesse beim Schreib- und Leseerwerb. Beim Lernen von Wortlisten und beim Gedächtnisbehalt nach Notizen sind die Ergebnisse jedoch recht heterogen. Einige Untersuchungen ergaben einen besseren Gedächtnisbehalt nach handschriftlichen Notizen, teilweise wird gar kein Lernunterschied gefunden oder – jedoch seltener – ein Vorteil des Tastaturschreibens. Eine mögliche Erklärung dafür sind uneinheitliche Untersuchungsmethoden. Mal wurde der Gedächtnistest nach einer Woche vorgenommen, mal nach zwei Tagen, und oftmals sogar direkt nach dem Notieren. Manchmal wurden offene Fragen verwendet, die einen Abruf der Information verlangen, ein andermal Multiple Choice-Fragen, die durch Wiedererkennung beantwortet werden können.

Aus den Vorhersagen des Modells epistemischen Schreibens und der Auseinandersetzung mit dem Forschungsstand ergaben sich drei Forschungsfragen für die in **Teil II** beschriebene Untersuchung:

1. Welche Unterschiede gibt es zwischen hand- und tastaturschriftlichem Notieren Jugendlicher?
2. Gibt es einen schreibmodusspezifischen Unterschied in der Gedächtnisleistung Jugendlicher nach dem Anfertigen von Notizen?

3. Welchen Einfluss hat die Anfertigung von Notizen auf die Gedächtnisleistung Jugendlicher?

In einem Within-Subjects-Design wurden 45 Schülerinnen und Schüler im Alter von 14 bis 17 Jahren gebeten, sich hand- und tastaturschriftlich Notizen zu einem Vortrag anzufertigen. Der Notierprozess wurde durch die Messung zahlreicher Variablen operationalisiert. Neben der Wörtlichkeit, der Zahl notierter Wörter und Informationen und der *note-taking efficiency* (Wortzahl pro Information) wurde erstmals auch die Pause-Burst-Struktur von handgeschriebenen und getippten Notizen verglichen. Außerdem wurde die handschriftliche und tastaturschriftliche Transkriptionsflüssigkeit und der allgemeine Sprachstand gemessen.

Nach sieben Tagen beantworteten die Versuchspersonen in einem Gedächtnistest fakten- und konzeptionell-anwendungsbezogene Fragen, die teilweise im Multiple Choice-Format und zum anderen Teil im offenen Format gestellt wurden.

Im Folgenden werden die wichtigsten Ergebnisse jeder Forschungsfrage kurz zusammengefasst und eingeordnet:

1. Es zeigte sich, dass in getippten Notizen mehr Wörter und geringfügig mehr Informationen aufgeschrieben wurden, was mit einer geringeren *note-taking efficiency* und wörtlicherem Mitschreiben einhergeht. Diese Ergebnisse decken sich im Großen und Ganzen mit den Ergebnissen bisheriger Forschungsarbeiten. Obwohl das Mitschreiben zu einem Vortrag keine freie Textproduktion darstellt, weisen die Pause-Burst-Profile der Schreibmodalitäten interessante Unterschiede auf. Beim Tastaturschreiben werden kürzere Pausen gemacht, mehr Wörter pro Burst geschrieben und der Burstanteil am gesamten Notierprozess ist größer als beim Handschreiben. Die Burstdauern waren in beiden Schreibmodalitäten vergleichbar, was vermutlich an dem Mitschreibformat liegt.
2. Wurden die Notizen handschriftlich angefertigt, so erreichten die Versuchspersonen durchschnittlich eine höhere Punktzahl im Gedächtnistest nach 7 Tagen. Dass nach handschriftlichen Notizen auch im hier gewählten Within-Subjects-Design beim Abruf eine bessere Gedächtnisleistung vorlag, bestätigt die Annahmen des Modells epistemischen Schreibens und der *Embodied Cognition*-Theorien. Anders als bei Mueller und Oppenheimer (2014) oder Morehead et al. (2019) zeigte sich der Vorteil handgeschriebener Notizen sowohl bei konzeptionellen als auch bei faktenbezogenen Fragen. Erstmals wurde in dieser Erhebung auch der Unterschied zwischen Wiedererkennung

und Abruf systematisch untersucht. Interessanterweise gab es nur einen Unterschied in der Gedächtnisleistung nach hand- versus tastaturgeschriebenen Notizen, wenn durch offene Fragestellungen ein Abruf vorgenommen wurde. In Wiedererkennungsfragen im MC-Format gab es hingegen keinen Unterschied im Gedächtnisbehalt. Diese Beobachtung stützt die Annahme des Modells epistemischen Schreibens, dass es beim Handschreiben zu einer tieferen Informationsverarbeitung kommen kann, denn für einen Abruf müssen die Informationen tiefer verarbeitet sein als für die wesentlich einfachere Wiedererkennung (vgl. Abschnitt 3.3.3).

3. Die gemessenen Variablen des Notierprozesses weisen Zusammenhänge mit der Gedächtnisleistung auf. Die Zahl der notierten Informationen, die *note-taking efficiency*, die Transkriptionsflüssigkeit, die Burstdauer und der Burstanteil am Schreibprozess korrelierten positiv mit der Punktzahl im Gedächtnistest, während die Punktzahl umso geringer war, desto wörtlicher mitgeschrieben wurde. Mittels schrittweiser multipler linearer Regressionsanalyse wurden die Anzahl notierter Informationen, der Schreibmodus, das Alter und das Geschlecht als wichtige Prädiktoren der Gedächtnisleistung herauskristallisiert.

Interessant war die Beobachtung, dass nach getippten Mitschriften trotz der größeren Wortzahl und der etwas größeren Zahl notierter Informationen (insignifikant) weniger der zuvor aufgeschriebenen Informationen im Test abgerufen werden konnten. Noch auffälliger war, dass nach tastaturgeschriebenen Notizen deutlich weniger derjenigen Informationen abgerufen wurden, die zuvor gar nicht notiert wurden. Möglicherweise wurden beim Handschreiben einige Informationen aus Zeitgründen nicht aufgeschrieben, aber gemäß den Vorhersagen des Modells epistemischen Schreibens durch eine dennoch ablaufende, tiefere konzeptuelle Verarbeitung und innere Verbalisierung in eigenen Worten besser behalten. Beim Tastaturschreiben hingegen besteht beim wörtlichen Mitschreiben die Möglichkeit, dass Verarbeitungs- und Verbalisierungsprozesse weniger gründlich durchlaufen oder sogar ganz ausgelassen werden, wodurch die Konsolidierung nicht im gleichen Maße gefördert wird wie beim Handschreiben.

Bisherige Untersuchungen wurden meist an Stichproben mit erwachsenen Versuchspersonen, selten auch mit Grundschulkindern vorgenommen. Da jedoch nicht auszuschließen ist, dass Schreib- und Lernprozesse bei Kindern, Jugendlichen und Erwachsenen durch die fortschreitende Kompetenz und Reifung der Kognition und durch Unterschiede in der digitalen Sozialisierung unterschiedlich verlaufen, füllt die vorliegende Studie eine wichtige Leerstelle, um wissenschaftlich fundiert Schlüsse für den Einsatz des Hand- und Tastaturschreibens im schulischen Unterricht zu ziehen. Die Untersuchung konnte auch bei Jugendlichen einen Vorteil handgeschriebener Notizen für das Lernen bestätigen.

Für die Interpretation der Ergebnisse müssen allerdings einige Grenzen aufgezeigt werden. Zum einen könnte der Nachteil der getippten Notizen damit zusammenhängen, dass die Jugendlichen in der Stichprobe nicht ausreichend automatisiert tastaturschreiben können. (Allerdings weist der Befund, dass vor allem bei den nicht notierten Informationen ein Vorteil handschriftlicher Notizen gefunden wurde, eher in eine andere Richtung.) Es gilt abzuwarten, ob weitere Untersuchungen in größeren Stichproben Jugendlicher und unter Kontrolle der Transkriptionsflüssigkeit und der Abrufart den Vorteil handgeschriebener Notizen bestätigen können. Für den Unterricht relevant wäre ferner eine Untersuchung unter Einbezug des Handschreibens auf Tablets und des Tastaturschreibens auf digitalen Tastaturen, da auch hier andere Wirkungen auf Lernprozesse möglich sind (vgl. Mayer et al., 2020).

13 Didaktisches Fazit: Konsequenzen für das schulische Schreiben

Trotz dieser Unklarheiten ergeben sich aus den theoretischen und empirischen Untersuchungen wertvolle Überlegungen für den Deutsch- und Fachunterricht (vgl. Tabelle 13.1).

Erstens folgt aus positiven Zusammenhängen der Transkriptionsflüssigkeit mit der Zahl notierter Informationen und mit der Gedächtnisleistung, dass ein Training der Transkriptionsflüssigkeit beim Hand- und Tastaturschreiben im Rahmen des schulischen Unterrichts und auch in den höheren Klassenstufen empfehlenswert ist. Dass eine höhere Transkriptionsflüssigkeit in beiden Schreibmodalitäten mit mehr notierten Inhalten, einer höheren Textqualität, einer besseren Gedächtnisleistung, höherer Schreibkompetenz und sogar mit einer besseren schulischen Leistung einhergeht (vgl. Santangelo & Graham, 2015; Graham et al., 2000; Feng et al., 2019), ist aus pädagogischer Sicht eine wichtige Erkenntnis. Außerdem korrelieren die Hand- und Tastaturtranskriptionsflüssigkeit in einigen Untersuchungen miteinander (vgl. Feng et al., 2019).

Sowohl beim Handschreiben als auch beim Tastaturschreiben wurde in der jüngeren Vergangenheit immer wieder von einer geringen Transkriptionsflüssigkeit unter Kindern und Jugendlichen berichtet (z. B. Marquardt et al., 2016). Auch in der vorliegenden Stichprobe gaben die meisten Jugendlichen an, sich das Tastaturschreiben selbst beigebracht zu haben und nur wenige konnten mit zehn Fingern schreiben.

Ein gezieltes Training der Hand- und Tastaturtranskriptionsflüssigkeit im Rahmen des schulischen Unterrichts ist daher auch jenseits der Grundschule angezeigt, um den Weg zu schulischen Erfolgen zu ebnen.

E. F. Stephan, *Hand- und tastaturschriftliche Notizen*,
https://doi.org/10.1007/978-3-658-53317-5_13

Zweitens wurde durch eine hohe Korrelation der Menge notierter Informationen mit der Gedächtnisleistung bestätigt, dass Notizen die Informationsverarbeitung und den Gedächtnisbehalt verbessern können. Zum gleichen Ergebnis kamen z. B. auch Peverly et al. (2007). Auch Kobayashi (2005) stellt heraus, dass die Anfertigung gegenüber der bloßen Wahrnehmung von Informationen ohne Notizen einen höheren Enkodiereffekt erzielt (vgl. Abschnitt 3.4.1)

Drittens hat sich gezeigt, dass der Notierprozess hochkomplex ist, da hier zeitgleich neue Informationen verarbeitet werden und Verbalisierungsprozesse ablaufen (vgl. Kapitel 5). Die Formulierung in eigenen Worten, das möglichst effiziente Notieren in wenigen Worten (*note-taking efficiency*) und die Selektion und Organisation von Notizen können gezielt trainiert werden. Damit kann den Kindern und Jugendlichen nicht nur der herausfordernde Notierprozess erleichtert werden, sondern es können auch bessere Lernerfolge erzielt werden: Interventionen für ein effizienteres Notieren führen (vor allem bei schwächeren Lernenden) nicht nur zu einer höheren Qualität der Notizen, sondern auch zu einem größeren Lernerfolg (vgl. Kobayashi, 2005). Auch das Einüben von Textprozeduren kann helfen, das Notieren in eigenen Worten zu fördern. Angesichts der Tatsache, dass das Notieren eine in Schule und Universität häufig anzutreffende Form des epistemischen Schreibens ist, sollte dem Einüben effizienten Notierens im Deutschunterricht ein höherer Stellenwert zukommen.

Gedächtnispsychologische Untersuchungen zur Enkodierspezifität haben viertens zahlreiche Belege dafür geliefert, dass der Gedächtnisbehalt höher ist, wenn die Abrufsituation (z. B. im Test oder in der Klausur) der Enkodiersituation (z. B. der Notier- oder Lernsituation) ähnelt, zumindest bei offenen Frageformaten (vgl. Abschnitt 3.3.3). Umgekehrt kann eine Inkongruenz von Abruf- und Enkodiersituation die Gedächtnisleistung verringern. Daher ist es generell, aber auch bezüglich des Schreibmediums ratsam, in Prüfungen eine möglichst hohe Kongruenz zwischen Lern- und Abrufsituation herzustellen. Ebenso ist es empfehlenswert, vor schriftlichen Prüfungen zum Beispiel durch wiederholtes Aufschreiben der Lerninhalte zu lernen. Vor mündlichen Prüfungen empfiehlt es sich aus dem gleichen Grund, die Inhalte nicht nur zu lesen, sondern auch mündlich zu verbalisieren.

Für einen reflektierten und zielorientierten Einsatz des Hand- und Tastaturschreibens werden im Folgenden einige Empfehlungen aus den vorangegangenen theoretischen und empirischen Überlegungen abgeleitet.

Während sich bezüglich der Textlänge, der Schreibgeschwindigkeit und der Überarbeitungsmöglichkeiten ein Vorteil des Tippens herausgestellt hat, scheint das Handschreiben vor allem in Lernprozessen förderlicher zu sein als das Schreiben auf der Tastatur. Beim elementaren Schreib- und Leseerwerb (vgl. z. B.

Tabelle 13.1 Übersicht der didaktischen Ableitungen

	Untersuchungsergebnisse	Didaktische Ableitung
1.	Korrelationen zwischen der Transkriptionsflüssigkeit und... – der Menge notierter Informationen (Forschungsfrage 1) – der Gedächtnisleistung (Forschungsfrage 3) – der schulischen Leistung, der Schreibkompetenz & der Textqualität (vgl. Santangelo & Graham, 2015; Graham et al., 2000; Feng et al., 2019)	Die Transkriptionsflüssigkeit sollte beim Hand- und Tastaturschreiben im Deutschunterricht trainiert werden.
2.	– die Menge notierter Informationen korreliert positiv mit der Gedächtnisleistung (vgl. Forschungsfrage 3 & Peverly et al., 2007) – Notizen führen zu besserer Enkodierung (vgl. Kobayashi, 2005)	Notizen können das fachliche Lernen und Verstehen steigern.
3.	– die *note-taking efficiency* korreliert positiv mit der Gedächtnisleistung (Forschungsfrage 3) und der Zahl notierter Informationen (Forschungsfrage 1) – Wörtlichkeit korreliert negativ mit der Gedächtnisleistung (Forschungsfrage 3 & Mueller & Oppenheimer, 2014)	Effizientes Notieren sollte im Deutschunterricht trainiert werden: – *note-taking efficiency* – Formulieren in eigenen Worten – Selektion & Organisation relevanter Informationen – Textprozeduren
4.	Der Abruf von Informationen gelingt umso besser, desto mehr die Abrufsituation der Enkodiersituation ähnelt (z. B. Godden & Baddeley, 1975)	Es sollte möglichst eine Kongruenz zwischen der Lern- und der Prüfungssituation hergestellt werden.

(Fortsetzung)

Tabelle 13.1 (Fortsetzung)

	Untersuchungsergebnisse	Didaktische Ableitung
5.	– Tastaturschreiben (bzw. digitales Schreiben) bringt Vorteile für Motivation, kollaboratives Schreiben und Peer-Feedback (vgl. Camacho, Alves & Boscolo, 2021; Williams & Beam, 2019), für die Textquantität & die Schreibgeschwindigkeit (Forschungsfrage 1 & z. B. Feng et al., 2019; Mueller & Oppenheimer, 2014) – Überarbeitungen sind leichter & schwächere Schreibende scheinen bei der Textqualität (Rechtschreibgenauigkeit/Korrektur) vom Tippen zu profitieren (vgl. Jung & Möller, 2021; Berninger et al., 2009)	Im Sinne der Binnendifferenzierung könnten besonders schwächere Schreibende, Lernende mit Deutsch als Zweitsprache oder Personen mit LRS durch digitale Schreibaktivitäten motiviert und gefördert werden. In tastaturschriftlichen Klausuren könnten größere Textmengen mit höherer Rechtschreibgenauigkeit entstehen.
6.	– Handschreiben ist vorteilhaft für Lernprozesse (Forschungsfrage 2 & z. B. Mueller & Oppenheimer, 2014; Mangen et al., 2015), im Schreib- & Leseerwerb (vgl. Mayer et al., 2020; Rapp & Wiley, 2021) und für die Entwicklung der Feinmotorik (vgl. Sulzenbrück et al., 2011) – lernrelevante Hirnaktivierungen beim Handschreiben, nicht beim Tippen (z. B. Ihara et al., 2021; Umejima et al., 2021) – höhere Hirnaktivierung beim Lesen handschriftlicher als beim Lesen getippter Wörter & Buchstaben (vgl. z. B. James & Engelhardt, 2012)	Das Handschreiben sollte in Lernsituationen wie bei Unterrichtsmitschriften, beim basalen Schreib- und Leseerwerb und beim Lernen von Vokabeln zum Einsatz kommen. Das Lesen handschriftlicher Texte könnte für die Lesekompetenz förderlich sein.
7.	– handschriftliches Schreiben auf Tablets führt in Untersuchungen zu geringeren Lernerfolgen als das Handschreiben auf Papier (vgl. Mayer et al., 2020; Alamargot & Morin, 2015; Gerth et al., 2016)	Das Handschreiben auf Tablets sollte das Handschreiben auf Papier nicht einfach ersetzen.

Mayer et al., 2020; Longcamp et al., 2008; Rapp & Wiley, 2021), beim Lernen von Wortlisten (vgl. z. B. Mangen et al., 2015), beim Lernen nach Notizen (vgl. Tabelle 6.1) und bei der Entwicklung der Feinmotorik führte das Handschreiben in vielen Studien zu besseren Ergebnissen als das Tastaturschreiben.

Selbst, wenn keine Lernunterschiede gefunden wurden, konnte in einigen Untersuchungen nachgewiesen werden, dass lernrelevante Hirnaktivierungen beim Handschreiben, aber nicht beim Tippen, auftreten (vgl. z. B. Ihara et al., 2021; Umejima et al., 2021; Askvik, van der Weel & van der Meer, 2020). Auch beim Lesen zeigte sich eine höhere Hirnaktivierung beim Lesen handgeschriebener als beim Lesen getippter Wörter und Buchstaben (vgl. z. B. James & Engelhardt, 2012; Longcamp et al., 2008, Askvik, van der Weel & van der Meer, 2020), sodass das Lesen handschriftlicher Texte und eigener handschriftlicher Notizen für die Entwicklung der Lesekompetenz förderlich sein könnte.

Trotz des sich abzeichnenden Vorteils handgeschriebener Notizen für das Lernen soll das Tastaturschreiben natürlich nicht vollständig aus dem Schulunterricht verbannt werden. Es ist mittlerweile schon ein so unverzichtbarer Bestandteil der alltäglichen Kommunikation und Arbeit, dass es weltfremd wäre, das Tippen nicht auch in den Schulunterricht zu integrieren, zumal es gegenüber dem Handschreiben mit einigen wertvollen Vorteilen glänzen kann.

Liegt der Fokus beispielsweise auf der Entwicklung der Textkompetenz oder der Schreibmotivation, bieten digitale Lernumgebungen vielfältige, lebensnahe und kollaborative Schreibformen, die durch Peer-Feedback zusätzlich lehrreich sein können. Und wenn für ein Praktikum eine Bewerbung geschrieben wird, so spricht nichts dagegen, diese auf der Tastatur zu verfassen, zumal Bewerbungen im beruflichen Alltag eigentlich fast immer auf dem Computer erstellt werden. Außerdem deutete sich in einigen Studien ein Vorteil getippter Texte für die Textqualität schwächerer Schreibender mit LRS an (z. B. Jung & Möller, 2021; Berninger et al., 2009).

Sollte das Handschreiben jedoch wirklich mit größeren Lernerfolgen und einer größeren Förderung kognitiver Fähigkeiten einhergehen, ist es ratsam, Mitschriften zu Lerninhalten und Vokabeln mit der Hand aufzuschreiben und dem Handschreiben einen großzügigen Platz im Unterricht vorzubehalten, wenn fachliche Inhalte gelernt werden.

Vorsicht ist geboten, wenn das Handschreiben auf Tablets in manchen (technisch gut ausgestatteten) Klassenzimmern das Handschreiben auf Papier ersetzen soll. Einige Untersuchungen haben einen geringeren Gedächtnisbehalt oder eine geringere Textqualität gefunden, wenn handschriftlich auf dem Tablet geschrieben wurde (vgl. Mayer et al., 2020; Gerth et al., 2016; Alamargot & Morin, 2015). Die Autorinnen und Autoren stellen die Vermutung an, dass Unterschiede des Schreibsubstrats die Ursache für die gefundenen Unterschiede darstellen, da das Tablet eine glattere Oberfläche aufweist als Papier.

Letztlich ist es eine Frage der Abwägung, wann im Unterricht sinnvollerweise mit der Hand oder der Tastatur geschrieben werden sollte. In Tabelle 13.1 werden die zentralen didaktischen Überlegungen der Arbeit kondensiert und wissenschaftlich fundiert dargestellt. So kann sie bei der Entscheidung für einen geeigneten Schreibmodus vielleicht hilfreich sein.

Literaturverzeichnis

Agarwal, A. Dictation-Software. https://dictation.io/speech

Alamargot, D. & Chanquoy, L. (2001). *Through the models of writing*. Kluwer Academic Publishers. https://doi.org/10.1007/978-94-010-0804-4

Alamargot, D., Dansac, C., Chesnet, D. & Fayol, M. (2007). Parallel processing before and after pauses. A combined analysis of graphomotor and eye movements during procedural text production. In: G. Rijlaarsdam, M. Torrance, L. van Waes, & D. Galbraith (Hrsg.), *Studies in writing. Writing and cognition. Research and applications* (Bd. 20, S. 13–29). Elsevier.

Alamargot, D. & Morin, M.-F. (2015). Does handwriting on a tablet screen affect students' graphomotor execution? A comparison between Grades Two and Nine. *Hum.Mov.Sci.44*, 32–41. https://doi.org/10.1016/j.humov.2015.08.011

Alves, R. A., Castro, S. L., de Sousa, L. & Strömqvist, S. (2007). Influence of Typing Skill on Pause–Execution Cycles in Written Composition. In: M. Torrance, L. van Waes & D. Galbraith (Hrsg.), *Writing and Cognition* (Studies in Writing, Bd. 20, S. 55–65). https://doi.org/10.1163/9781849508223_005

Alves, R. A. & Limpo, T. (2015). Progress in Written Language Bursts, Pauses, Transcription, and Written Composition across Schooling. *Scientific Studies of Reading, 19(5)*, 374–391. https://doi.org/10.1080/10888438.2015.1059838

Alves, R. A., Limpo, T., Fidalgo, R., Carvalhais, L., Pereira, L. A. & Castro, S. L. (2016). The impact of promoting transcription on early text production: Effects on bursts and pauses, levels of written language, and writing performance. *Journal of Educational Psychology, 108(5)*, 665.

Alves, Rui, Leal, J. & Limpo, T. (2019). Using HandSpy to Study Writing in Real Time: a Comparison between Low- and High-Quality Texts in Grade 2. In: K. Sullivan & E. Lindgren (Hrsg.), *Observing Writing: Insights from Keystroke Logging and Handwriting* (Studies in Writing, Bd. 38, S. 50–70). Brill. https://doi.org/10.1163/9789004392526_004.

Amundson, S. J. (1995). *Evaluation tool of children's handwriting*. O.T. Kids, P.O. Box 1118, Homer, Alaska 99603.

Anderson, S. W., Damasio, A. R. & Damasio, H. (1990). Troubled letters but not numbers: Domain specific cognitive impairments following focal damage in frontal cortex. *Brain, 113(3)*, 749–766. https://doi.org/10.1093/brain/113.3.749

E. F. Stephan, *Hand- und tastaturschriftliche Notizen*,
https://doi.org/10.1007/978-3-658-53317-5

Askvik, E. O., van der Weel, F. R. & van der Meer, A. L. H. (2020). The importance of cursive handwriting over typewriting for learning in the classroom. A high-density EEG study of 12-year-old children and young adults. *Frontiers in Psychology, 11:*1810. https://doi.org/10.3389/fpsyg.2020.01810

Assmann, J. (2002). Das kulturelle Gedächtnis. *Erwägen, Wissen, Ethik, 13*, 239–247. https://doi.org/10.11588/propylaeumdok.00004040

Astheimer, S. (2016, 12. Februar). Wer schreibt, der bleibt. *Frankfurter Allgemeine Zeitung*. https://www.faz.net/aktuell/karriere-hochschule/campus/warum-handschriftliche-notizen-besser-sind-als-computermitschriften-14065048.html (Zugriff am 19.07.2024).

Atkinson, R. C. & Shiffrin, R. M. (1968). Human memory: A proposed system and its control processes. In: K.W. Spence & J.T. Spence (Hrsg.), *The psychology of learning and motivation. Advances in research and theory* (Bd. 2, S. 89–185). Academic Press. https://doi.org/10.1016/S0079-7421(08)60422-3

Bachmann, T. & Becker-Mrotzek, M. (2017). Schreibkompetenz und Textproduktion modellieren. In: M. Becker-Mrotzeck, J. Grabowski & T. Steinhoff (Hrsg.), *Forschungshandbuch empirische Schreibdidaktik* (S. 25–53). Waxmann.

Baddeley, A. D. & Hitch, G. J. (1974). Working memory. In: G. H. Bower (Hrsg.), *The psychology of learning and motivation* (Bd. 8, S. 47–89). Academic Press. https://doi.org/10.1016/S0079-7421(08)60452-1

Bahr, R. H., Lebby, S. & Wilkinson, L. C. (2020). Spelling error analysis of written summaries in an academic register by students with specific learning disabilities. Phonological, orthographic, and morphological influences. *Reading and Writing 33*, 121–142. https://doi.org/10.1007/s11145-019-09977-0

Barsalou, L. W. (2008). Grounded Cognition. *Annual Review of Psychology 59*. 617–645. https://doi.org/10.1146/annurev.psych.59.103006.093639

Barsalou, L. W. (2016). On staying grounded and avoiding quixotic dead ends. *Psychonomic Bulletin & Review, 23*, 1122–1142. https://doi.org/10.3758/s13423-016-1028-3

Bartolomeo, P., Bachoud-Lévi, A.-C., Chokron, S. & Degos, J.-D. (2002). Visually- and motor-based knowledge of letters: Evidence from a pure alexic patient. *Neuropsychologia, 40*(8), 1363–1371. https://doi.org/10.1016/S0028-3932(01)00209-3

Baur, R. S., Grotjahn, R. & Spettmann, M. (2006). Der C-Test als Instrument der Sprachstandserhebung und Sprachförderung. In: J.-P. Timm (Hrsg.), *Fremdsprachenlernen und Fremdsprachenforschung: Kompetenzen, Standards, Lernformen, Evaluation* (S. 389–406). Narr.

Beers, S. F., Mickail, T., Abbott, R. & Berninger, V. W. (2017). Effects of transcription ability and transcription mode on translation: Evidence from written compositions, language bursts and pauses when students in grades 4 to 9, with and without persisting dyslexia or dysgraphia, compose by pen or by keyboard. *Journal of Writing Research, 9(1)*, 1–25.

Benjamini, Y. & Hochberg, Y. (1995). Controlling the False Discovery Rate: A Practical and Powerful Approach to Multiple Testing. *Journal of the Royal Statistical Society. Series B (Methodological), 57(1)*, 289–300.

Bereiter, C. & Scardamalia, M. (1987). *The psychology* of *written composition*. Lawrence Erlbaum Associates.

Berninger, V. W., Abbott, R. D., Augsburger, A. & Garcia, N. (2009). Comparison of Pen and Keyboard Transcription Modes in Children with and without Learning Disabilities. *Learning Disability Quarterly, 32(3)*, 123–141. https://doi.org/10.2307/27740364

Bertsch, S., Pesta, B. J., Wiscott, R. & McDaniel, M. A. (2007). The generation effect: A meta-analytic review. *Mem Cognit, 35(2),* 201–210. https://doi.org/10.3758/bf03193441

Bialystok, E. (2010). Metalinguistic Dimensions of Bilingual Language Proficiency. Cambridge Books Online. https://doi.org/10.1017/CBO9780511620652.008

Bjork, R. A. (2011). On the symbiosis of remembering, forgetting, and learning. In: A. S. Benjamin (Hrsg.), *Successful remembering and successful forgetting: A festschrift in honor of Robert A. Bjork* (S. 1–22). Psychology Press.

Bortz, J. & Schuster, C. (2010). *Statistik für Human- und Sozialwissenschaftler* (7. Aufl.). Springer.

Bortz, J. & Döring, N. (2016). *Forschungsmethoden und Evaluation in den Sozial- und Humanwissenschaften* (5. Aufl.). Springer.

Bourdin, B. & Fayol, M. (1994). Is written language production more difficult than oral language production: A working-memory approach. *International Journal of Psychology, 29,* 591–620. https://doi.org/10.1080/00207599408248175

Bouriga, S. & Olive, T. (2021). Is typewriting more resources-demanding than handwriting in undergraduate students? *Reading and Writing, 34,* 2227–2255. https://doi.org/10.1007/s11145-021-10137-6

Bretzing, B. H. & Kulhavy, R. W. (1979). Notetaking and depth of processing. *Contemporary Educational Psychology, 4,* 145–153. https://doi.org/10.1016/0361-476X(79)90069-9

Bui, D. C., Myerson, J., & Hale, S. (2013). Note-taking with computers. Exploring alternative strategies for improved recall. *Journal of Educational Psychology, 105(2),* 299–309. https://doi.org/10.1037/a0030 367

Calhoun, M. L. (1985). Typing contrasted with handwriting in language arts instruction for moderately mentally-retarded students. *Education and Training in Mental Retardation and Developmental Disabilities, 20,* 48–52.

Camacho, A., Alves, R. A. & Boscolo, P. (2021). Writing Motivation in School. A Systematic Review of Empirical Research in the Early Twenty-First Century. *Educational Psychology Review, 33,* 213–247.

Caramazza, A., Anzellotti, S., Strnad, L. & Lingnau, A. (2014). Embodied Cognition and Mirror Neurons. A Critical Assessment. *The Annual Review of Neuroscience, 37,* 1–15. https://doi.org/10.1146/annurev-neuro-071013-013950

Castles, A., McLean, G. M. T., Bavin, E., Bretherton, L., Carlin, J., Prior, M., Ukoumunne, O., Wake, M. & Reilly, S. (2013). Computer use and letter knowledge in pre-school children. A population-based study. *Journal of Paediatrics and Child Health, 49,* 193–198.

Chenoweth, N. & Hayes, J. R. (2001). Fluency in writing. Generating text in L1 and L2. *Written Communication, 18,* 80–98. https://doi.org/10.1177/0741088301018001004

Chenoweth, N. A. & Hayes, J. R. (2003). The inner voice in writing. *Written Communication, 20,* 99–118.

Christensen, C. A. (2004). Relationship between orthographic-motor integration and computer use for the production of creative and well-structured text. *British Journal of Educational Psychology, 74,* 551–564. https://doi.org/10.1348/0007099042376373

Clarke, B. & Svanaes, S. (2015). Updated Review of the Global Use of Mobile Technology in Education, Techknowledge for Schools. *Family Kids & Youth, 2015.*

Cohen, J. (1988). *Statistical power analysis for the behavioral sciences* (2. Aufl.). Lawrence Erlbaum Associates.

Collins, A. M. & Quillian, M. R. (1969). Retrieval time from semantic memory. *Journal of Verbal Learning and Verbal Behavior, 8(2),* 240–247.

Connelly, V., Gee, D. & Walsh, E. (2007). A comparison of keyboarded and handwritten compositions and the relationship with transcription speed. *British Journal of Educational Psychology, 77(2)*, 479–492. https://doi.org/10.1348/000709906X116768

Conway, M. A. & Gathercole, S. E. (1990). Writing and Long-Term Memory: Evidence for a "Translation" Hypothesis. *The Quarterly Journal of Experimental Psychology Section A, 42(3),* 513–527. https://doi.org/10.1080/14640749008401235

Couse, L. J. & Chen, D. W. (2010). A tablet computer for young children? Exploring its viability for early childhood education. *Journal of Research on Technology in Education, 43,* 75–98. https://doi.org/10.1080/15391523.2010.10782562

Cowan, N. (1999). An embedded-processes model of working memory. In: A. Miyake & P. Shah (Hrsg.), *Models of working memory: Mechanisms of active maintenance and executive control* (S. 62–101). Cambridge University Press. https://doi.org/10.1017/CBO9781139174909.006

Craik, F. I. M. & Lockhardt, R. S. (1972). Levels of processing. A framework for memory research. *Journal of Verbal Learning and Verbal Behaviour, 11*, 671–684.

Craik, F. I. M. & Tulving, E. (1975). Depth of processing and the retention of words in episodic memory. *Journal of Experimental Psychology. General, 104*, 268–294.

Cunningham, A. E. & Stanovich, K. E. (1990). Early spelling acquisition: Writing beats the computer. *J. Educ.Psychol., 82*, 159–162. https://doi.org/10.1037/0022- 0663.82.1.159

Dell, G. S. (1986). A spreading-activation theory of retrieval in sentence production. *Psychological Review, 93(3),* 283–321. https://doi.org/10.1037/0033-295X.93.3.283

Dengscherz, S. (2019). *Professionelles Schreiben in mehreren Sprachen: Strategien, Routinen und Sprachen im Schreibprozess*. Peter Lang.

van Dijk, T. A. & Kintsch, W. (1983). *Strategies of Discourse Comprehension.* Academic Press.

Eckes, T. & Grotjahn, R. (2006). A closer look at the construct validity of C-tests. *Language Testing,* 23(3), 290–325. https://doi.org/10.1191/0265532206lt330oa

Eich, E. & Metcalfe, J. (1989). Mood dependent memory for internal versus external events. *Journal of Experimental Psychology: Learning, Memory, and Cognition, 15*, 443–455.

Eickelmann, B. und Gerick, J. (2020). Lernen mit digitalen Medien. Zielsetzungen in Zeiten von Corona und unter besonderer Berücksichtigung von sozialen Ungleichheiten. In: D. Fickermann & B. Edelstein (Hrsg.), *"Langsam vermisse ich die Schule ...". Schule während und nach der Corona-Pandemie* (S. 153–162). Waxmann.

Elliott-Dorans, L. R.(2018). To ban or not to ban? The effect of permissive versus restrictive laptop policies on student outcomes and teaching evaluations. *Computers & Education, 126(4)*, 183–200. https://doi.org/10.1016/j.compedu.2018.07.008.

Ellis, N. (1993). Rules and Instances in Foreign Language Learning. Interactions of Explicit and Implicit Knowledge. *European Journal of cognitive psychology, 5(3),* 289–318.

Endres, O. (2014). Kompetenzen für das kollaborative Schreiben in Wikis – am Beispiel von Greifswald Virtuell. In: F. Wagner & U. Kleinberger (Hrsg.), *Sprachbasierte Medienkompetenz von Kindern und Jugendlichen* (Sprache in Kommunikation und Medien – SKM, S. 83–102). Lang Verlag.

Engelkamp, J. (2016). Episodisches Gedächtnis. In: J. Hoffmann & J. Engelkamp (Hrsg.), *Lern- und Gedächtnispsychologie* (2. Aufl., S. 111–208). Springer.

Farina, M. (2021). Embodied cognition. Dimensions, domains and applications. *Adaptive Behavior 29(1)*, 73–88. https://doi.org/10.1177/1059712320912963

Feng, L., Lindner, A., Ji, X. R. & Joshi, R. M. (2019). The roles of handwriting and keyboarding in writing. A meta-analytic review. *Reading and Writing, 32(1)*, 33–63. https://doi.org/10.1007/s11145-017-9749-x

Fernandino, L., Binder, J. R., Desai, R. H., Pendl, S. L., Humphries, C. J., Gross, W. L., et al. (2016). Concept representation reflects multimodal abstraction: A framework for embodied semantics. *Cerebral Cortex, 26(5)*, 2018–2034. https://doi.org/10.1093/cercor/bhv020

Fernyhough, C. & Borghi, A. (2023). Inner speech as language process and cognitive tool. *Trends in Cognitive Sciences, 27,* 1180–1193. https://doi.org/10.1016/j.tics.2023.08.014

Finn, A. S., Kalra, P. B., Goetz, C., Leonard, J. A., Sheridan, M. A. & Gabrieli, J. D. E. (2015). Developmental dissociation between the maturation of procedural memory and declarative memory. *Journal of Experimental Child Psychology, 142*, 212–220.

Fiorella, L. & Mayer, R. E. (2017). Spontaneous spatial strategy use in learning from scientific text. *Contemporary Educational Psychology, 49(4),* 66–79. https://doi.org/10.1016/j.cedpsych.2017.01.002

Flanigan, A. E. & Titsworth, S. (2020). The impact of digital distraction on lecture note-taking and student learning. In: *Instructional Science*, 48, 495–524. https://doi.org/10.1007/s11251-020-09517-2

Flanigan, A., Kiewra, K. A., Lu, J. & Dzhuraev, D. (2023). Computer versus longhand note taking. Infuence of revision. In*:* *Instructional Science*, 51, 251–284. https://doi.org/10.1007/s11251-022-09605-5

Frahm, S. & Blatt, I. (2015). Gibt es überhaupt einen Unterschied zwischen Hand- und Computerschreiben? Zu Mode Effects bei der Rechtschreibtestung in Klasse 5. *Didaktik Deutsch* 20 *(39)*, 3–6.

Freeman, A. R., Mackinnon, J. R. & Miller, L. T. (2005). Keyboarding for Students with Handwriting Problems: A Literature Review. *Physical & Occupational Therapy In Pediatrics 25(1–2),* 119–147. https://doi.org/10.1080/J006v25n0108, hier S. 122 f.

Fromkin, V. (1971). The Non-Anomalous Nature of Anomalous Utterances. *Language, 47(1),* 27–52.

Gais, S., Lucas, B. & Born, J. (2006). Sleep after learning aids memory recall. *Learning & Memory 13 (3)*, 259–262. https://doi.org/10.1101/lm.132106

Galbraith, D. (1999). Writing as a knowledge constituting process. In: M. Torrence & D. Galbraith (Hrsg.), *Studies in writing. Knowing what to write: Conceptual processes in text production* (S. 137–157). Amsterdam University Press.

Galbraith, D. & Baaijen, V. M. (2018). The work of writing: Raiding the inarticulate. *Educational Psychologist, 53(4),* 238–257. https://doi.org/10.1080/00461520.2018.1505515

Genlott, A. A. & Gronlund, A. (2016). Closing the gaps – Improving literacy and mathematics by ict-enhanced collaboration. *Computers & Education, 99*, 68–80. https://doi.org/10.1016/j.compedu.2016.04.004

Gerth, S., Klassert, A., Dolk, T., Fliesser, M., Fischer, M. H., Nottbusch, G., et al. (2016). Is handwriting performance affected by the writing surface? Comparing preschoolers', second graders', and adults' writing performance on a tablet vs. paper. *Front. Psychol.* 7:1308. https://doi.org/10.3389/fpsyg.2016.01308

Glenberg, A. M. & Kaschak, M. P. (2002). Grounding language in action. *Psychon. Bull. Rev., 9*, 558–565. https://doi.org/10.3758/BF03196313

Godden, D. & Baddeley, A. D. (1975). Context dependent memory in two natural environments. On land and under water. *British Journal of Psychology, 66*, 99–104.

Goldberg, A., Russell, M. & Cook, A. (2003). The effect of computers on student writing. A meta-analysis of studies from 1992 to 2002. *The Journal of Technology, Learning and Assessment, 2(1),* 2–51. https://doi.org/10.1057/palgrave.jibs.8400136

Graham, S., Berninger, V., Weintraub, N. & Schafer, W. (1998). Development of handwriting speed and legibility in grades 1–9. *Journal of Educational Research, 92*, 42–52. https://doi.org/10.1080/00220679809597574

Graham, S., Harris, K. R. & Fink, B. (2000). Is handwriting causally related to learning to write? Treatment of handwriting problems in beginning writers. *Journal of Educational Psychology, 92(4)*, 620–633. https://doi.org/10.1037/0022-0663.92.4.620

Gruber, T. (2018). *Gedächtnis. Basiswissen Psychologie.* Springer. https://doi.org/10.1007/978-3-662-56362-5

Halbwachs, M. (1991). *Das kollektive Gedächtnis.* Fischer.

Harpaintner, M., Sim, E.-J., Trumpp, N. M., Ulrich, M. & Kiefer, M. (2020). The grounding of abstract concepts in the motor and visual system: An fMRI study. *Cortex, 124*, 1–22. https://doi.org/10.1016/j.cortex.2019.10.014

Harrington, S., Shermis, M. D., Rollins, A. L. (2000). The influence of word processing on English placement test results. *Computers and Composition, 17(2),* 197–210. https://doi.org/10.1016/S8755-4615(00)00029-3

Hayes, J. R. & Flower, L. (1980). Identifying the Organization of Writing Processes. In: L. W. Gregg, & E. R. Steinberg (Hrsg.), *Cognitive Processes in Writing: An Interdisciplinary Approach* (S. 3–30). Lawrence Erlbaum Associates.

Hayes, J. R. (1996). A new framework for understanding cognition and affect in writing. In: M.C. Levy & S. Ransdell (Hrsg.), *Science in Writing. Theories, Methods, Individual Differences and Applications* (S. 1–27). Lawrence Erlbaum Associates.

Hayes, J. R., & Chenoweth, N. A. (2006). Is working memory involved in the transcribing and editing of texts? *Written Communication, 23(2),* 135–149.

Hayes, J. R. & Chenoweth, N. A. (2007). Working memory in an editing task. *Written Communication, 24*, 283–294. https://doi.org/10.1177/0741088307304826

Hayes, J. R. (2012). Modeling and Remodeling Writing. *Written Communication, 29(3),* 369–388. https://doi.org/10.1177/0741088312451260

Hayes, J. R. & Olinghouse, N. G. (2015). Can Cognitive Writing Models Inform the Design of the Common Core State Standards? *The Elementary School Journal, 115 (4)*, 480–497. https://doi.org/10.1086/681909

Henk, W. A. & Stahl, N. A. (1985). A meta-analysis of the effect of notetaking on learning from lecture. Paper presented at the 34th Annual Meeting of the National Reading Conference, St. Petersburg Beach, Florida (ERIC Document Reproduction Service No. ED258533).

Hockey, G. R., Davies, S. & Gray, M. M. (1972). Forgetting as a function of sleep at different times of day. *The Quarterly Journal of Experimental Psychology, 24(4)*, 386–393. https://doi.org/10.1080/14640747208400297

Hoffmann, J. (2016). Das semantische Gedächtnis: Bildung und Repräsentation konzeptuellen Wissens. In: J. Hoffmann & J. Engelkamp (Hrsg.), *Lern- und Gedächtnispsychologie* (2. Aufl., S. 77–108). Springer.

Hommel, B., Muesseler, J., Aschersleben, G. & Prinz, W. (2001). The Theory of Event Coding (TEC). A framework for perception and action planning. *Behavioral and brain sciences, 24*, 849–937. https://doi.org/10.1017/s0140525x01000103

Hommel, B. (2015). The Theory of Event Coding (TEC) as embodied-cognition framework. *Front. Psychology, 6,* Artikel 1318. https://doi.org/10.3389/fpsyg.2015.01318

Horbury, S. R. & Edmonds, C. J. (2021). Taking Class Notes by Hand Compared to Typing. Effects on Children's Recall and Understanding. *Journal of Research in Childhood Education, 35(1)*, 55–67, https://doi.org/10.1080/02568543.2020.1781307

Howe, M. J. A. (1970): Using students' notes to examine the role of the individual learner in acquiring meaningful subject matter. *Journal of Educational Research, 64*, 61–63.

Hyde, T. S. & Jenkins, J. J. (1969). Differential effects of incidental tasks on the organizaion of recall of a list of highly associated words. *Journal of Experimental Psychology, 83,* 472–481.

Ihara, A. S., Nakajima, K., Kake, A., Ishimaru, K., Osugi, K. & Naruse, Y. (2021). Advantage of Handwriting Over Typing on Learning Words. Evidence From an N400 Event-Related Potential Index. *Front. Hum. Neurosci., Sec. Cognitive Neuroscience, 15:*679191. https://doi.org/10.3389/fnhum.2021.679191

James, K. H. & Atwood, T. P. (2009). The role of sensorimotor learning in the perception of letter-like forms. Tracking the causes of neural specialization for letters. *Cognitive Neuropsychology, 26(1)*, 91–110.

James, K. H. & Engelhardt, L. (2012). The effects of handwriting experience on functional brain development in pre-literate children. *Trends in Neuroscience and Education, 1(1),* 32–42.

James, W. (1980). *The principles of psychology* (Bde.1&2). Holt.

Jenkins, J. G. & Dallenbach, K. M. (1924). Obliviscence during sleep and waking. *American Journal of Psychology, 35*, 605–612.

Johansson, R., Wengelin, A., Johansson, V. & Holmqvist, K. (2010). Looking at the keyboard or the monitor: Relationship with text production processes. *Reading and Writing: An Interdisciplinary Journal, 23*, 835–851. https://doi.org/10.1007/s11145-009-9189-3

Jung, S., Moeller, K., Klein, E. & Heller, J. (2021). Mode effect: An issue of perspective? Writing mode differences in a spelling assessment in German children with and without developmental dyslexia. *Dyslexia, 27(2),* 373–410. https://doi.org/10.1002/dys.1675

Jung, S. & Moeller, K. (2021). Hand vs. Tastatur: Einflüsse des Schreibmediums in der Untersuchung der Schriftsprache bei Kindern mit und ohne LRS. *Forschung Sprache, 2,* 57–70.

Karmiloff-Smith, A. (1986). From Meta-Processes to Conscious Access: Evidence from Children's Metalinguistic and Repair Data. *Cognition, 23*, 95–147. https://doi.org/10.1016/0010-0277(86)90040-5

Kaufer, D. S., Hayes, J. R. & Flower, L. (1986). Composing written sentences. *Research in the Teaching of English, 20*, 121–140.

Kellogg, R. T. (1996). A model of working memory in writing. In: C. M. Levy & S. Ransdell (Hrsg.), *The science of writing: Theories, methods, individual differences, and applications* (S. 57–71). Lawrence Erlbaum Associates.

Kellogg, R. T., Whiteford, A. P., Turner, C. E., Cahill, M. & Mertens, A. (2013). Working Memory in Written Composition. An Evaluation of the 1996 Model. *Journal of Writing Research, 5(2),* 159–190. https://doi.org/10.17239/jowr-2013.05.02.1

Kepser, M. (2015). Für das Leben, nicht für die Schule sollen sie schreiben! *Didaktik Deutsch, 20(39),* 19–22.

Kiefer, M. (2008). Zusammenwirken kognitiver Systeme: Kognitionspsychologische und neurophysiologische Befunde zur Rolle des semantischen Gedächtnisses bei der Informationsverarbeitung. *Psychologische Rundschau, 59,* 87–97. https://doi.org/10.1026/0033-3042.59.2.87

Kiefer, M., Schuler, S., Mayer, C., Trumpp, N. M., Hille, K. & Sachse, S. (2015). Handwriting or Typewriting? The Influence of Pen- or Keyboard-Based Writing Training on Reading and Writing Performance in Preschool Children. *Advances in Cognitive Psychology, 11(4),* 136– 146.

Kiefer, M. & Velay, J.-L. (2016). Writing in the digital age. *Trends in Neuroscience and Education, 5(3),* 77–81. https://doi.org/10.1016/j.tine.2016.07.008.

Kiefer, M. & Spitzer, M. (2023). How handwriting shapes literacy acquisition and general cognition. In: Y. Ye, T. Inoue, U. Maurer & C. McBride (Hrsg.), *Routledge International Handbook of Visual-motor skills, Handwriting, and Spelling* (S.111–122). Taylor & Francis. https://doi.org/10.4324/9781003284048-11

Kiewra, K. A., DuBois, N. F., Christian, D., McShane, A., Meyerhoffer, M. & Roskelley, D. (1991). Note-taking functions and techniques. *Journal of Educational Psychology, 83(2),* 240–245. https://doi.org/10.1037/0022-0663.83.2.240

Kim, J. J. & Fanselow, M. S. (1992). Modality-specifc retrograde amnesia of fear. *Science, 256*, 675–677. https://doi.org/10.1126/science.1585183

Kim, Y.-S., Al Otaiba, S., Wanzek, J. (2015). Kindergarten predictors of third grade writing. *Learning and Individual Differences*, *37*, 27–37. https://doi.org/10.1016/j.lindif.2014.11.009

King, F. J., Rohani, F., Sanfilippo, C. & White, N. (2008). *Effects of Handwritten Versus Computer-Written Modes of Communication on the Quality of Student Essays.* CALA Report.

Klatte, M., Hellbrück, J., Seidel, J. & Leistner, P. (2010). Effects of Classroom Acoustics on Performance and Well-Being in Elementary School Children. A Field Study. *Environment and Behavior, 42.* https://doi.org/10.1177/0013916509336813

Kobayashi, K. (2005). What limits the encoding effect of note-taking? A meta-analytic examination. *Contemporary Educational Psychology* 30, 242–262. https://doi.org/10.1016/j.cedpsych.2004.10.001

Kohlmeier, M. (2015, 12. Januar). Tastatur schlägt Stift- oder umgekehrt? *Süddeutsche Zeitung.* https://www.sueddeutsche.de/bildung/handschrift-in-der-grundschule-tastatur-schlaegt-stift-oder-umgekehrt-1.2296730 (Zugriff am 19.07.2024).

Kress, G. (2003). *Literacy in the new media age.* Routledge.

Langland-Hassan P. (2021). Inner speech. *WIREs Cogn Sci.*12: e1544. https://doi.org/10.1002/wcs.1544

Leijten, M. & Van Waes, L. (2013). Keystroke Logging in Writing Research: Using Inputlog to Analyze Writing Processes. *Written Communication, 30(3)*, 358–392. https://doi.org/10.1177/0741088313491692

Levelt, W. J. M. (1989). *Speaking: From intention to articulation.* The MIT Press. https://doi.org/10.7551/mitpress/6393.001.0001

Levelt, W. J. M. (1992). Accessing words in speech production. Stages, processes and represenations. *Cognition 42*, 1–22. https://doi.org/10.1016/0010-0277(92)90038-j

Liberman, A. M. & Mattingly, I. G. (1985). The motor theory of speech perception revised. *Cognition, 21(1)*, 1–36. https://doi.org/10.1016/0010-0277(85)90021-6

Limpo, T., Parente, N. & Alves, R. A. (2018). Promoting handwriting fluency in fifth graders with slow handwriting: a single-subject design study. *Reading and Writing, 31*, 1343–1366. https://doi.org/10.1007/s11145-017-9814-5

Little, D. Y. & Sommer, F. T. (2013). Learning and exploration in action-perception loops. *Front. Neural Circuits, 7*, Artikel 37. https://doi.org/10.3389/fncir.2013.00037

Longcamp, M., Anton, J. L., Roth, M. & Velay, J. L. (2003). Visual presentation of single letters activates a premotor area involved in writing. *Neuroimage, 19(4)*, 1492–500. https://doi.org/10.1016/s1053-8119(03)00088-0

Longcamp, M., Zerbato-Poudou, M. T. & Velay, J.-L. (2005). The influence of writing practice on letter recognition in preschool children: A comparison between handwriting and typing. *Acta psychologica, 119(1)*, 67–79. https://doi.org/10.1016/j.actpsy.2004.10.019

Longcamp, M., Boucard, C., Gilhodes, J.-C., Anton, J.-C., Roth, M., Nazarian, B. & Velay, J.-L. (2008). Learning through Hand- or Typewriting Influences Visual Recognition of New Graphic Shapes. Behavioral and Functional Imaging Evidence. *J Cogn Neurosci, 20(5)*, 802–815. https://doi.org/10.1162/jocn.2008.20504

Louie, K. & Wilson, M. A. (2001). Temporally structured replay of awake hippocampal ensemble activity during rapid eye movement sleep. *Neuron, 29*, 145–156. https://doi.org/10.1016/s0896-6273(01)00186-6

Luo, L., Kiewra, K. A., Flanigan, A. E. et al. (2018). Laptop versus longhand note taking: effects on lecture notes and achievement. *Instr Sci, 46*, 947–971. https://doi.org/10.1007/s11251-018-9458-0

MacArthur, C. A. (2000). New tools for writing: Assistive technology for students with writing difficulties. *Topics in Language Disorder, 20(4)*, 85–100.

Mahon, B. Z. & Caramazza, A. (2008). A critical look at the embodied cognition hypothesis and a new proposal for grounding conceptual content. *Journal of Physiology, Paris, 102*(1), 59–70. https://doi.org/10.1016/j.jphysparis.2008.03.004

Mahon, B. Z. (2015). The burden of embodied cognition. *Canadian Journal of Experimental Psychology/Revue canadienne de psychologie expérimentale, 69*(2), 172–178. https://doi.org/10.1037/cep0000060

Mangen, A. & Velay, J.-L. (2010). Digitizing literacy: Reflections on the haptics of writing. In: M. H. Zadeh (Hrsg.), *Advances in haptics* (S. 385–402). InTech. https://doi.org/10.5772/8710

Mangen, A., Anda, L., Oxborough, G. & Brønnick, K. (2015). Handwriting versus Keyboard Writing: Effect on Word Recall. *Journal of Writing Research, 7*, 227–247. https://doi.org/10.17239/jowr-2015.07.02.1

Markowitsch, H. J. (2006). Neuroanatomie und Störungen des Gedächtnisses. In: H. Karnath & P. Thier (Hrsg.*), Neuropsychologie* (S. 448–462). Springer-Lehrbuch. https://doi.org/10.1007/3-540-28449-4_41

Marquardt, C., Diaz Meyer, M., Schneider, M. & Hilgemann, R. (2016).Learning handwriting at school: A teachers' survey on actual problems and future options, *Trends in Neuroscience and Education, 5(3)*, 82–89. https://doi.org/10.1016/j.tine.2016.07.001.

Marr, D. (1970). A theory for cerebral neocortex. *Proceedings of the Royal Society of London, 176*, 161–234. https://doi.org/10.1098/rspb.1970.0040

Martzog, P. & Suggate, S. P. (2019). Fine motor skills and mental imagery. Is it all in the mind? *Journal of Experimental Child Psychology,* 186, 59–72. https://doi.org/10.1016/j.jecp.2019.05.002

Martzog, P. & Suggate, S. P. (2022). Screen media are associated with fine motor skill development in preschool children. *Early Childhood Research Quarterly,* 60, 363–373. https://doi.org/10.1016/j.ecresq.2022.03.010.

Mayer, C., Wallner, S., Budde-Spengler, N., Braunert, S., Arndt, P. A. & Kiefer, M. (2020). Literacy Training of Kindergarten Children with Pencil, Keyboard or Tablet Stylus. The Influence of the Writing Tool on Reading and Writing Performance at the Letter and Word Level. *Frontiers in. Psychology, 10*: 3054. https://doi.org/10.3389/fpsyg.2019.03054

Medimorec, S. & Risko, E. F. (2017). Pauses in written composition. On the importance of where writers pause. *Read Writ, 30*, 1267–1285. https://doi.org/10.1007/s11145-017-9723-7

van der Meer, A. L. H. & van der Weel, F. R. (2017). Only three fingers write, but the whole brain works. A high-density EEG study showing advantages of drawing over typing for learning. *Frontiers in Psychology, 8*:706. https://doi.org/10.3389/fpsyg.2017.00706

van Meter, P., Yokoi, L. & Pressley, M. (1994). College students' theory of note-taking derived from their perceptions of note-taking. *Journal of Educational Psychology, 86*, 323–338. https://doi.org/10.1037/0022-0663.86.3.323

Mitchell, A. & Zheng, L. (2019). Examining Longhand vs. Laptop Debate. A Replication Study. *AIS Transactions on Replication Research* 5, 1–15. https://doi.org/10.17705/1atrr.00041

Miyake, A., Friedman, N. P., Emerson, M. J., Witzki, A. H., Howerter, A. & Wager, T. D. (2000). The Unity and Diversity of Executive Functions and Their Contributions to Complex "Frontal Lobe" Tasks. A Latent Variable Analysis. *Cognitive Psychology, 41(1)*, 49–100, https://doi.org/10.1006/cogp.1999.0734.

Mogey, N. & Hartley, J. (2013). To write or to type? The effects of handwriting and wordprocessing on the written style of examination essays. *Innovations in Education and Teaching International, 50(1)*, 85–93.

Morehead, K., Dunlosky, J. & Rawson, K. A. (2019). How much mightier is the pen than the keyboard for note-taking? A replication and extension of Mueller and Oppenheimer (2014). *Educational Psychology Review, 31(3)*, 753–780. https://doi.org/10.1007/s10648-019-09468-2

Moseley, G., Gallace, A. & Spence, C. (2012). Bodily illusions in health and disease: Physiological and clinical perspectives and the concept of a cortical 'body matrix'. *Neuroscience & Biobehavioral Reviews 36(1)*, 34–46. https://doi.org/10.1016/j.neubiorev.2011.03.013

Mueller, P. A. & Oppenheimer, D. M. (2014). The Pen Is Mightier Than the Keyboard: Advantages of Longhand Over Laptop Note Taking. *Psychological Science 25(6)*, 1159–1168. https://doi.org/10.1177/0956797614524581

Niedenthal, P., Wood, A. & Rychlowska, M. (2014). Embodied emotion concepts. In: L. Shapiro (Hrsg.), *The Routledge handbook of embodied cognition* (S. 240–249). Taylor & Francis Group. https://doi.org/10.4324/9781003322511-43

Olivier, G. & Velay, J. L. (2009). Visual objects can potentiate a grasping neural simulation which interferes with manual response execution. *Acta Psychologica 130(2),* 147–152. https://doi.org/10.1016/j.actpsy.2008.11.004

Ortner, H. (2000). *Schreiben und Denken.* Niemeyer.

Ouellette, G. & Tims, T. (2014). The write way to spell: Printing vs. typing effects on orthographic learning. *Frontiers in Psychology, 5*:117.

Park, S. & Baron, N. S. (2017). Experiences of writing on smartphones, laptops and paper in the digital age. In: J. Vincent & L. Haddon (Hrsg.), *Smartphone Cultures* (S. 150–162). Routledge. https://doi.org/10.4324/9781315307077al

Patterson, K. & Ralph, M. A. L. (2016). The hub-and-spoke hypothesis of semantic memory. In: G. Hickok & S. L. Small (Hrsg.), *Neurobiology of language* (S. 765–775). Academic Press. https://doi.org/10.1016/B978-0-12-407794-2.00061-4

Pauly et al. (2022). Retrograde Procedural Memory in Parkinson's Disease. A Cross-Sectional, Case-Control Study. *Journal of Parkinson's Disease, 12(3),* 1–10. https://doi.org/10.3233/JPD-213081

di Pellegrino, G., Fadiga, L., Fogassi, L., Gallese, V. & Rizzolatti, G. (1992). Understanding motor events: A neurophysiological study. *Experimental Brain Research, 91(1),* 176–180. https://doi.org/10.1007/BF00230027

Peverly, S. T., Sumowski, J. F. & Garner, J. (2007). Skill in lecture note-taking: What predicts? *Journal of Educational Psychology, 99,* 167–180. https://doi.org/10.1037/0022-0663.99.1.167

Pfurtscheller, G. (2001). Functional brain imaging based on ERD/ERS. *Vision Research, 41,* 1257 – 1260.

Pitcher, D., Garrido, L., Walsh, V. & Duchaine, B. C. (2008). Transcranial Magnetic Stimulation Disrupts the Perception and Embodiment of Facial Expressions. *Journal of Neuroscience, 28(36),* 8929–8933; https://doi.org/10.1523/JNEUROSCI.1450-08.2008

van der Pool, E. & van Wijk, C. (1995). Proces en strategie in een psycholinguïstisch model van schrijven en lezen (Process and strategy in a psycholinguistic model of writing and reading). *Tijdschrift voor Onderwijsresearch, 20,* 200–214.

Pulvermüller, F., Hummel, F. & Härle, M. (2001). Walking or talking? Behavioral and neurophysiological correlates of action verb processing. *Brain Lang., 78,* 143–168. https://doi.org/10.1006/brln.2000.2390

Pulvermüller, F., Hauk, O., Nikulin, V. V. & Ilmoniemi, R. J. (2005). Functional links between motor and language systems. *European Journal of Neuroscience, 21,* 793–797. https://doi.org/10.1111/j.1460-9568.2005.03900.x

Pulvermüller, F. & Fadiga, L. (2010). Active perception: Sensorimotor circuits as a cortical basis for language. *Nat. Rev. Neurosci. 11:351.* https://doi.org/10.1038/nrn2811

Ransmayr, J. (2020). Eine Frage des Schreibmediums. Deutschmatura mit dem Stift oder am Computer schreiben? *Informationen zur Deutschdidaktik, 1,* 61–70.

Rapp, B. & Wiley, R. W. (2021). The Effects of Handwriting Experience on Literacy Learning. In: *Psychological Science, 32(7),* 1086–1103. https://doi.org/10.1177/0956797621993111

Reble, R., Meyer, J., Fleckenstein, J. & Köller, O. (2020). Am Computer oder handschriftlich schreiben? In: K. Kaspar, M. Becker-Mrotzek, S. Hofhues, J. König & D. Schmeinck (Hrsg.), *Bildung, Schule, Digitalisierung* (S.51–56). Waxmann.

Renkl, A. (2009). Wissenserwerb. In: E. Wild & J. Möller (Hrsg.), *Pädagogische Psychologie* (S. 3–26). Springer Medizin Verlag. https://doi.org/10.1007/978-3-540-88573-3_1

RLP. Berliner Senatsverwaltung für Bildung, Jugend und Familie & Ministerium für Bildung, Jugend und Sport des Landes Brandenburg (2015a). Rahmenlehrplan für die Jahrgangsstufen 1–10. Teil B. Fachübergreifende Kompetenzentwicklung. https://bildungsserver.berlin-brandenburg.de/unterricht/rahmenlehrplaene/implementierung-des-neuen-rahmenlehrplans-fuer-die-jahrgangsstufen-1-10/amtliche-fassung (Zugriff am 01.08.2024).

RLP. Berliner Senatsverwaltung für Bildung, Jugend und Familie & Ministerium für Bildung, Jugend und Sport des Landes Brandenburg (2015b). *Rahmenlehrplan für die Jahrgangsstufen 1–10. Teil C. Fach Deutsch.* https://bildungsserver.berlin-brandenburg.de/unterricht/rahmenlehrplaene/implementierung-des-neuen-rahmenlehrplans-fuer-die-jahrgangsstufen-1-10/amtliche-fassung (Zugriff am 01.08.2024).

Rogers, T. T. & McClelland, J. L. (2014). Parallel Distributed Processing at 25: Further Explorations in the Microstructure of Cognition. *Cognitive Science, 38*, 1024–1077. https://doi.org/10.1111/cogs.12148

Roll, H., Bernhardt, M., Enzenbach, C., Fischer, H. E., Gürsoy, E., Krabbe, H., Lang, M., Manzel, S. & Uluçam-Wegmann, I. (Hrsg.) (2019). *Schreiben im Fachunterricht der Sekundarstufe I unter Einbeziehung des Türkischen. Empirische Befunde aus den Fächern Geschichte, Physik, Technik, Politik, Deutsch und Türkisch.* Waxmann.

van Rossum, G. & Drake Jr., F. L. (1995). *Python reference manual.* Centrum voor Wiskunde en Informatica Amsterdam. / https://pypi.org/project/ngram/ (letzter Zugriff am 10.01.2024)

Roth, R. M., J. Baribeau, J., Milovan, D., O'Connor, K. & Todorov, C. (2004). Procedural and declarative memory in obsessive-compulsive disorder. *J Int Neuropsychol Soc.10(5),* 647–654. https://doi.org/10.1017/S1355617704105018.

Ryan, M. T. (1982). Effects of paraphrase notetaking on prose learning. (Doctoral dissertation, University of Connecticut, 1981). *Dissertation Abstracts International, 42 (9-A),* 3921 (UMI No. 820356).

Santangelo, T. & Graham, S. (2016). A comprehensive meta-analysis of handwriting instruction. *Educational psychology review, 28,* 225–265.

de Saussure, F. (1967): *Grundfragen der allgemeinen Sprachwissenschaft* (2. Aufl.). De Gruyter.

Schaumburg, H. (2015). Besser lernen in Laptop-Klassen? In: G. Roth (Hrsg.), *Zukunft des Lernens. Neurobiologie und Neue Medien* (S. 83–92). Schöningh. https://doi.org/10.30965/9783657779857_009

Shapiro, L. (2019). *Embodied Cognition* (2. Aufl.). Routledge.

Shell, M. D., Strouth, M. & Reynolds, A. M. (2021). Make a Note of It. Comparison in Longhand, Keyboard, and Stylus Note-Taking Techniques. *Learning Assistance Review,* 26(2), 1–21.

Spilling, E., Rønneberg, V., Rogne, W., Torrance, M. & Roeser, J. (2022). Handwriting versus keyboarding: Does writing modality affect quality of narratives written by beginning writers? *Reading and Writing, 35(3)*, 129–153. https://doi.org/10.1007/s11145-021-10169-y

Sprachenzentrum der Humboldt-Universität zu Berlin. C-Test. https://www.sprachenzentrum.hu-berlin.de/de/einstufungstests/einstufungstests-online (Zugriff am 12. April 2022)

Stephany, S., Lemke, V., Linnemann, M., Goltsev, E., Bulut, N., Claes, P., Roth, H.-J. & Becker-Mrotzek, M. (2020). Lese- und Schreibflüssigkeit diagnostizieren und fördern. In: C. Titz, S. Geyer, A. Ropeter, H. Wagner, S. Weber & M. Hasselhorn (Hrsg.), *Sprach- und Schriftsprachförderung wirksam gestalten: Innovative Konzepte und Forschungsimpulse* (S. 156–181). Kohlhammer.

Suggate, S. P., Karle, V., Kipfelsberger, T. & Stoeger, H. (2023). The effect of fine motor skills, handwriting and typing on reading development. *Journal of experimental child psychology, 232:*105674. https://doi.org/10.1016/j.jecp.2023.105674

Sulzenbrück, S., Hegele, M., Rinkenauer, G. & Heuer, H. (2011). The death of handwriting: Secondary effects of frequent computer use on basic motor skills. *Journal of Motor Behavior, 43*, 247–251.

Symes, E., Ellis, R. & Tucker, M. (2007). Visual Object Affordances: Object Orientation. *Acta Psychologica, 124(2)*, 238–55. https://doi.org/10.1016/j.actpsy.2006.03.005

Thöne-Otto, A. (2008). Gedächtnis und Lernen. In: S. Gauggel & M. Herrmann (Hrsg.), *Handbuch der Neuro- und Biopsychlogie. Handbuch der Psychologie* (Bd. 8, S. 318–328). Hogrefe.

Treiman, R., Clifton, C., Meyer, A. S. & Wurm, L. H. (2003). Language Comprehension and Production. In: I. B. Weiner (Hrsg.), *Handbook of Psychology* (S. 527–548). https://doi.org/10.1002/0471264385.wei0419

Tucker, M. & Ellis, R. (1998). On the relations between seen objects and components of potential actions. *Journal of Experimental Psychology: Human Perception and Performance, 24*, 830–846. https://doi.org/10.1037/0096-1523.24.3.830

Tulving, E. & Thomson, D. M. (1973). Encoding specificity and retrieval processes in episodic memory. *Psychological Review, 80*(5), 352–373. https://doi.org/10.1037/h0020071

Tulving, E. & Markowitsch, H. J. (1998). Episodic and Declarative Memory. Role of the Hippocampus. *Hippocampus, 8*, 198–204. https://doi.org/10.1002/(SICI)1098-1063(1998)8:3<198::AID-HIPO2>3.0.CO;2-G

Tulving, E. (2000). Concepts of Memory. In: E. Tulving & F. I. M. Craik (Hrsg.), *The Oxford handbook of memory* (S. 33–43). Oxford University Press.

Umejima, K., Ibaraki, T., Yamazaki, T. & Sakai, K. L. (2021). Paper Notebooks vs. Mobile Devices. Brain Activation Differences During Memory Retrieval. In: *Front. Behav. Neurosci. 15*:634158. https://doi.org/10.3389/fnbeh.2021.634158

Urry, H. L. et al. (2021). Don't Ditch the Laptop Just Yet. A Direct Replication of Mueller and Oppenheimer's (2014) Study 1 Plus Mini Meta-Analyses Across Similar Studies. *Psychological Science, 32(3)*, 326–339. https://doi.org/10.1177/0956797620965541

Varela, F., Thompson, E. & Rosch, E. (1991). *The Embodied Mind: Cognitive Science and Human Experience*. MIT Press.

Vaughn, S., Schumm, J. S. & Gordon, J. (1992). Early spelling acquisition: Does writing really beat the computer? *Learn.Disabil., 15*, 223–228. https://doi.org/10.2307/1510245/

Vaughn, S., Schumm, J. S. & Gordon, J. (1993). Which motoric condition is most effective for teaching spelling to students with and without learning disabilities? *Learn.Disabil., 26*, 191–198. https://doi.org/10.1177/002221949 302600306

van der Velden, M. (2021). 'I felt a new connection between my fingers and brain'. A thematic analysis of student reflections on the use of pen and paper during lectures. *Teaching in Higher Education, 28(4)*, 784–801. https://doi.org/10.1080/13562517.2020.1863347

Vu, T., Magis-Weinberg, L., B.R.J. Jansen et al. *(2022)*. Motivation-Achievement Cycles in Learning. A Literature Review and Research Agenda. *Educ Psychol Rev, 34*, 39–71. https://doi.org/10.1007/s10648-021-09616-7

Wampfler, Philippe (2020). *Digitales Schreiben: Blogs und Co. im Unterricht*. Reclam Bildung und Unterricht.

Wiesner, E. (2014). Schreiben mit digitalen Medien. Über Kontext und Kooperation zu Kompetenz. In: F. Wagner & U. Kleinberger (Hrsg.), *Sprachbasierte Medienkompetenz von Kindern und Jugendlichen* (Sprache in Kommunikation und Medien – SKM, S. 181–211). Lang Verlag.

van Wijk, C. (1999). Conceptual processes in argumentation: A developmental perspective. In: M. Torrance & D. Galbraith (Hrsg.), *Studies in Writing. Knowing what to write: conceptual processes in text production* (Bd. 4, S. 31–50). Amsterdam University Press.

Williams, C. & Beam, S. (2019). Technology and writing: Review of research. Computers & Education, 128, 227–242. https://doi.org/10.1016/j.compedu.2018.09.024

Wockenfuß, V. (2009). Diagnostik von Sprache und Intelligenz bei Jugendlichen
und jungen Erwachsenen. Shaker Verlag.

Wollscheid, S., Sjaastad, J. & Tomte, C. (2016). The impact of digital devices vs. Pen(cil) and paper on primary school students' writing skills – A research review. *Computers and Education, 95*, 19–35. https://doi.org/10.1016/j.compedu.2015.12.001

Zimbardo, P. G., Gerrig, R. J. & Graf, R. (2008). *Psychologie* (18. Aufl.). Pearson Studium.

Zoelch, C., Berner, V. D. & Thomas, J. (2019). Gedächtnis und Wissenserwerb. In: D. Urhahne, M. Dresel & F. Fischer (Hrsg.), *Psychologie für den Lehrberuf* (S. 23–52). Springer. https://doi.org/10.1007/978-3-662-55754-9_2

GPSR Compliance

The European Union's (EU) General Product Safety Regulation (GPSR) is a set of rules that requires consumer products to be safe and our obligations to ensure this.

If you have any concerns about our products, you can contact us on ProductSafety@springernature.com

In case Publisher is established outside the EU, the EU authorized representative is:

Springer Nature Customer Service Center GmbH
Europaplatz 3
69115 Heidelberg, Germany

Batch number: 10775786

Printed by Printforce, the Netherlands